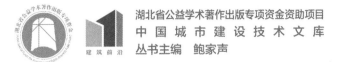

湖北省公益学术著作出版专项资金资助项目
中国城市建设技术文库
丛书主编 鲍家声

*Coupling Mechanism and Optimal Regulation of
Block Morphology and Microclimate in Urban Central Area*

城市中心区街区形态与微气候的耦合机理与优化调控

郭琳琳 著

华中科技大学出版社
http://press.hust.edu.cn
中国·武汉

图书在版编目(CIP)数据

城市中心区街区形态与微气候的耦合机理与优化调控/郭琳琳著.—武汉:华中科技大学出版社,
2022.12

(中国城市建设技术文库)

ISBN 978-7-5680-8333-1

Ⅰ.①城… Ⅱ.①郭… Ⅲ.①市中心-城市空间-城市规划-中国 ②城市道路-城市规划-
研究-中国 Ⅳ.①TU984.16 ②TU984.191

中国版本图书馆 CIP 数据核字(2022)第 173473 号

城市中心区街区形态与微气候的耦合机理与优化调控 郭琳琳 著

Chengshi Zhongxinqu Jiequ Xingtai yu Weiqihou de Ouhe Jili yu Youhua Tiaokong

策划编辑:易彩萍

责任编辑:赵 萌

封面设计:王 娜

责任校对:刘小雨

责任监印:朱 玢

出版发行:华中科技大学出版社(中国·武汉)　　　电话:(027)81321913

　　　　　武汉市东湖新技术开发区华工科技园　　邮编:430223

录　排:华中科技大学惠友文印中心

印　刷:湖北金港彩印有限公司

开　本:710mm×1000mm　1/16

印　张:18

字　数:300千字

版　次:2022年12月第1版第1次印刷

定　价:198.00元

"中国城市建设技术文库"
丛书编委会

作者简介

郭琳琳，女，汉族，1981 年出生，建筑学专业工学博士，河南工业大学建筑学院副教授，硕士生导师。长期从事建筑设计、建筑学专业教学、城市设计研究等工作。主持完成十余项科研项目，在国内外专业学术期刊上发表论文二十余篇，参编专业教材五部。

前　　言

随着城市化进程的推进，城市中心区人口高度聚集，城市空间布局高度密集，导致了室外通风不良、热舒适度低等城市微气候问题。

城市微气候的形成除了受宏观气候因素的影响，还与城市形态特征有着密切的关系。街区是城市构成的基本单元，不同形态及界面的街区，其内部空间的热传递特征不同，进而表现出不同的微气候特征。街区尺度的微气候是整个城市微气候的有机组成部分，良好的街区形态设计能够改善通风状况，调节室外气温，从而改善城市微气候。

近年来，由于城市化进程的加快，平原城市中心区街区空间表现出高度密集且复杂多样的街区形态特征，街区空间的这些变化使得城市微气候问题日趋突显。即使是寒冷地区的平原城市，其中心区在夏季也出现了严重的高温化问题。因此，本书的研究聚焦于寒冷地区平原城市中心区街区形态与微气候的耦合机理与优化调控方法，从以下三个方面展开。

首先，作者采用定性的类型描述与定量的指标描述相结合的方法，对寒冷地区平原城市中心区街区形态进行了全面概括与精准描述。在定性的类型描述研究中，作者参照形态学、类型学的研究方法，采取街区建筑功能与建筑容量相结合的主题分类方式，依据石家庄、郑州和西安三个典型案例城市中心区 1000 m×1000 m 的街区切片研究单元样本，将寒冷地区平原城市中心区的街区形态进行分类和梳理，共归纳出 3 个大类（13 个小类）的街区形态类型。在定量的指标描述研究中，作者基于街区尺度城市微气候的形成因素，依据指标描述的适用性、指标计算的便捷性和纳入规范的可操作性原则，共筛选出建筑功能混合度、建筑密度、容积率、平均天空开阔度、平均迎风面积比、平均建筑高度、平均街道高宽比和绿地率 8 个与街区形态相关的量化指标，以此对寒冷地区平原城市中心区街区形态进行量化指标描述。

然后，作者采用现场实测与数值模拟相结合的方法分析寒冷地区平原城市中心区街区形态与微气候的耦合机理。在依据郑州市夏季典型日现场实测数据验证和校准了城市微气候模拟软件 ENVI-met 数值模拟结果的可靠性后，作者以寒冷地区平原城市中心区 13 种街区形态类型的典型模型为样本，利用 ENVI-met 软件分析街区空间内部水平对流传热和下垫面释放的显热与潜热通量对街区空间气温升高的影响机理，发现了寒冷地区平原城市中心区 1 km² 街区尺度的微气候指标与街区形态量化指标之间的一系列相关关系。依据这些街区形态与微气候的数值关系，作者从街区形态对微气候的影响机理以及构建舒适微气候的街区形态设计两个方面，揭示了寒冷地区平原城市中心区街区形态与微气候的耦合机理。研究表明：寒冷地区平原城市中心区街区空间夏季高温化问题产生的主要原因在于街区空间形态及其空间界面属性的综合影响，为构建舒适微气候进行街区形态设计需要从空间形态及其界面属性两方面入手。

最后，作者基于寒冷地区平原城市中心区街区形态与微气候的耦合机理分析，依据控制"得热"和加速"散热"的原则，归纳出缓解夏季高温的街区形态调控方法，并利用 ENVI-met 软件模拟比较各种调控方法对降低夏季室外气温的贡献率，综合考虑街区形态调控方法对微气候改善的贡献率、适用性和可操作性等的影响，获得有助于改善夏季寒冷地区平原城市中心区街区微气候的形态优化调控方法：①采取街区建筑东西向错位布局的调控方法能够对商务型街区室外空间起到一定的降温作用，但对商住型和居住型街区降温效果不明显；②采取减小街区建筑在夏季主导风向上迎风面积的调控方法能够对商住型与居住型街区夏季高温起到轻微的缓解作用，但对商务型街区降温效果不明显；③采取适度提高道路围合地块最北一排建筑高度的调控方法能够缓解商住型与居住型街区室外空间部分区域的夏季午后高温，但对商务型街区降温效果不明显；④采取适度提高街区平均街道高宽比的调控方法对商住型与居住型街区的夏季午后高温具有很好的缓解效果，但对商务型街区降温效果不显著；⑤增加街区空间绿地面积与树木数量的调控方法是对所有街区类型都适用的方法，该方法可以有效缓解夏季高温；⑥采取提高街区地表面以及建筑外表面反照率的调控方法可以缓解夏季午后高温，该方法对容积率大于 3.5 或建筑密度大于 30% 的街区有显著降低夏季午后室外气温的效果；⑦采取只提高街区地表面反照率的调控方法也可以缓解夏季午后高温，该方法对容积率不大于 3.5 的街区有显著降低夏季午后室外气温的效果。

本书以寒冷地区平原城市夏季为例，系统探究了城市中心区街区形态与微气候的耦合机理与优化调控方法，希望为规划师、建筑师和城市建设管理者提供有益参考。

本书的研究工作得到国家自然科学基金重点项目"城市形态与城市微气候耦合机理与控制"（项目编号：51538004）的支持，特此致谢。

由于作者水平有限，本书难免存在不足之处，敬请读者批评指正。

目录

1

绪论

1.1　研 究 背 景

1.1.1　全球气候变暖与温室气体排放

"气候"一词来自古希腊文"Ｋλíμα"，原意为"倾斜"，是指各地气候的冷暖与太阳光线的倾斜角度有关[1]。 在太阳辐射的作用下，气候系统内部的大气圈与其下垫面通过物质与能量交换产生一系列的复杂变化过程，进而形成不同地域的气候特征。 气候变化受多种因素的影响，主要可分为自然因素和人为因素。 自然因素的影响是指日地关系和气候系统内部的相互作用与反馈等引起的气候波动，如太阳辐射的变化、火山活动、大气与海洋环流的变化等；人为因素的影响是指人类生产生活、土地利用变化和城市化等人类活动引起的气候变化，如人类燃烧化石燃料释放大量二氧化碳，各种人为热排放增加了大气中的温室气体浓度等。 全球气候变暖与温室气体排放有着直接联系，人为因素导致温室效应不断加剧，引起地气系统吸收与发射的能量不平衡，能量在地气系统内累积导致温度上升，造成气候变暖。

2014 年 11 月，联合国政府间气候变化专门委员会（Intergovernmental Panel on Climate Change, IPCC）发布了第五次评估报告的《综合报告》，报告指出：气候系统的暖化是毋庸置疑的，人类活动对气候系统的影响是明确的[2]。 自 1950 年以来，所观测到的许多气候系统变化在过去几十年甚至几千年都是史无前例的，尤其是最近二十年间的温度变化趋势（图1-1）。 报告认为，从 1983 年到 2012 年这 30 年比之前几十年都要热，每十年的地表温度均高于 1850 年以来的任何时期。 报告在既有研究成果的基础上，进一步证实了在 1951 年到 2010 年，人为因素中温室气体排

---

[1] 古希腊人认为地球上气候的差异来自太阳光线倾斜角度的不同，关于热带、温带和寒带的概念也由此建立。 这种关于气候形成的概念流传很久，直到 15 世纪中期地理大探险时期，人们才渐渐认识到气候的形成不但受到太阳光线倾斜角度的影响，还受到大气环流、海陆分布形势等的影响。 参见周淑贞，张如一，张超.气象学与气候学[M].3 版.北京：高等教育出版社，1997：3-4.

[2] Intergovernmental Panel on Climate Change. IPCC fifth assessment report : climate change 2014 （AR5）[R].Geneva：IPCC，2014.

放的影响在地表平均温度升高中贡献了 0.5 ～1.3 ℃，气溶胶增加的影响在−0.6 ～
0.1 ℃；而各种自然因素的影响则在−0.1 ～0.1 ℃（图 1-2）。 因此，报告认为：导
致 20 世纪 50 年代以来的大部分全球地表平均气温升高的根本原因极可能（可能性
在 95% 以上）是人类活动。

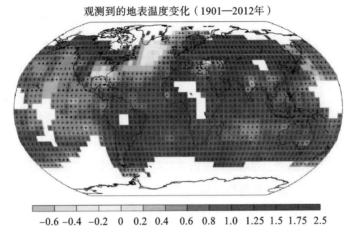

图 1-1　IPCC 研究报告发布的观测到的地表温度变化趋势图

（图片来源：www.ipcc.ch）

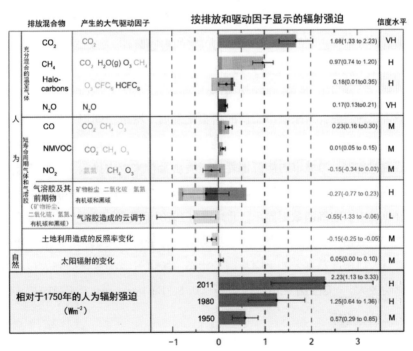

图 1-2　IPCC 研究报告发布的全球气候变暖的影响因素分析图

（图片来源：www.ipcc.ch）

1.1.2　快速城市化导致城市气温升高

人类活动对气候的影响有两种：一种是无意识的影响，另一种是为了某种目的有意识地改变气候条件，城市气候属于前者。城市气候是指在区域气候的背景下，经过城市化后，在城市的特殊下垫面和城市人类活动的影响（主要是无意识的）下而形成的一种局地气候。艾伯特·克拉策（P. Albert Kratzer）博士早在 1937 年就开始对"城市气候"进行研究，他明确提出"城市中的气候环境受人口集聚区人造环境及其特征的影响而发生改变"[1]。现如今，越来越多的科学家已经证实了土地利用变化是影响气候变化的重要因素之一，而城市化是人类活动引起土地利用变化的最极端表现，它不但影响局地气候和区域气候，而且同时影响大气环流。城市化带来的热岛效应与日俱增，据 IPCC 的研究数据显示，城市年平均气温一般比农村地区高出 3.5 ~ 4.5 ℃，这一温差预计每 10 年将增加 1 ℃（大城市温差可高达 10 ℃之多）。造成这一现象的根本原因在于城市化进程中人口的快速增长、工业化进程的加快和能源的过度消耗等。

2018 年 4 月，中国气象局首次发布《中国气候变化蓝皮书》，该蓝皮书指出中国是全球气候变化的影响显著区和敏感区，2017 年中国地表年平均气温达到了 20 世纪初以来的最高值，近 20 年是 20 世纪初以来的最暖时期。从 1990 年至 2009 年，我国的城市化率从 26.2% 提高到了 46.59%，平均每年增长一个百分点。国家统计局数据显示，预计 2030 年我国城市化率将达到 65% 以上。快速的城市化进程促使人口向城市迅速集聚，带来城市空间的密集化发展，城市空间形态发生剧烈变化，改变了城市下垫面和其上方大气之间的能量与物质交换，致使城市、建筑和气候之间的矛盾愈演愈烈，给城市的能源消耗和环境质量带来巨大挑战，这些挑战促使我们密切关注区域、城市和建筑对我们的环境和生活产生的影响。中国社会科学院可持续发展研究中心的确凿数据显示，北京市自 1970 年以来，城市气温的升高基本上与城市化的发展相一致，且二者具有长期协同变化的均衡关系[2]。北京市年平均最低气温与人口密度基本上处于同步增长状态，城市气温的变化受到人口与城市化因素的影响较大。美国国家环境保护局（U. S. Environmental Protection Agency, US

---

［1］KRATZER P A. Das stadtklima ［M］. 2nd ed. Braunschweig: Friedr, Vieweg& Sohn, 1956: 130-137.
［2］郑艳, 潘家华, 郑祚芳, 等. 城市化与北京增温的协整分析 ［J］. 中国人口·资源与环境, 2006, 16
　　（2）: 63-69.

EPA)的研究数据也显示，城市人口每增长 100 万，城市与乡村地区的年平均气温差将增加 3 ℃[1]。

1.1.3　城市微气候恶化与城市空间密集

城市是气候产生变化的主要贡献者，气候变化的不利影响也出现在城市地区，因为这里人口、资源和基础设施相对集中。近年来，城市微气候恶化降低了城市居民的生活品质，比如室外热舒适度低、通风不良、空气质量下降等。引起城市微气候恶化的原因一般被归结为城市空间的密集、城市下垫面人工化以及人们的生活和生产活动所产生的大量人为热排放。这些原因都与当前我国城市化的加速发展密切相关，我国人口众多、土地资源短缺的实际情况决定了城市化必须采取高密度的土地开发模式。理论上，相比人口更为分散的区域而言，高密度的城市土地利用开发模式，能够更加高效地使用能源，降低能源消耗的人口平均值，原因在于成本的削减和规模经济效应，但也可能导致交通拥堵、城市微气候恶化等问题，这取决于城市设计和城市空间形态。

虽然城市消耗着世界生产能源总量的 60%～80%，但温室气体排放的主要来源并不是城市化或城市本身，而是人们在城市中的生产生活方式、出行方式以及人们为建筑物供暖和制冷所消耗的能源。城市温室气体排放量可随城市的空间形态、居民的生产生活方式、公共交通便利程度及能源来源而大不相同。城市的密度、空间形态和结构是影响能源消耗的主要因素，特别是交通运输和建筑尤其突出，这需要进行精细化的设计和建设。城市的发展战略依靠城市规划来定位，城市的空间品质依靠城市设计来提升。城市的建设与更新不仅要重视规划，更要重视城市设计。当今的城市设计早已不是只追求"美"，还需要调控城市发展的规模、优化城市形态的结构布局、改善城市的微气候环境、提升城市的健康水平和整体质量。

1.1.4　本书研究的缘起

本书的研究来源于国家自然科学基金重点项目"城市形态与城市微气候耦合机理与控制"（项目编号：51538004），该基金项目关于城市形态与城市微气候的系列研究涉及山地城市、水网城市和平原城市等。本书的研究为此基金项目的子课题，

---

[1] The Environment Protection Agency. The heat island effect: heat island impacts[R]. US EPA 2014.

聚焦于平原城市。

城市在形成与演化过程中受到城市所处地理环境特征的影响非常大，不同地理环境特征下形成的城市形态也各具典型性，如山地城市依山筑城，河网城市沿河发展，平原城市则多为棋盘状格局。另一方面，不同地理环境特征下的气候条件也各有不同，如山地城市的主导风向受到山形地势因素的影响，常年主导风向比较稳定；河网城市中的大型水体对城市微气候有着重要的影响；平原城市的微气候特征受季风风向影响较明显。因此，不同地理环境特征对城市形态与微气候均有着非常重要的影响，只有对不同地理环境特征条件下的城市形态与城市微气候的耦合机理及优化调控方法分别进行研究，才能有针对性地指导相应地理环境特征条件下的城市规划、城市设计以及建筑设计，从而改善城市微气候环境。

从地理环境特征对城市的影响来看，平原城市的街区形态因地形的原因，表现出独有的典型特征，如格网型的城市形态格局和"摊大饼"式的城市空间发展模式。近年来，城市化的快速发展使平原城市中心区的规模不断扩大，涵盖了不同尺度的街道路网和众多新旧交替的建筑形态类型，其街区空间表现出密集化、多样化的形态特征。平原城市中心区街区空间的这些形态变化使得城市微气候恶化问题逐渐突显，即使是寒冷地区的平原城市，其城市中心区在夏季也出现了严重的高温化问题。

中国气象网统计的省会城市夏季高温数据显示，近20年来全国夏季高温累计排名前十位中，北方的西安、郑州两座城市上榜。同时，中国气象网统计的空气质量数据显示，省会城市石家庄、太原、西安、郑州、济南的空气质量长期位居后十位（图1-3）。由于城市气温升高与城市人口增长存在着一定的协同关系，国家统计局数据显示，石家庄、郑州、西安城市常住人口均超过1000万。聚焦于这些微气候恶化问题突出的大规模、高密度城市，发现从城市建成区的建筑气候区划和地理环境特征来看，石家庄、郑州、西安皆属于寒冷地区平原城市。事实上，在城市建设的进程中，构成城市街区形态的建筑形体及建筑布局的特征受到地理环境和背景气候的综合影响，而城市街区形态特征影响城市内部的自然通风、太阳辐射等，与城市热岛的形成密不可分。

研究表明，同一城市的不同街区，由于其街区形态特征的差异，表现出不同的城市微气候特征。寒冷地区平原城市中心区由于街区空间的复杂多样性特征，其街区微气候受城市人工环境的影响非常显著。解决寒冷地区平原城市中心区夏季高温

图1-3　中国微气候恶化问题突出的城市排名

（图片与数据来源：中国气象网）

问题，并不像山地城市和水网城市那样有可以利用的自然条件。 如山谷风可以调节山地城市依山街区的室外气温，大型水体可以调节河网城市滨水街区的室外气温。 应对寒冷地区平原城市中心区夏季高温的问题，良好的街区形态设计必不可少。 由于街区尺度的微气候是城市整体微气候环境的有机组成部分，对街区形态特征问题的认知、理解和操作属于建筑学、城市设计对城市形态与城市微气候研究关注的重点。 因此，本书以不同街区形态特征对应的微气候特征不同为切入点，探究寒冷地区平原城市中心区街区形态与微气候的耦合机理及优化调控方法。

1.2　概　念　界　定

1.2.1　城市气候与城市微气候

城市气候是由于城市的特殊下垫面和城市人类活动的影响（主要是无意识的）改变了原有的区域气候状况而形成的一种与城市周围不同的局地气候。 城市气候与郊区气候相比，具有气温高、风速小、太阳辐射弱、能见度差、降水多等差异。"城市气候"一词主要用于地理学、气象学和气候学的研究中，多关注城市气候形成的原因、气象预测和气象灾害防御等。 而城市微气候（urban microclimate）是与城市人类活动和城市建成环境联系最为密切的特殊城市气候，属于特定环境下的小气候，气候特征影响范围小、时间短。"城市微气候"一词主要用于建筑学、规划学和风景园林学的研究中，多关注气候环境的舒适度，以及城市微气候品质与城市形态的耦合关系与调节机制的研究。

关于城市气候和城市微气候，一种说法认为城市气候是城市作为一个整体影响形成的气候，属于"中尺度（meso-scale）"范围，即"城市边界层（urban boundary layer）"的气候。而"城市覆盖层[1]（urban canopy layer）"则属于"微尺度（micro-scale）"范围，被称为城市小气候或城市微气候。另一种说法认为"中尺度"与"微尺度"含义比较模糊，城市气候和城市微气候都是属于受人类活动影响的局地气候范畴，其水平尺度和垂直尺度不能进行严格意义上的划分，用局地气候表达更为适宜。本书主要关注室外气候环境的舒适性，使用"城市微气候"一词，按照城市尺度、街区尺度和建筑尺度来划分尺度范畴，并对其进行研究。本书主要讨论的是街区尺度的城市微气候，气候特征影响的水平范围在 1～10 km，垂直范围在 0.01～1 km，属于城市覆盖层范畴内近地层的"微尺度"范围，气候特征受人类活动的影响显著，持续时间为 24 h 以内（表1-1）。城市微气候受城市建成环境下垫面的影响，与建成环境的物质形态特征有着密不可分的关系，由于城市物质空间的集聚方式，城市微气候的恶化已成为不争的事实。

表1-1　城市微气候系统的时空尺度与规划建筑设计尺度对应表

城市系统尺度	微气候系统尺度	影响范围/km		影响时间/h	地表大气系统范围	规划与建筑设计涉及的内容
		水平范围	垂直范围			
城市	中尺度	10～500	1～10	48	城市边界层	空间、人口、用地、形态
街区	微尺度	1～10	0.01～1	24	城市覆盖层	空间、形态、功能、用地

[1] 依据 Oke 的研究，在城市建筑物屋顶以下至地面这一层称为城市覆盖层，也称城市冠层，它受到人类活动的影响最大。它与建筑物、街道、建筑材料、绿化面积、不透水地面以及各种人为热和人为水汽的排放等有很大关系。从建筑物屋顶以上到积云中部高度（垂直高度为 1～10 km），这一层称为城市边界层，它受到城市大气质量、参差不齐建筑屋顶的热力和动力，以及四周环境（区域气候）的综合影响，与城市冠层之间存在着物质与能量交换。参见周淑贞，束炯. 城市气候学 [M]. 北京：气象出版社，1994，5-6.

城市系统尺度	微气候系统尺度	影响范围/km		影响时间/h	地表大气系统范围	规划与建筑设计涉及的内容
		水平范围	垂直范围			
建筑	微尺度	0.1～1	0.01～0.1	24	城市覆盖层	空间、形态、功能

表格来源：作者自绘。

1.2.2 街区形态与街区空间形态

街区是城市结构的基本组成单位，通常指被道路所包围的区域，但并不局限于道路所包围的区域。"形态"在《辞海》中的解释是"形状神态、形状姿态"或"指事物在一定条件下的表现形式"。常用的与街区相关的形态方面的概念有"街区形态"和"街区空间形态"，"街区形态"与"街区空间形态"的含义十分接近。实际上，空间是与实体相对应的概念，街区空间是指由街区建筑实体围合或分隔的虚体。街区空间形态从概念理解是仅从空间的角度研究街区形态，街区空间形态隶属于街区形态的范畴，空间属性只是街区形态的一个重要属性。

由于街区形态的形成受到许多因素的影响，街区形态概念的内涵和外延都很宽泛。而与城市微气候相关的街区形态主要指的是街区的物质形态，它是城市中街区尺度范围内不断发展变化着的形式与状态。街区物质形态的构成要素主要包括街道、建筑、街区空间和空间界面，与微气候相关的街区形态指上述构成要素的组合形式、分布状态以及空间界面的材质特征等。

英文文献中常用"block morphology"表示街区形态。形态学（morphology）的概念与研究方法被借用到城市问题的研究之中，它是在人们对城市本质认识的过程中实现的[1]。"morphology"一词来源于希腊语"morphe"（形）和"logos"（逻辑），意思是形式的逻辑，它在牛津词典中的解释为"the study of the forms of things"（对事物形式的研究）。本书借用形态学的研究方法分析街区形态的特征，使用"街区形态"一词，探究街区形态与城市微气候的耦合关系，对街区形态的研究主要包括街道形态、建筑形态、街区空间形态和街区空间界面属性等各要素以及它们之间的相互关系。

---

[1] 陈飞. 一个新的研究框架：城市形态类型学在中国的应用[J]. 建筑学报. 2010（4）：85-90.

1.3 本书研究介绍

1.3.1 研究范围与内容

1. 研究范围

城市形态与城市微气候所涉及的研究领域和范围非常广泛，作者认为为了研究的深入，有必要针对一定范围或敏感问题进行聚焦，如将研究对象按建筑气候区划、地理环境特征、研究尺度或城市区位等进行划分。按照建筑气候区划可以把城市分为严寒地区、寒冷地区、夏热冬冷地区、温和地区和夏热冬暖地区等不同类型；按照地理环境特征可以把城市分为滨海城市、山地城市、河网城市、平原城市等不同类型；按照城市区位可分为城市主城区、城市中心区和城市边缘区等不同的区域；按照研究对象的尺度可分为城市尺度、街区尺度和建筑尺度等多种尺度。本书的研究范围集中在"寒冷地区→平原城市→城市中心区→街区尺度"的城市微气候，研究问题主要针对寒冷地区平原城市中心区夏季高温化现况，研究目标聚焦于街区形态与城市微气候的耦合机理与优化调控方法。

城市微气候的形成与太阳辐射、风、人工排热（空调、交通）等各种要素紧密相关。关于太阳辐射，城市街区通过街道与建筑所构成的"内部空腔体"来回反射吸收太阳辐射。关于风，热源在街区空间中热交换、热代谢的过程，主要受到由街区"内部空腔体"所形成的局地环流与自然风相结合的空气流通效率的影响。除此以外，街区空间界面的属性性质（如地面和建筑外墙的材质属性以及植被、绿化等）也会对太阳辐射和通风产生综合影响。街区形态对城市微气候的负面影响主要在于街区物质空间的密集化集聚方式阻碍城市通风、增加太阳辐射在街区室外空间中被反射与吸收的次数，以及人工化的下垫面增加蓄热、减缓散热等方面。由于本书主要探究街区形态的特征变化对城市微气候的影响，在具体研究的过程中暂时不考虑人工排热的变化对微气候的影响。

2. 研究内容

（1）基于实测与模拟分析寒冷地区平原城市中心区不同类型街区的微气候特征

本书首先借鉴建筑类型学、城市形态学和形态类型学的相关理论，基于微气候视角对寒冷地区平原城市中心区的街区形态特征进行定性的类型描述，并结合街区形态的相关量化指标以定量化的方式进一步描述不同类型街区的形态特征，以达到对寒冷地区平原城市中心区街区形态特征的精准认识和描述。其次采用现场实测与数值模拟相结合的方法分析寒冷地区平原城市中心区不同类型街区的热传递与热代谢特征差异，将现场实测收集的气候数据用于验证和校准微气候模拟软件 ENVI-met 数值模拟结果的可靠性，利用 ENVI-met 软件对寒冷地区平原城市中心区不同类型的街区形态进行相关模拟，分析街区空间内部水平对流传热和下垫面释放的显热与潜热通量对街区空间气温升高的影响机理，为解析寒冷地区平原城市中心区街区形态与城市微气候耦合机理及调节机制提供数据支撑。

（2）对寒冷地区平原城市中心区街区形态与城市微气候的耦合机理进行分析

街区形态与城市微气候的影响机理主要表现在受街区形态及其界面属性的影响，街区空间内部热平衡的各项热量交换所体现出来的不同热平衡特征。由于寒冷地区平原城市中心区街区尺度的微气候在夏季表现出通风不良、热舒适度低的高温化问题，其街区形态的设计需要应对这一微气候问题。本书在实测与模拟研究的基础上，利用对寒冷地区平原城市中心区街区形态定性的类型描述与定量的数据描述相结合的表征，以及对城市微气候的客观物理性指标与主观感受类指标相结合的测度，运用统计学原理对街区形态的量化数据与城市微气候的测度数据进行分析，探究寒冷地区平原城市中心区街区形态量化数据与微气候数据之间的相关性与权重关系。进而依据这些相关关系，从街区形态对微气候的影响机理与微气候对街区形态的设计要求两个方面对寒冷地区平原城市中心区街区形态与城市微气候的耦合机理进行分析。

（3）提出有助于改善微气候的寒冷地区平原城市中心区街区形态优化调控方法

大量研究表明，通过有效的城市形态设计策略，能够明显改善城市微气候品质。如在城市建设过程中利用建筑群的组合关系以及外部空间形态优化等建筑设计手段，可以提高城市外部空间的通风能力，利于街区内部的热量及污染物的扩散。通过绿化、水体及空间界面属性的优化能够明显降低城市下垫面的表面温度，减少城市外部空间的热释放，降低室外气温，改善外部空间热环境品质。本书在寒冷地区平原城市中心区街区形态与城市微气候耦合机理分析的基础上，利用计算机模拟进行比较研究，探究寒冷地区平原城市中心区不同类型街区的城市微气候调节机制，分析同一类型街区中各种街区形态调控方法对改善城市微气候的贡献率，提出有助于改善城市微气候的寒冷地区平原城市中心区街区形态优化调控方法。

1.3.2　研究目的与意义

1. 研究目的

（1）揭示寒冷地区平原城市中心区街区形态与城市微气候的耦合机理

在城市空间中，城市微气候特征的形成受到宏观背景气候因素及城市已建成环境空间形态特征的综合影响。城市的空间形态影响城市内部的自然通风、太阳辐射等，与城市热岛的形成密不可分。城市空间形态与城市微气候特征的相关关系是由构成城市空间内部热平衡的各项热量传递体现出来的不同热平衡特征所决定的，而这些热量的传递特征受城市空间形态以及空间界面属性的影响极大。即使在相邻的两个高层低密度和低层高密度街区中，由于空间内部热量传递特征的差异，街区微气候形成的主要影响因素也存在差别。因此，在同一城市的不同街区，由于其街区形态特征的差异，街区空间内部的热传递与热代谢不同，表现出不同的微气候特征。在城市微气候的研究中，针对寒冷地区平原城市中心区不同类型街区空间的热传递与热代谢特征差异，分析寒冷地区平原城市中心区不同类型街区形态对城市微气候特征形成的主要影响因素，揭示街区空间中水平对流传热和下垫面释放的显热与潜热通量对街区空间气温升高的影响机理，以便有针对性地提出应付夏季高温问题的街区形态设计方法，从而提升城市空间品质。

（2）提出有助于改善微气候的寒冷地区平原城市中心区街区形态优化调控方法

城市微气候恶化导致的室外热环境舒适度低、通风不良、空气质量下降等状况降低了城市居民日常生活的品质。街区空间是城市居民活动产生的各种人工热集聚的区域，也是城市居民使用最为频繁的空间。城市中街区的规模大小、空间形态、密集程度以及界面属性等要素对形成微气候品质的气候因子（温度、湿度、风速等）产生明显影响，也是促使城市微气候舒适性发生显著改变的重要因素。街区尺度的微气候是整个城市微气候的有机组成部分，从改善城市微气候的角度出发，良好的街区空间形态设计能够改善通风状况，调节室外气温，提升空间品质，缓解城市微气候问题。鉴于此，本书在对寒冷地区平原城市中心区街区形态与城市微气候耦合机理及调节机制进行深入分析的基础上，针对寒冷地区平原城市中心区不同的街区形态类型，提出有助于缓解夏季高温的街区形态优化调控方法，进而使通过人工手段改善城市微气候条件、提升城市人居环境品质的设想变得可行。

2. 研究意义

（1）社会意义

城市人口的高度集中给人们带来更多的机遇与便利，同时也给人们带来更多由微气候恶化问题导致的困扰。本书探究了寒冷地区平原城市中心区应对夏季高温化问题的方法，以及解决高温问题可采用的城市设计与建筑设计等调控手段。在城市建设和更新的进程中，具有改善城市外部空间环境品质，提升城市居民生活居住品质的社会意义。

（2）理论意义

本书结合城市形态学、建筑类型学和形态类型学等相关理论研究，基于微气候视角，梳理归纳寒冷地区平原城市中心区的街区形态类型。采用现场实测与数值模拟相结合的方法分析不同类型街区内部的热传递与热代谢特征差异，探究不同类型街区形态对城市微气候影响的主要因素，揭示街区形态与城市微气候的耦合机理，提出改善城市微气候的街区形态优化调控方法，丰富和拓展了建筑学、城市规划与设计的理论知识体系。

（3）实践意义

城市形态的形成受到许多因素的影响。本书从地理环境特征的影响出发，对寒冷地区平原城市中心区不同类型街区案例进行深入研究，系统地建构了寒冷地区平原城市中心区街区形态与微气候的研究方法、理论基础与技术支撑，取得了相应的研究成果。本书从改善微气候的角度，为城市规划师、建筑师和政府管理者提供参考，有助于指导寒冷地区平原城市中心区的街区设计与建筑设计。

1.3.3 研究的数据来源

1. 街区形态数据来源

本书所涉及的街区形态数据主要来自以下四个方面。

一是通过 Google Earth 的高清卫星影像获取的街区正射影像图。

二是通过 BIGMAP（成都比格图数据处理有限公司）获取的街区矢量路网数据和矢量建筑楼块轮廓数据（含楼层数）。

三是由地块所在城市的城乡规划局公开发布的城市总体规划平面图和局部地块的控制性规划平面图。

四是由作者所在研究团队在现场实测时收集的街区实景图和街景影像资料。

2. 微气候数据来源

本书所使用的微气候数据主要来自以下三个方面。

一是由河南省气候中心气象站发布的气候数据（温度、湿度、风向、风速等）。

二是由作者所在团队在样本地块进行现场定点实测和移动观测时所收集的气候数据（温度、湿度、风向、风速、太阳辐射等）。

三是利用 ENVI-met 软件模拟计算得到的数据（温度、湿度、风速、风向、平均辐射温度、生理等效温度等）。

1.3.4　研究方法与框架

1. 研究方法

（1）多学科交叉综合研究的方法

本书采用建筑学、城乡规划学、建筑技术科学、城市气候学、统计学、计算机科学等多学科交叉的综合研究方法。

（2）定性研究与定量研究相结合的方法

本书对街区形态采取定性的类型描述与定量的数据描述，对城市微气候采取定量的数据描述，将二者的数据表征进行统计学分析，探究街区形态与城市微气候耦合机理的数值解析。

（3）实测研究与模拟研究相结合的方法

本书利用现场实测研究来验证计算机数值模拟结果的可靠性，通过对街区形态典型模型及实例样本的计算机数值模拟，分析街区形态与城市微气候的耦合机理，探究改善微气候的街区形态优化调控方法。

（4）案例研究与比较研究相结合的方法

本书基于微气候视角，依据案例城市中心区街区的样本，研究寒冷地区平原城市中心区的街区形态特征。对不同类型街区形态和与之对应的微气候特征进行比较研究，解析街区形态与城市微气候的耦合机理；对同一类型街区形态的不同工况条件进行比较研究，分析不同街区形态调控方法对改善微气候的贡献率。

2. 研究框架

本书的研究框架如图 1-4 所示。

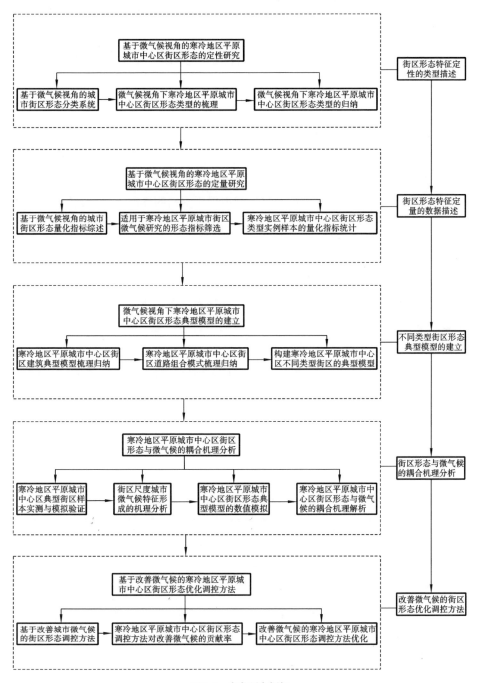

图 1-4 本书研究框架

（图片来源：作者自绘）

1.4 国内外相关研究综述

1.4.1 国内相关研究文献综述

1. 国内相关研究文献检索

近年来，城市微气候恶化状况突显，城市物质空间的高度集聚导致城市微气候的恶化已成为我国学术界的共识。结合本书的研究方向，作者选取了国内 18 个数据库的文献资源（表 1-2）进行综述研究。文献检索过程按如下三步进行：第一步，关键词检索，分别以"城市微气候、微气候、小气候"为关键词，在摘要中并含"街区、街道、街谷"相关检索词进行模糊检索；第二步，追溯检索，利用第一步检索收集到的文献中出现的类似关键词，如"风热环境、风环境、热环境、热舒适、居住区、住区、小区"等，以及综述类文献中的参考文献进行二次追溯检索；第三步，综合检索，依据第一步与第二步的检索结果进行综合检索，补充与主题内容相关度高的文献，过滤剔除与主题内容有偏差的、重复的文献。经过三个步骤的检索，总计检索出与本书相关的研究文献 386 篇，同时利用 E-Learning、NoteExpress 和 Excel 进行文献统计整理，以此为基础进行国内相关文献综述分析。

表 1-2 国内相关文献检索数据库

CNKI 中国学术期刊网络出版总库	CNKI 中国博硕士学位论文全文数据库
CNKI 中国重要会议论文全文数据库	CNKI 中国国际会议论文全文数据库
CNKI 中国重要报纸全文数据库	CNKI 中国引文数据库
中国科学引文数据库（CSCD）	中文社会科学引文索引（CSSCI）
中国标准全文数据库	维普期刊资源整合服务平台
万方数据知识服务平台	TWS 台湾学术期刊在线数据库
华艺台湾硕博论文数据库	北大方正 Apabi 数字图书系统
超星数字图书馆	书生电子图书数据库

CNKI 中国学术期刊网络出版总库	CNKI 中国博硕士学位论文全文数据库
读秀中文学术搜索	华中科技大学馆藏图书

表格来源:作者自绘。

2. 国内相关研究概况

关于城市气候的研究,我国在大气科学与环境科学领域起步较早。关于城市微气候与城市形态关联性的研究,我国在建筑学、城乡规划学和景观学的学科领域起步较晚。通过文献检索发现,1997 年东南大学建筑系的柳孝图等发表于《环境科学》上的《城市热环境及其微热环境的改善》一文属于建筑学专业在该研究领域最早的研究文献,该文章根据城市气象数据分析了城市区域特征对热环境所产生的影响,并提出若要改善城市区域微热环境,可以通过城市规划和建筑设计手段来实现[1]。自此,相关研究文献呈逐年攀升之势。近年来,许多相关研究中都引入了大量的跨学科知识和定量化分析,从检索文献统计结果来看,研究视角与研究内容呈现出典型的阶段性变化趋势(表 1-3)。从研究文献涉及的典型案例城市来看,针对城市物质空间密集、人口高度集中的大型城市(如北京、上海和广州等)的研究较多,其他还有大量高校及科研单位所在地城市(如天津、武汉和西安等)的研究也明显居多。因此,促进我国街区尺度微气候研究不断探索的原因有二:一是由城市空间高度密集化发展带来的微气候恶化问题亟待解决;二是新的研究方法与技术手段在该领域的不断推广应用。总体来说,我国街区尺度城市微气候研究经历的时间不长,虽然在研究方法与技术手段上有一定的基础,但是就研究成果如何有效地转化到城市规划及建筑设计中的常态化应用还非常欠缺。

表 1-3 我国在街区尺度城市微气候的研究历程分期

阶 段	时 期	研 究 视 角	主要研究内容
第一阶段	2000 年之前	气候适应性的建筑设计与街区设计措施	从单体建筑的气候适应性扩大到建筑群、街区范围的微热环境研究,介绍城市规划和建筑设计措施对于改善城市微热环境的效用

---

[1] 柳孝图, 陈恩水, 余德敏, 等. 城市热环境及其微热环境的改善[J]. 环境科学, 1997, 18(1): 54-58.

阶　段	时　期	研 究 视 角	主要研究内容
第二阶段	2001—2005 年	日照、风、热环境的微气候环境	研究太阳辐射、温度、湿度、风速等因素,对待建的和已建成的街区日照环境、风热环境进行预测和评价
第三阶段	2006—2010 年	探究对城市微气候产生影响的各种因素和人为原因	研究太阳辐射、温度、湿度、风速以及人为热等因素的自相关性及对街区空间环境的影响,寻找调节和改善城市微气候的人为可控手段
第四阶段	2011 年至今	多尺度耦合研究风、太阳辐射、人为热、空气污染等对微气候品质的综合影响	与中尺度气候环境耦合,并考虑单体建筑能耗和室内环境的影响,研究街区空间的风热环境及空气质量品质,探求改善城市微气候环境品质的人为可控因素及其量化管控指标

表格来源:作者自绘。

依据检索文献的统计分析,现阶段我国在街区尺度城市微气候研究中常用的研究方法主要有现场实测法、问卷调查法、经验公式法、感知实验法、风洞实验法以及数值模拟法等。每种方法都有其自身独特的研究原理、操作要点及优缺点,在具体的研究中,则需要依据实际情况综合选择合适的方法(表1-4)。

表1-4　我国街区尺度城市微气候的研究方法简表

研究方法	研 究 原 理	优　点	缺　点	操 作 要 点
现场实测法	利用气象监测仪器的测量收集气候数据	数据真实,可靠度高	费时、费力且环境影响因素多	制定合适的实测计划,有效控制各种影响因素
问卷调查法	采用调查问卷、访问交谈和观察等手段收集研究数据	能准确把握空间使用者的倾向	人为主观因素会对数据收集质量造成一定影响	高质量的调查问卷设计与有效的访谈是该方法成功的核心
经验公式法	利用相关数据,套用经验公式或算法研究微气候变化规律	所需数据资料清晰,计算速度较快	环境中复杂因素较多时,计算结果准确度受限	精准的数学公式推导过程和计算结果的验证是关键

研究方法	研究原理	优　点	缺　点	操作要点
感知实验法	选取人体样本进行温热感、舒适度等实验来评定微气候环境	依据人体生理感觉评定，可信度高	样本个体差异对环境的评估会有少量影响	注意样本的选择，要对测试环境的干扰因素进行严格控制
风洞实验法	制作缩尺模型置入模拟真实环境的风洞实验室内，预估和评价样本地块的风环境	技术可靠，模拟实验受外界干扰因素影响小	实验场景对完全真实重现实际现况场景会产生轻微的误差	模型与环境设置的精确性，以及实验中测点的布置设计，是减少实验误差的关键
数值模拟法	输入相关数据，通过计算机对微气候环境进行模拟研究	模拟对比不同工况条件，调整便捷	针对极其复杂的环境，模拟精度会受到影响	合适的模型大小、模拟时间与边界条件设定是提高模拟精度的关键

表格来源：作者自绘。

　　近年来，采用现场实测与数值模拟相结合的方法进行研究的文献数量显著增多。由于城市街区建成环境的多样性以及城市微气候特征的复杂性，通过现场实测收集的气候数据最真实可靠。现场实测的方法也经常作为验证其他研究方法结果准确性的参照标准。为确保现场实测收集数据的真实可靠性，需要依据研究地区的气候特点和研究目的，对实测地点、实测方式、实测仪器的精度、实测地块范围的大小、实测收集数据的数量，以及时间、天气、人为等影响因素进行缜密的安排。计算机技术的进步为数值模拟方法的发展带来了极大的契机，利用计算机数值模拟可以最大限度地再现真实场景的空气流动和热传递过程，为研究城市微气候提供了极大的便利。当前，街区尺度微气候研究中数值模拟方法主要采用的模型有：基于非计算流体力学的 CTTC（cluster thermal time constant）模型[1]（集总参数法）和基于计算流体力学的 CFD（computational fluid dynamics）模型[2]（分布参数法）。CTTC 模型是通过对反映建筑结构蓄热与透热能力的建筑群热时间常数的模拟计算来分析

[1] 陈佳明. 基于集总参数法的居住区热环境计算程序开发[D]. 广州：华南理工大学，2010.
[2] 村上周三. CFD 与建筑环境设计[M]. 朱清宇，等，译. 北京：中国建筑工业出版社，2007.

局部空间环境的空气温度随外界热量扰动的变化情况，建筑群室外热环境分析软件DUTE 就是基于该模型进行模拟计算的。 CFD 模型是通过对空间环境的热传递与空气流动的模拟计算来分析空间的热环境、风环境和空气质量等问题，采用 CFD 模型模拟的常用软件主要有 ENVI-met、Phoenics、Fluent 等。

3. 国内相关研究的成果

除了所在地区太阳辐射、大气温湿度、风向及风速等自然气象要素外，城市下垫面（包括地形、城市形态和植被等）与大气之间的水热过程以及各种人工热排放等也是城市微气候发生改变的重要原因。 可见，引发城市微气候恶化的原因不是孤立的、单一的，而是关联的、复杂且多重的。 众多学者的研究成果显示，城市微气候恶化的主要原因可归结为：①由城市空间内部热量流动与传递所引起的热量平衡的变化，即城市空间的密集化导致城市空间内部吸收太阳辐射及蓄热能力增强、通风不畅，进而散热能力下降；②大量人为热排放等引起的城市空间内部热平衡的变化。 当城市空间内获得的热量与消散的热量不平衡时，城市微气候就会发生变化。近年来，由于城市微气候恶化问题突显，我国在该领域的研究非常活跃，国内众多学者分别从不同角度进行了相关研究，取得了许多相应的研究成果（表1-5），为后续研究提供了强大的理论支撑。

表 1-5　我国在城市形态与城市微气候领域既有研究成果汇总简表

学科专业	研究团队	研究机构	主要研究内容	主要研究成果
建筑技术科学	朱颖心、林波荣、李晓锋、曹彬等	清华大学建筑学院	对室外微气候环境下的人体热舒适度、人体热适应性等进行了实验与数值模拟研究	研究结果表明，人体热舒适度受长期生活环境的潜在影响，会导致不同生活环境背景下的人体热感觉和热适应性出现一定的差异性
	刘加平、杨柳、刘大龙等	西安建筑科技大学	对不同气温和辐射变化所引起的建筑能耗变化进行了一系列的研究	研究表明，气象参数对建筑能耗的影响具有典型的季节性和地域性差异，影响的敏感系数可以量化计算，可为不同建筑热工气候分区的建筑节能提供更科学的依据

学科专业	研究团队	研究机构	主要研究内容	主要研究成果
城市规划/城市设计/建筑设计	吴恩融、任超、史源、郑颖生等	香港中文大学建筑学院	对城市气候图、通风道、风热环境舒适度与城市设计策略等进行了一系列的研究	研究结果表明，通过城市规划、城市设计以及建筑设计等相应手段来改善城市外部空间的风热环境是行之有效的
	孟庆林、李琼、张宇峰等	华南理工大学建筑学院	针对湿热地区人体热舒适和室外风热环境进行了多方面的实验研究与数值模拟研究	研究结果系统分析了湿热地区人体热舒适及热适应的特征，有针对性地提出了适用于湿热地区室外风热环境的改善城市微气候的调节策略
	金虹、冷红等	哈尔滨工业大学	对严寒地区户外风热环境进行了实测与模拟研究	系统地分析了严寒地区居民对户外风热环境的需求，提出针对严寒地区户外风热环境的优化调节策略
	杨峰、赵婉竹、钱峰等	同济大学建筑城市规划学院	针对室外微气候的影响因素进行了大量实测和数值模拟的对比研究	研究表明，室外热环境的舒适性受地表反照率的显著影响，城市绿化的降温性能受周围人工化围护结构的几何形状和结构的影响
	李保峰、陈宏、王振、周雪帆等	华中科技大学建筑与城市规划学院	运用实测与多尺度协同研究的方法，将耦合模拟技术应用到多尺度的城市微气候模拟研究中	研究结果表明，在引发街区内部行人高度气温升高的原因中，建筑表面显热通量的影响不低于空调排热，甚至在高层高密度街区中，建筑表面的显热通量对街区内部气温升高的影响大于空调排热
	郭飞、祝培生、王时原等	大连理工大学	对滨海高密度城市风热环境进行了不同尺度的研究	研究结果表明，不同尺度下高密度城市的风热环境与城市空间形态之间的定量关系可以采取不同模拟方法来获取，可为城市环境研究提供科学依据
	丁沃沃、郜志、张伟等	南京大学	对城市总体空间布局、街廓形态和空间界面与城市微气候的耦合机理进行了研究	探索了适用于夏热冬冷地区大型城市，基于城市微气候效应的城市形态设计策略

学科专业	研究团队	研究机构	主要研究内容	主要研究成果
风景园林	刘滨谊、张德顺、梅敏等	同济大学建筑与城市规划学院	在风景园林小气候适应性设计理论与方法、高密度城市微绿化与微气候等方面进行了大量实测和模拟研究	研究基于小尺度户外环境的物理规律和人体感应原理，针对不同种类空间的特征提出城市风景园林小气候空间单元、类型和设计要素，归纳风景园林气候系统调节改善微气候的原理与手段
	董芦笛、樊亚妮等	西安建筑科技大学	基于被动式生物气候调节原理和设计思路，对小尺度的户外微气候进行了大量的研究	研究表明，通过户外"生物气候场"空间的水热通量平衡来构建"场效应"的户外环境，可实现对城市户外环境微气候的调节改善
	冯娴慧、褚燕燕、高克昌等	华南理工大学建筑学院	针对城市绿地布局的微气候效应进行了相关研究	研究表明，不同的绿地布局与其周围建成区的风速、风场及温度分布具有规律性的定量关系，且城市绿地空间的分布对城市风场的影响高于对温度场的影响

表格来源：作者自绘。

1.4.2 国外相关研究文献综述

1. 国外相关研究文献检索

结合本书的研究范畴，作者选取了国外 6 个数据库的文献资源（表 1-6）进行相关检索研究。文献检索过程按如下三步进行：第一步，泛检索，选取"urban climate、urban microclimate、local climate、heat island"为检索词在所选取的数据库中进行主题相似模糊检索，检索并筛选出与本研究方向相似度极高的文献；第二步，精检索，利用第一步检索文献的摘要和关键词提取出新的检索词"urban design、urban morphology、urban morphology type、urban morphology of block、urban morphological parameter、outdoor comfort、densely built-up area、urban spaces、urban core"，并以此进行关键词的精确检索，检索出近五年来发表的 SCI 文献，同时筛选出关键词中含有"monitoring、observation、simulation、mobile measurement、CFD、Phoenics、Fluent、ENVI-met"的文献；第三步，溯源检索，利用第二步检索到的文献引文索引和评论文章的参考文献进行溯源检索，提取与本书密切相关的文献。同时利用 E-Learning、NoteExpress 和 Excel 进行文献统计整理，过滤剔除有偏差的、重复的文献，共检索出相关研究文献 103 篇，以此为基础进行国外相关文献综述分析。

表1-6　国外相关文献检索数据库

Web of Science SCI 科学引文数据库	Web of Science SCIE 科学引文检索扩展版
Elsevier Science Direct 高品位学术期刊数据库	Ei Village 工程引文数据库
ProQuest Dissertations & Theses （PQDT） 博硕士论文全文数据库	ProQuest Science Journals 期刊全文数据库

表格来源：作者自绘。

2. 国外相关研究概况

检索文献统计数据显示，国外关于城市形态与城市微气候的研究起步较早，并且已经形成了一定的知识体系。面对城市、建筑、气候与环境之间日益尖锐的矛盾，为了科学分析人类活动对城市微气候的影响，从而应对城市微气候环境不断恶化的实际问题，许多国家都在该领域进行了不同程度的探索。由于每个国家的城市存在着不同的城市微气候问题和城市规划系统，他们针对城市微气候的研究与应用既有一定的共性和普遍性，又有非常明显的个性和唯一性。早在 20 世纪 60 年代，德国就面临着城市微气候环境恶化的问题，所以德国也是最早开展城市微气候相关研究的国家。由于饱受鲁尔工业区带来的大气污染、热岛、"逆温"天气的困扰，城市微气候问题在德国城市规划与设计领域广受重视。后来，越来越多的国家针对自身城市微气候问题的现况开展了不同层次的研究探索。随着面临城市微气候问题困扰的国家增多，以及新研究技术与方法的不断推广应用，国外在城市形态与城市微气候方面的研究大致经历了四个典型阶段（表 1-7）。

表1-7　国外关于城市形态与城市微气候研究历程的分期

阶　　段	时　　期	相关研究的发展进程	开展相关研究的主要国家
第一阶段	20 世纪 60－70 年代	利用城市气候数据指导城市规划，初步建立城市气候地图的相关研究	德国

阶　段	时　期	相关研究的发展进程	开展相关研究的主要国家
第二阶段	20世纪80—90年代	融入广泛的多学科交叉知识，研究应对不同城市微气候恶化问题的城市规划与建筑设计策略	挪威、瑞典、德国、日本、英国、美国、波兰、澳大利亚、瑞士、以色列等
第三阶段	2000年—21世纪10年代	研究方法的科学性、严谨性日趋提高，相关研究成果不断转化为城市规划设计与建筑设计的手段，用以缓解城市微气候恶化问题	德国、日本、英国、美国、瑞士、新西兰、以色列、瑞典、希腊、波兰、葡萄牙、巴西、法国、荷兰等
第四阶段	21世纪10年代至今	研究视角更多样化，研究数据的获取更加多元化，相关研究成果转化到城市规划与建筑设计中的应用逐步趋向于常态化	德国、日本、英国、美国、瑞士、新西兰、以色列、瑞典、希腊、波兰、葡萄牙、巴西、法国、荷兰、印度、新加坡、韩国等

表格来源:作者自绘。

　　从国外相关文献的综述统计分析来看，国外在城市微气候与城市形态领域采用的研究方法主要包括monitoring and measurement（实地监测）、questionnaire（问卷调查）、calculation（公式计算）、experience and perception（体验感知）、wind tunnel test（风洞试验）、numerical simulation（数值模拟）等研究方法。国外这些研究方法与国内大致相同，但其应用比国内普遍都早，也更为完善。近年来，采用monitoring and measurement（实地监测）和numerical simulation（数值模拟）相结合的研究居多。由于背景气候的不同和城市所面临微气候问题的差异，针对某一城市微气候的实际问题大多采用多种研究方法进行综合研究。相对于国内文献中的研究方法，国外文献中针对高密度、中密度和低密度城市的研究都有所涉及，在研究方法的理论归纳与实践应用等方面更加丰富。

3. 国外相关研究的成果

　　在全球气候变暖的大背景下，基于人类生存空间对气候影响的科学分析，通过改进城市土地利用的各种措施，实现对城市微气候环境的调节改善，许多国家都结合自身国情与实际情况进行了不同程度的探索，取得了许多的研究成果，并将之应用于城市规划与建设之中。从世界范围来看，德国、日本、英国、美国的研究成果较多。这些国家都是工业强国，在城市建设与更新的进程中均饱受过热浪和雾霾的困扰。 在一定程度上说，他们的研究成果也就极具参考价值。

德国开展城市微气候研究的历史最长，其研究成果对城市规划的引导与控制极为精细、准确，对城市微气候的调节成效显著。 德国通过绘制不同尺度的城市气候地图，并将之纳入不同层级的城市规划体系中，从调节和改善城市微气候的角度，制定相关条例与评估标准，控制因城市建设和更新引起的城市形态变化，其理论研究与实践应用都较为丰富。 一方面，他们评估城市规划草案对城市微气候的影响，及时确认规划草案有可能引发的城市微气候问题，并在改进建议中明确提出。 另一方面，他们充分利用城市微气候的研究成果科学引导城市规划正式方案中的气候分析、土地利用、空间布局与形态控制等。 城市微气候问题是由城市建设发展引发的，城市规划方案是城市建设发展的直接依据。 若想使关注城市微气候的规划得以有效实施，则必须预先提出有利于城市微气候改善的技术措施，同时还须制定具有制度保障意义的技术规定。 德国对城市微气候研究成果与城市规划设计的整合在规划程序、具体做法、规划组织和法规保障体系等方面都较为完善，具有很丰富的经验，值得我国借鉴。

日本城市规划的基本原则是依据地区气候条件进行设计，其在城市微气候方面的研究是多尺度、多范围和多视角的。 有些是为了降低夏季热环境的负面效应制定相应对策，有些是为迎合社区层面的需要而创造舒适的户外环境，有些是利用城市规划手段降低城市热岛效应。 日本对解决高密度城市夏季高温气候问题的对策研究非常精细化，如利用各种方法控制空调排热：①消减其排放量；②控制其排放形态（是显热排放还是潜热排放）；③控制其排放场所（道路空间、城市上空、地下、河中还是海水中）；④控制其排放时间（白天还是晚上）；等等[1]。 日本研究者认为关于解决城市微气候问题的对策研究绝不能仅停留在屋顶绿化和节能的建筑单体方面，还应该将其扩展至城市规划，特别是城市基础配套设施中。 日本城市的高密度化发展情况和面临的城市微气候问题与我国现阶段的状况比较相似，其相关研究值得我国借鉴。

英国研究者一直致力于通过改善城市微气候方面的研究来提高城市居民的生活品质。 适应气候变化，控制热不适风险，改善空气品质，最首要的任务是评估现实和未来的气候影响。 英国的相关研究利用精确的观测网络和详细的气象监测数据，

---

[1] 都市环境学教材编辑委员会.城市环境学[M].林荫超，等，译.北京：机械工业出版社，2005.

分析城市微尺度上温度、相对湿度、潜在通风廊道的空间分布模式以及现时的城市热岛结构状况，同时整合人口统计数据、土地利用变化数据、地区气候模拟和密集的气象观测网络等相关信息，用以模拟未来的气温、湿度、通风空间分布模式等。这些研究成果为地方决策者和利益相关者提供了重要的辅助信息和资源，有助于他们了解城市微气候存在的风险和问题，掌握夏季高温区域的空间分布。结合社会经济数据，决策者就可以确定热不适的高风险区和相关人口分布，从而为制定相应的适应策略和降低城市高温提供可能。英国把不同社会经济状况作为适应气候变化的基础，精确分析微尺度的数据分布，为中尺度研究奠定基础，其研究方法值得我国借鉴。

虽然美国城市人口密度较低，但洛杉矶依然经受了长达半个世纪的雾霾，确切地说是光化学烟雾，其主要来源是机动车尾气与工业废气在太阳光作用下反应生成的臭氧。在城市规划建设方面，美国对汽车主导的郊区生活进行了反思，为遏制城市蔓延而产生的各种问题编制了《精明准则》（Smart Code）[1]。《精明准则》即城市建设的形态控制条例，本质上属于类型学研究，是基于横断面分区理论（urban transect theory）[2]发展出来的城市形态控制规则，其制定结合了精明增长和新城市主义原则。《精明准则》对城市空间形态的管控优于用途管制，抛弃了传统规划对土地功能和开发强度的控制，不再使用容积率、建筑密度等指标，而是通过分区域、分地块的建筑类型标准（building type standards）管理和控制城市形态变化，为新时期城市发展提供了寻找理想空间形态的思路及与自然和谐共存的规划方法。虽然《精明准则》的产生并非直接来自城市微气候恶化问题，但是其针对城市建设发展中形态变化的精细化调控非常值得借鉴。

1.4.3　既有相关研究的总结

关于街区尺度城市微气候的研究领域涵盖广泛，包括街区尺度微气候的形成机理、街区形态与城市微气候相关性、数值模拟的方法以及改善微气候的街区设计方法等。以下是对国内外既有相关研究的总结。

---

［1］ DUANY A，TALEN E. Making the good easy：the Smart Code alternative ［J］. Fordham Urban Law Journal，2002，29（4）：1445-1468.
［2］ DUANY A，TALEN E. Transect planning ［J］. Journal of the American Planning Association，2002，68（3）：245-266.

1. 街区形态与城市微气候的相关性研究

在城市空间中，除了宏观的气候因素以外，城市建成环境的形态特征也对微气候的形成产生影响。 相关研究表明，街区空间形态及其空间界面属性对街区内部的自然通风与太阳辐射影响极大。 即使是同一城市相邻街区，在其街区空间形态及空间界面属性的影响下，构成街区空间内部热平衡的各项热量传递存在差异，使得街区尺度微气候形成的主要因素也存在一定差异。 因此，不同街区形态对应的城市微气候特征不同，如果想有效地改善城市微气候，就需要针对不同街区形态分析其微气候形成的主要影响因素，从而采取不同的调控方法。

2. 街区空间内部热平衡特征的研究

众多学者的研究显示，街区微气候发生变化的主要原因可以归结为：街区空间形态及其界面属性导致街区内部吸收太阳辐射及蓄热的能力增强，且通风不畅、散热能力下降，以及大量人为热排放等引起的街区内部热平衡的变化。 街区空间内部的热平衡包括太阳辐射得热、人为热排放、下垫面的显热与潜热通量、街区空间各侧面流入和流出的水平对流传热，以及蓄热等各项热量的流动、传递与蓄积。 但是，众学者在街区尺度微气候形成的主要影响因素的认识上尚存争议。 如朱岳梅等[1]的研究成果表明夏季空调排热是南方城市高温化的主要影响因素。 Taha[2]的研究成果表明与下垫面的反照率和绿地率相比，人为热排放对商业区和居住区气温上升的作用相对较小。 陈宏等[3]的研究成果表明在引发街区内部行人高度气温升高的原因中，建筑表面显热通量的影响不低于空调排热，甚至在高层高密度街区中，建筑表面的显热通量对街区内部气温升高的影响大于空调排热。 Ooka 等[4]的研究成果表明在滨海城市中，凉爽的海风对街区空间各侧面流入和流出所产生的水

[1] 朱岳梅, 刘京, 姚杨, 等. 建筑物排热对城市区域热气候影响的长期动态模拟及分析[J]. 暖通空调, 2010, 40 (1): 85-88.

[2] TAHA H. Urban climates and heat islands: albedo, evapotranspiration, and anthropogenic heat[J]. Energy and Buildings, 1997, 25 (2): 99-103.

[3] CHEN H, OOKA R, KATO S. Study on optimum design method for pleasant outdoor thermal environment using genetic algorithms (GA) and coupled simulation of convection, radiation and conduction [J]. Building and Environment, 2008, 43 (1): 18-30.

[4] OOKA R, SATO T, MURAKAMI S. Numerical simulation of sea breeze over the Kanto plane and analysis of the interruptive factors for the sea breeze based on mean kinetic energy balance[J]. Journal of environmental engineering, 2008, 73 (632): 1201-1207.

平对流换热量是改善街区微气候的主要因素。周雪帆等[1]的研究成果表明城市中滨水街区的微气候受到来自大型水体凉爽空气的极大影响。

由此可见，在不同地理环境特征的城市中，甚至在同一城市的不同街区中，由于街区空间形态及其界面属性的差异，其街区内部的热传递与热代谢特征不同，表现出不同的城市微气候特征。在街区尺度微气候研究中，针对不同地理环境特征的城市，对其典型街区的热平衡特征进行研究，有助于分析该类城市中不同街区微气候形成的主要影响因素，并提出有针对性的改善微气候的方法，从而使我们能更有效地改善城市微气候。但是，到目前为止，在不同地理环境特征下城市微气候形成机理的研究中，对街区内部热量流动、传递的特征的差异性研究尚不充分。

3. 多尺度的城市微气候模拟研究

计算机技术的飞速发展，为城市微气候的数值模拟研究带来极大的契机。由于大气运动是各种不同尺度大气共同作用的结果，因而城市微气候研究也应体现出不同尺度之间的大气共同作用，包括城市尺度、街区尺度和建筑尺度等。受计算机运算能力和模拟运算时间的影响，城市尺度的数值模拟一般采用中尺度模型，其模拟范围一般在 10 千米到几百千米，空间分辨率在 500 米到几千米，难以表现出城市空间中复杂的细节。街区尺度和建筑尺度的数值模拟一般采用微尺度模型，其模拟范围一般在几百米到几千米，空间分辨率可达到 0.5～10 米，能够较好地表现街区空间的细节。因此，学者们开始考虑把多尺度的模型模拟"整合"在一起，以便更精准地研究城市微气候问题。许多学者在此方面也做了一些工作，但是这些研究基本上仅考虑了空间尺度由大到小的嵌套，即中尺度模拟计算的结果对微尺度模拟的影响，并未实现微尺度模拟计算的结果对中尺度模拟的影响。由于微尺度的研究大多局限于个别典型的街区或代表性的单一案例，并不能够满足中尺度模型中需要耦合大批量微尺度模型的需求，所以，关于城市微气候研究在多重尺度空间层面上的整合与协调尚待进一步完善。

---

[1] ZHOU X F, OOKA R, CHEN H, et al. Numerical study on the effects of inland water area and anthropogenic heat on UHI in Wuhan, China, based on WRF simulation [J]. 8th International Conference on Urban Climates, 6th-10th August, UCD, Dublin Ireland, 2012.

1.5　相关理论述评与研究启示

城市形态与城市微气候的相关性研究属于跨学科的范畴，涉及气候学、环境学、地理学、规划学、建筑学、景观学等多种学科。其中对城市微气候产生影响的街区形态与城市外部空间设计研究属于建筑学、城市规划、城市设计研究的核心内容，需要通过不同学科相关理论知识体系的交叉融合研究，最终回归到建筑学、城市设计本体在该领域中关注的重点问题。基于本书的研究内容，作者在分析微气候相关理论和街区形态相关理论的基础上，获得对本书研究的启示。

1.5.1　与微气候研究相关的理论述评

现阶段，与城市微气候相关且具备完整的理论知识体系的研究主要有城市气候图的研究、城市通风道的研究及局地气候区理论的研究。

1. 城市气候图的研究

城市气候图（urban climatic map）也称为城市气候地图集、都市环境气候图等。城市气候图将气候学与城市规划学联系起来，利用二维空间地图实现了气候信息的可视化，综合纳入了城市气候、环境及规划等相关信息数据，由城市气候分析图和城市气候规划建议图构成[1]。城市气候图基于城市气候学提出了可持续的城市规划建议，供城市规划师、建筑师及政府管理者参考。从20世纪70年代德国开展城市气候图研究至今，世界上已有20多个国家和地区相继展开了研究，其中德国、日本和我国香港的研究较为领先。

面对当前城市气候问题的典型性，城市热环境、风环境与空气污染状况等数据信息是绘制城市气候图的重要依据。为了获取精准数据，需要进行多元信息融合与量化统计数据分析，如将收集到的不同尺度的气象监测数据、遥感影像数据与风、热、空气污染消散等模拟数据进行对比分析；对城市建筑、街道、绿地、水体、室外开敞空间等城市形态信息进行详细精准的量化计算；对城市居民的热舒适度和居

---

[1] 任超，吴恩融.城市环境气候图——可持续城市规划辅助信息系统工具[M].北京：中国建筑工业出版社，2012.

住环境满意度进行调查研究等。 通过以上分析获取相关数据后，再与地形地貌信息、植被数据和规划信息等叠合，生成城市气候分析图。 依据气候分析图应对可能引发的城市气候问题，然后进一步叠合植被数据和规划信息转化为城市气候规划建议图（图1-5）。 从德国、日本和我国香港城市气候图研究对城市规划实践指导的成功经验来看，气候系统内部不同尺度研究成果的数据整合是提高气候信息评估预测精准度的关键，不同层级的城市规划体系需要融合不同尺度的城市气候图研究成果，气候系统与规划系统的协同化需要完善的制度保障体系。 随着城市气候图研究的不断进步，对气候信息的评估预测更加精准化，在城市规划建设方面的应用更加制度化，对城市规划实践的指导应用也颇有成效。

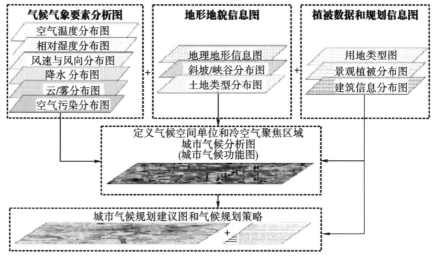

图1-5 城市气候图的构建过程分析图

（图片来源：任超，吴恩融，2012）

2. 城市通风道的研究

城市通风道又称城市通风廊道、城市风道。 城市通风道主要是解决城市空间内部的空气环流问题，其作用是促进城市空间内部的空气流通。 针对我国现阶段的城市微气候问题，良好的城市空气流通可以有效降低空气污染，特别是缓解夏季的高温，降低冬季雾霾的发生频率，从而改善城市微气候，提升城市室外环境品质。 在20世纪70年代，德国最早开展此项研究，理论体系较成熟完善，其通风道的研究成果早已应用到土地利用规划与城市总体规划中。 此后，许多国家都相继开展了此类研究。 例如日本大型滨海城市在全面评估城市内部及周边区域空气流通现况的基础上制定通风道规划，其目的是促进海风向内陆渗透，用以缓解城市高温。 2000年以后，我国许多大城市面临雾霾天气的困扰，城市规划者不断思考如何把冷空气和新鲜空气引入城市内部来，规划和建设城市通风道备受各地政府的青睐。 目前，我国许多大城市（如北京、上海、武汉、长沙、西安、南京、沈阳、杭州、贵阳、郑州、福州等）都开展了城市通风道专项规划的研究与应用。

从城市建设角度来讲，城市通风道不是建立的，而是在规划先行中落实的。 城市通风道在规划先行中落实得越早，越有利于城市的整体建设发展与城市微气候的改善。 构建城市通风道的基本原理是合理组织城市空间布局和形态，使其能在密集的城市空间内部和周边留出适当的空隙，形成大气流通的通道。 城市通风道的科学构建必须全面评估城市或地区的空气流通现况，根据城市规划的不同尺度分析其地形地貌及城市形态对城市通风环境的影响，找到需要解决的问题。 城市通风道的构建与规划指引是建立在区域、城市、街区、建筑室外不同尺度之间紧密结合的基础之上的。 需要注意的是，不同城市通风道构建的因地制宜性、高效合理性及在规划应用中的落实程度等，决定了通风道构建是否能够缓解热岛效应、解决雾霾问题。从目前已有的研究成果来看，虽不足以定论城市通风道对减缓热岛效应和治理雾霾是否具备治愈性的作用，但它却是现阶段应对城市热岛效应和雾霾问题不可或缺的辅助条件之一。

3. 局地气候区的研究

局地气候区（local climate zone，LCZ）是一种对城市热岛进行分区、分类的研究方法。 2004年，加拿大学者T. R. Oke首次提出都市气候区（urban climate zone，UCZ）概念。 2012年，I. D. Stewart与T. R. Oke在UCZ的基础上进一步发展出局地气候区概念，用以划分城市热岛分区[1]。 Stewart与Oke在对日本长野、加拿大温哥华、瑞士乌普萨拉等城市的形态及其附近地区地表主要构成要素进行分析的基础上，按照城市下垫面粗糙度的特征（高度、密度、地表覆盖性质、材料热导纳性质）对地表构成单元（包括地表主要构成要素和城市形态）进行局地气候区的类属性划分（表1-8）。

---

［1］ MIDDEL A，HÄB K，BRAZEL A J，et al. Impact of urban form and design on mid-afternoon microclimate in Phoenix Local Climate Zones ［J］. Landscape and Urban Planning，2014，122：16-28.

表 1-8　局地气候区的分类框架

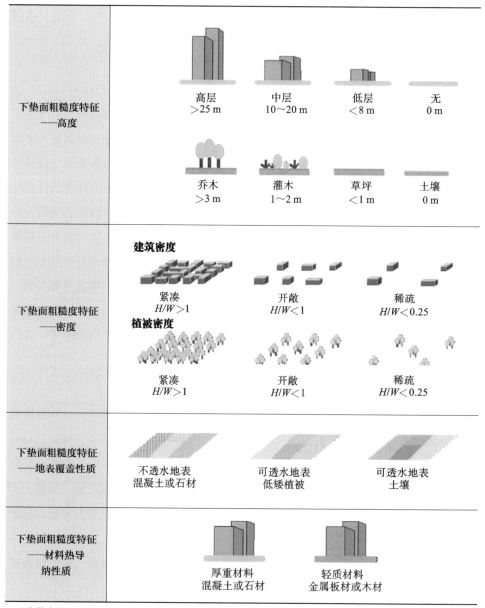

下垫面粗糙度特征 ——高度	高层 >25 m　　中层 10～20 m　　低层 <8 m　　无 0 m 乔木 >3 m　　灌木 1～2 m　　草坪 <1 m　　土壤 0 m
下垫面粗糙度特征 ——密度	**建筑密度** 紧凑 H/W>1　　开敞 H/W<1　　稀疏 H/W<0.25 **植被密度** 紧凑 H/W>1　　开敞 H/W<1　　稀疏 H/W<0.25
下垫面粗糙度特征 ——地表覆盖性质	不透水地表 混凝土或石材　　可透水地表 低矮植被　　可透水地表 土壤
下垫面粗糙度特征 ——材料热导纳性质	厚重材料 混凝土或石材　　轻质材料 金属板材或木材

表格来源：Stewart，Oke，2012。

科学分类本质上是一个定义的过程，在每一个类别上进行划分的基础是一个具有理论意义且可区分的原则或属性。一个合理的分类体系应该简化被研究对象，然后对它们的性质和关系进行理论陈述。Stewart 与 Oke 将对不同热岛区域进行逻辑划分产生的所有类，称为局地气候区，这个名称是妥当的。 LCZ 的类在规模上是局部的，在性质上是气候的，在表示上是区域性的。 LCZ 理论研究是以统一的参数来描述城市与乡村的景观，充分反映出不同程度城市形态与地表覆盖影响下的温度差异，避免了传统的热岛效应研究中简单地使用"城市"与"乡村"的分类方法。 LCZ 理论研究所定义的 17 种标准类包含了两个研究亚群：10 种建成区类型（LCZ1 至 LCZ10）和 7 种土地覆盖类型（LCZa 至 LCZg）[1]。 LCZ 理论系统中标准类的确定，除了表现在建成区类型和土地覆盖类型的特征方面外，其逻辑结构还需要有观测和建模数据的支持。 如被定义的建成区类型，还需按照其形态几何特征的建筑密度、天空开阔度等参数进行划分（表 1-9），便于在研究中能够更清晰地界定区域类型。

表 1-9　局地气候区建成区类型标准类的特征、定义、参数以及示意图

建成区类型	特征描述	建筑密度	天空开阔度	不透水地表占比
LCZ1 密集的高层	高层（＞10 层）建筑密集组合，不透水地表，很少有植被，建筑材料为混凝土、玻璃、金属、石材等	40%～60%	0.2～0.4	40%～60%
LCZ2 密集的中层	中层（3～9 层）建筑密集组合，不透水地表，很少有植被，建筑材料为混凝土、石材、砖、瓦等	40%～70%	0.3～0.6	30%～50%
LCZ3 密集的低层	低层（1～3 层）建筑密集组合，不透水地表，很少有植被，建筑材料为混凝土、石材、砖、瓦等	40%～70%	0.2～0.6	20%～50%

---

[1] BECHTEL B, FOLEY M, MILLS G, et al. CENSUS of cities：LCZ classification of cities （Level 0）- Workflow and Initial Results from Various Cities[C]. 9th International Conference on Urban Climate Jointly with 12th Symposium on the Urban Environment,20th-24th, July, Toulouse, France, 2015.

建成区类型	特征描述	建筑密度	天空开阔度	不透水地表占比
LCZ4 开敞的高层	高层（＞10 层）建筑开敞组合，大量可透水地表，稀疏的植被，建筑材料为混凝土、玻璃、金属、石材等	20% ~ 40%	0.5 ~ 0.7	30% ~ 40%
LCZ5 开敞的中层	中层（3 ~ 9 层）建筑开敞组合，大量可透水地表，稀疏的植被，建筑材料为混凝土、玻璃、金属、石材等	20% ~ 40%	0.5 ~ 0.8	30% ~ 50%
LCZ6 开敞的低层	低层（1 ~ 3 层）建筑开敞组合，大量可透水地表，稀疏的植被，建筑材料为混凝土、木材、砖、石材、瓦等	20% ~ 40%	0.6 ~ 0.9	20% ~ 50%
LCZ7 小体量低层	小体量低层（1 ~ 2 层）建筑密集组合，少量可透水地表，很少有植被，轻质建筑材料为木材、茅草、金属板等	60% ~ 90%	0.2 ~ 0.5	＜20%
LCZ8 大体量低层	大体量低层（1 ~ 3 层）建筑开敞组合，不透水地表，很少有植被，建筑材料为钢材、混凝土、金属和石材等	30% ~ 50%	＞0.7	40% ~ 50%
LCZ9 稀疏的低层	中小型低层（1 ~ 3 层）建筑稀疏组合，大量可透水地表，稀疏的低矮的植被，自然环境	10% ~ 20%	＞0.8	＜20%
LCZ10 大体量工业	低层（1 ~ 3 层）、中层（3 ~ 9 层）工业建筑组合，不透水地表，很少有植被，建筑材料为金属、钢材和混凝土等	20% ~ 30%	0.6 ~ 0.9	20% ~ 40%

表格来源：Stewart，Oke，2012。

LCZ 标准类的定义和所有的分类一样，它的描述和解释力是有限的，每一个 LCZ 标准类所描绘的内部同质性在现实世界中不太可能完全一一对应，除非是在规划或管理非常严格的环境中，如城市公园或新建住宅区。 LCZ 理论研究的主要目的是通过这 17 种模式，研究人员可以对区域进行一致性分类，并将标准化的场地数据与所有的温度观测联系起来。 由于城市建成区环境的复杂性多样性，在大多数情况下，场地数据不能与局地气候区的标准类型完全匹配，那么定义最合适的局地气候区标准类的过程就是一个差值识别的过程。 当然，如果很难在局地气候区标准类中找到合适的选择时，也可以利用标准类生成 LCZ 的子类（图 1-6），子类的生成增强了对区域物理特征的描述，增加了 LCZ 系统的灵活性。 需要注意的是，LCZ 理论研究的目的是简化热差异区域的分类，创建太多或太复杂的子类有时会适得其反。

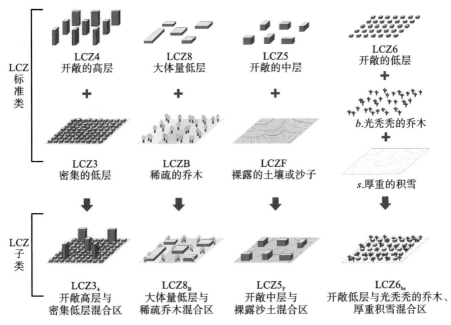

图 1-6 由 LCZ 标准类的建成区类型与土地覆盖类型组合而成的 LCZ 子类

（图片来源：Stewart，Oke，2012）

1.5.2 与街区形态研究相关的理论述评

为了探究街区形态与城市微气候的耦合关系，对街区形态的详细认知与描述是研究两者之间关系的关键点。 城市在不断更新建设的过程中，受到历史、政治、经济、文化、交通、规划、建筑等因素的综合作用，街区呈现出复杂且多样化的形态特征。为了实现对街区形态特征的精准认识和描述，需要对街区形态进行定性与定量相结合的研究。从既往研究来看，对街区形态进行定性研究可借鉴类型学研究的相关理论知识体系，对街区形态进行定量研究可借鉴量化指标研究的相关理论知识。

1. 与街区形态相关的类型学研究

分类的意识与行为是人类认识事物的一种方式，具有人类理智活动的根本特性。一般情况下，自然科学中的分类行为称为分类学，社会学领域中的分类行为称为类型学。分类学与类型学既有区别又有联系，二者都是在物体现象间建立不同组群系统的过程，所不同的是对物体"自然属性"的探讨属于分类学，对事物可变性与过渡性问题的研究属于类型学。建筑类型学、城市形态学与形态类型学的相关研究理论证明用类型学能够概括城市建成环境特征的本质，街区形态的类型可以在城市中呈现或是被辨认出来。

建筑类型学研究从近代、现代到当代经历了漫长的历史探讨与争论[1]，从"原型类型学""范型类型学"，发展到"当代类型学"。维特鲁威以三种模仿人物性格类型的建筑形式与做法为基本框架，开启了建筑类型学研究。原型类型学是建筑类型学研究的第一阶段，其产生最初源自 18 世纪法国启蒙时代建筑思想中回归自然起源的因素。经历了欧洲理论者的反复探讨，原型类型学基本上为建筑类型学研究构筑了完整的框架。如坎西（Quatremere de Quincy）认为类型概念同所谓自然本源的原理挂钩，类型可以在建筑中呈现或是被辨认出来。洛吉耶（Marc-Antoine Laugier）用"原始茅舍"理论描绘了一种建筑始源，原始茅舍就是原型，在这一原型的基础上，所有的建筑都能被构想出来，城市则是茅舍的聚集。迪朗（Jean-Nicolas-Louis Durand）利用建筑形式元素的方案类型图式系统来阐述建筑类型组合的原理，并提出"建筑物是构成城市的元素"。

范型类型学代替原型类型学是历史的必然，原型类型学关注建筑的起源，范型类型学则关注建筑的标准化生产。19 世纪末，第二次工业革命带来了机器生产的世界。范型类型学把建筑看作技术事物，建筑物可以按照范型所规定的原则进行批量化生产。建立在范型基础上的类型学把新建筑类型的产生当作中心主题，不再信

---

[1] 斯特德曼. 建筑类型与建筑形式[M]. 杨春景, 马加欣, 译. 北京：电子工业出版社, 2017.

奉原型类型学的自然起源和原型图式系统。 范型类型学以人工化的机器为背景，批量生产的建筑物的各种构件即建筑的类型形式，最后物化为批量化的现代城市。

1976 年，维德勒（Anthony Vidler）对原型类型学和范型类型学的观念进行了整理，归纳为第一类型学和第二类型学，并在此基础上针对建筑自身提出了第三类型学。 第三类型学以新理性主义为代表，标志着当代类型学的形成。 如艾莫尼诺（Carlo Aymonino）的研究认为形态学与类型学不仅从形式上反映出与常数和规范有关的东西，而且集中反映了社会思想规范、生产方式和文化模式等的深层结构。 罗西（Aldo Rossi）的研究强调对城市形式的形态结构起到决定性作用的是已确定的建筑类型，这些类型在其发展中将变成可以储存和复制的形式，是它们改变了城市的面貌，这种影响比功能更直接、更突出。 罗伯·克里尔（Rob Krier）和里昂·克里尔（Leon Krier）兄弟通过对城市建筑的理解，形成了一套体现其思想的设计方法，用以阐释城市的意义与其形式之间的关系，并由此论证了城市形态的永恒特性。

城市形态学起源于 19 世纪末中欧地区德语国家历史地理学研究中的城市地形形态学[1]。 城市形态学是一门综合性的学科，包括城市规划学、建筑学、城市地理学、环境心理学、城市社会学以及城市历史学等多种学科。 城市形态的形成是多方力量共同作用的结果，它是随着时间的流逝在一个充斥着不可逆转、不稳定以及各种不确定因素的城市形成过程中产生的，对城市形态的分析研究加深了我们对城市系统及其时空发展的理解。 欧洲是城市形态学的发源地，特别是英国的康泽恩（Conzen）学派、意大利的穆拉托瑞（Muratori）学派，以及法国的凡尔赛（Versailles）学派，对城市形态学的研究尤其突出。

英国的康泽恩学派是历史最久的城市形态学派，其理论思想是在英国城市发展过程中，通过对土地划分的发展进行研究而得出的。 康泽恩学派的研究认为城镇平面的三个基本要素是街道系统、地块分布和建筑覆盖，此三要素构成城镇的地平面单元（plan unit）。 通过分析三个基本要素的形式与组织结构变化，可以获得城镇的地平面单元格局，再综合建筑形式以及土地与建筑使用功能，就可以获得城镇的形态单元格局，再分析城镇复杂且多样的形态，最终可以分析出种种同质或异质的地平面单元及形态单元。 康泽恩学派基于地平面单元和形态单元的城市形态分析方法，实质上是在寻找城市中的"形态原型"，如果能够精准地识别辨析出这个原型中

---

[1] 段进，邱国潮.空间研究 5: 国外城市形态学概论[M].南京: 东南大学出版社，2009.

的典型形态特征要素，就可以将其提取归纳作为城市设计导则中控制标准的参照。

意大利的穆拉托瑞学派在深刻的哲学基础上建立了严密的城市形态学理论体系，其基本观点认为只有在对城市的所有组成部分和其所属的城市整体形态结构进行充分认识的基础上，才可以理解城市建筑的丰富含义。其研究希望将最真实的生活和历史视角引入建筑学中，从而使城市形态的发展变化保持传统的连续性和阶段性，以此来弥补传统自然建构与现代主义设计之间的裂痕，回归到建筑学发展的最初本源。

法国的凡尔赛学派，在20世纪初一直活跃在法国城市形态研究领域的前沿。其研究趋向于强调城镇的历史性部分，认为应该从传统中重新发现建筑的根源，现代主义建筑在城市形态上造成了一种与过去不可愈合的裂痕。凡尔赛学派的研究归纳了两种典型的建筑类型：一种是在不同历史进程阶段中重复出现的建筑类型，这种类型代表了一类建筑的基本功能和特殊构成空间，如罗马别墅和教堂等建筑类型；另一种则是在工业革命后被大量重复的建筑类型，这种类型建筑建造的目的只是为了生产，建筑的标准平面和各种标准都适合重复生产，如现代主义建筑。

形态类型学是建筑类型学与城市形态学在长期的发展和互相融合中产生的，它既可用于分析与理解城市的发展演变过程，还可用于指导城市规划和城市设计。美国华盛顿大学学者穆东（Anne Vernez Moudon）在1987年针对城市形态研究首次提出形态类型学概念[1]，目的在于把建筑作为城市形态的一部分，解释形态变迁和城市生长的认识问题，其本质也是将建筑类型学与城市形态学二者融合后形成的新研究框架。由于形态学和类型学在哲学理念和方法上有很多类似之处，形态类型学便结合了这两个理论的特点和长处，成为分析理解城市形态演变发展的重要工具。20世纪90年代，柯洛夫（K. S. Kropf）和塞缪斯（I. Samuels）将形态类型学发展成为一种城市规划与设计的分析工具，并将其应用于城市物质空间的规划与管理实践中。到21世纪，形态类型学的研究开始逐渐涉及理论构建、案例研究和实践应用

---

[1] 穆东于1987年引用意大利建筑师埃蒙利农（C. Amonino）的术语，提出"typomorphology"的概念，随后又在1997年用"urban morphology"取代"typomorphology"。但对形态类型学（typomorphology）一词的使用与相关研究并未间断，其他学者陆续开展了不同程度的研究。参见：MOUDON A V. The research component of typomorphological studies[C]. Boston：AIA/ACSA Reseach Conference，1987，11. MOUDON A V. Getting to know the built landscape：typomorphology [A]//FRANCK K A，SCHNEEKLOTH L H. Ordering space：types in architecture and design. New York：Van Nostrand Reinhold，1994：289-311. MOUDON A V. Urban morphology as an emerging interdisciplinary field [J]. Urban Morphology，1997，1（1）：3-10.

多个方面，主要研究学者有柯洛夫、塞缪斯、拉维，以及我国的陈飞、田银生等。

形态类型学从城市认知和城市设计的角度，理解作为城市构成单元的建筑，然后返回到城市的视角，试图建立一个各学派相统一的关于城市形态研究的学科框架，力求在建筑与城市形态之间搭建共时和历时的关联。城市形态学与建筑类型学在研究中的互动融合主要基于城市形态与建筑之间的关系，这也正是形态类型学研究的理论基础。形态类型学的研究要素既是城市的，也是建筑的，从城市设计理论的研究出发，形态类型学可被用于解释城市的肌理和组织特征，从建筑设计理论的研究出发，形态类型学可被用于解释对城市形态起决定作用的建筑类型形式特征。若在城市层次讨论建筑类型形式问题，则建筑类型学所处理和解决的问题就转变为形态学的问题，建筑类型形式和城市形态特征是完全不可分割的一体。利用形态类型学研究能够对城市物质空间现状中的多样性和复杂性进行较深刻的认知与归纳，科学合理地划定出城市形态的空间单元，在城市建设与更新进程中为城市形态管理提供一种相应空间载体的规划指引，帮助城市规划师、城市设计人员、建筑师们应对城市更新与建设进程中遇到的各种问题。

2. 与街区形态相关的量化指标研究

从既有研究文献来看，与城市街区形态相关的量化指标繁多，如用来量化街区地块的建设强度与使用功能的规划学、建筑学指标，用来量化街区地块绿化布局的景观学指标，以及用来量化街区空间布局特征和空间组合关系的形态学指标等，但这些指标并非在街区形态与城市微气候的研究中适用。面对众多的相关指标，首先需要分析影响城市微气候的街区形态构成要素，然后确定能够使用哪些指标可以对这些街区形态构成要素进行量化，进而基于城市微气候研究的视角，将与街区形态相关的量化指标进行综述，再依据研究目的和研究对象的需要进一步筛选出适用的量化指标。

在街区尺度城市微气候形成的过程中，城市街区通过街道与建筑所构成的"内部空腔体"来回反射吸收太阳辐射，从而获得热量。所获取的热量在街区空间中热交换、热代谢的过程，主要受到由街区"内部空腔体"所形成的局地环流与自然风相结合的空气流通效率，以及街区空间界面的植被、绿化、水体等"冷源"和铺地材料、建筑外墙材料等热传递的综合影响。城市街区空间形态的特征与街区空间界面属性的不同直接影响着街区室外空间的太阳辐射情况和通风情况，进而影响街区尺度的城市微气候。因此，在与街区形态相关的众多量化指标中，能够反映出城市街区空间形态与空间界面属性特征的量化指标，在街区形态与城市微气候的研究中非常适用。

基于城市微气候研究的视角，在建筑学、规划学与景观学中有许多与街区形态相关的指标可供选用。由于街区空间的过度密集是城市微气候问题产生的主要原因之一，容积率、建筑密度、路网密度等指标常被用于反映街区地块的开发建设强度，这些量化指标能够直接反映出街区空间的密集化程度。由于街区建筑的使用功能不同，街区空间表现出不同的形态和布局特征，对比居住街区与商业街区，其街区形态特征截然不同，而建筑功能混合度指标能够在一定程度上反映出由功能不同导致的街区形态特征的差异。街区空间界面材料的物理属性（如热学性质、光学性质等）直接影响着下垫面释放的显热通量与潜热通量的大小，进而影响城市微气候。如常用的绿地率早已被纳入城市建设的相关规范中长期使用，而像不透水地面占比、地表反照率和水体占比这些指标在街区形态与微气候研究中针对聚焦问题的不同也会体现出不同的应用价值。因此，上述这些与街区形态相关的量化指标均能够在一定程度上反映出街区形态特征与城市微气候品质的关联性。

基于城市微气候研究的视角，在形态学指标中也有许多与街区形态相关的指标可供选用。街区的空间形态特征直接影响着街区的通风换气和对太阳辐射的吸收与反射，它是城市微气候特征形成的主要影响因素。由于街区的空间形态属于三维构型，其结构复杂且形态多样，即使是使用所有的形态学指标，也无法反映出其全部的形态特征，形态学指标仅能反映出街区空间的部分形态特征。如平均建筑高度、平均建筑间距、平均街道高宽比、平均天空开阔度、平均迎风面积比、空间形态弹性系数以及街区空间的孔隙率等指标能够从不同角度反映出街区形态的部分特征。除此以外，还有许多形态学指标，但是由于这些量化指标有的适用范围过于狭隘，在街区形态与微气候的研究中并不适用。有的指标之间具有极强的自相关性，无须重复选用。因此，作者基于微气候视角，对与街区形态相关的形态学指标进行综述，选取了上述与街区形态相关的形态学量化指标。

鉴于此，本书对既有研究文献中的众多描述城市街区形态的量化指标进行综述，经过初步归纳总结，共选取出与城市街区形态相关的建筑学、规划学与景观学中的 8 个量化指标，以及形态学中的 7 个量化指标，总计 15 个与街区形态相关且与城市微气候存在一定关联性的量化指标，尝试以此构建基于城市微气候视角的街区形态量化指标体系（表 1-10）。这些指标大部分为常见指标，如容积率、建筑密度、路网密度、绿地率等指标，以及形态学中的平均建筑高度、平均街道高宽比、平均天空开阔度等一些指标，在此不再一一赘述。还有少量指标并不常见，如建筑功能混合度、空间形态弹性系数、街区空间的孔隙率等指标，在此对这些指标进行一定的阐述，以备进一步基于寒冷地区平原城市中心区街区形态与微气候耦合机理和优化调控研究的需求，筛选出更为适用的与街区形态相关的量化指标。

表1-10　基于城市微气候研究的视角与街区形态相关的量化指标及其描述

指标类别	指标名称	指标单位	指标描述
建筑学、规划学、景观学指标	容积率	无	衡量区域建设用地使用强度的重要指标
	建筑密度	%	反映区域内建筑密集程度的指标
	路网密度	km/km²	反映区域内道路发展规模与平均分布情况的指标
	建筑功能混合度	无	衡量区域内不同建筑使用功能的混合程度
	绿地率	%	区域内绿化用地面积占总用地面积的比例
	不透水地面占比	%	区域内不透水地表面积占总用地面积的比例
	地表反照率	无	地表对太阳辐射的反射总量与吸收总量之比
	水体占比	%	区域内大型水体面积占总用地面积的比例
形态学指标	平均建筑高度	m	反映区域内建筑形态在垂直纵向高度的部分特征
	平均建筑间距	m	反映区域内建筑形态在水平横向距离的部分特征
	平均街道高宽比	无	区域内街道高度与宽度之比的平均值
	平均天空开阔度	无	区域内建筑肌理形态朝向天空的开敞程度的平均值
	平均迎风面积比	%	区域内各个建筑物的迎风面积比的平均值
	空间形态弹性系数	无	反映区域内建筑形态之间高低关系的变化程度
	街区空间的孔隙率	%	反映区域内空气流通空间大小的指标

表格来源：作者自绘。

建筑功能混合度指标是代尔夫特理工大学的 Akkelies van Nes 教授依据 Hoek 的土地利用混合程度量化方法[1]，按功能使用混合程度高低对城市形态进行划分的指

[1] YE Y, VAN NES A. Quantitative tools in urban morphology: combining space syntax, spacematrix and mixed-use index in a GIS framework[J]. Urban Morphology, 2014, 18 (2): 97-118.

标。 划分的方法按照居住、办公、服务设施所占街区内总建筑面积的百分比来衡量街区混合程度的高低（图1-7）。 其中居住功能的建筑包括各种住宅建筑（如公寓、联排别墅等），办公功能建筑包括办公建筑、厂房和实验室等，服务设施功能建筑包括商业设施（如零售业）、教育设施（如学校）和文化娱乐设施（如体育场、电影院和博物馆等）。 图1-7中显示了上述三种土地使用功能之间的相互关系，三角形的每个角分别代表了三种土地使用功能之一的绝对优势，由三种土地使用功能组成的三角形区域被视为多功能空间。 当区域内某一功能占总面积的90%时，为单一功能区；当区域内某一功能小于10%，而另外两者均大于10%时，为双功能混合区；当区域内三种功能占比都超过10%时，为多功能混合区；当区域内三种功能占比都在20%以上时，为多功能高度混合区。 采用此种方法对城市街区空间的建筑功能混合度进行等级层度的划分，能够在一定程度上反映出由建筑使用功能引起的街区形态的差异性特征。

空间形态弹性系数指标主要反映出区域地块内建筑形态之间高低关系的变化程度，它是区域内建筑的平均高度与控制性详细规划所规定的建筑最高高度之间的比值。 当比值接近1时，说明区域内所有建筑高度接近控高标准，空间形态特征均一化，已无可变化的弹性；当比值越小时，说明区域内建筑高度存在可变化的空间大，在容积率限定的条件下可以通过"先拉高（用足控高）再拍低"来变化空间形态。 在纯居住建筑类型的区域中，由于居住建筑层高变化小，该指标的计算可以用建筑平均层数与控高下的最高层数之比求取[1]；在商住混合的区域中，由于商业建筑与居住建筑的层高差异大，该指标的计算应该使用建筑的平均高度与控制性详细规划规定的限高高度（若有限高要求）之间的比值求取。

街区空间的孔隙率指标借用了材料孔隙率指标的概念，该指标是指在街区尺度城市微气候研究中，一个街区切片单元的"假想围合空间"可以看作一块多孔的材料，街区中的建筑即为固体颗粒，其形状、结构与排列影响着街区空间内流体的传输性能。 街区"假想围合空间"内相互联通的微小空间的总体积与"假想围合空

---

[1] 在2018年新版的《城市居住区规划设计标准》（GB 50180—2018）中，对新建住宅高度控制最大值限定为80 m。 新规范在容积率、平均层数和建筑控高等指标的限定下，居住区住宅规划排布时空间形态（主要是高低关系）的变化程度受到一定约束，而空间形态弹性系数指标可以用来衡量这一变化程度的大小。 尤其在建筑限高明确、建筑层高变化小的居住区住宅规划设计中，该指标的计算可以有助于设计师结合容积率、平均层数和建筑控高等指标，综合调控居住区的空间形态，以获取到最优化的住宅排布空间形态。

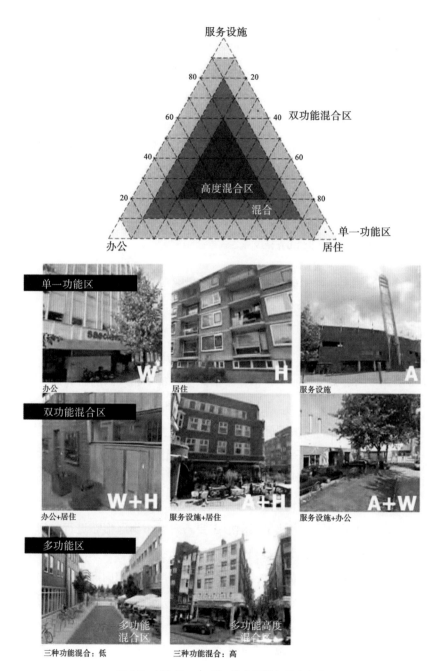

图 1-7　Akkelies van Nes 的功能混合度三元图

（图片来源：Akkelies van Nes，2009）

间"外表体积的比值，即街区空间的孔隙率。这部分孔隙空间包括街区内除去所有的建筑实体空间后，余下的包含道路在内的所用相互联通的这部分空间。其体积大小，连贯性、通透性等空间特征都对街区微气候品质起到一定的影响作用。街区空间的孔隙率指标能够反映出街区可供空气流通和接收太阳辐射的这部分空间体积的大小。街区空间内的空气流通、热交换与热代谢等都发生在孔隙空间的范围之内，从这个角度来说，街区孔隙空间体积越大，空间越开阔，对城市微气候越有利。在街区空间的孔隙率固定的情况下，在主导风向上的孔隙率越大，街区的通风情况就越好；孔隙空间中开阔区域的布置均匀度好，且沿主导风向具有一定的连贯性，街区的空气流通性能和热代谢情况就好。

1.5.3 对本书研究的启示

1. 借助与街区形态相关的类型学研究实现对街区形态特征的定性描述

建筑类型学、城市形态学与形态类型学的研究理论表明，用类型学研究的方法能够概括出城市建成环境特征的本质，街区形态的类型可以在城市中呈现或是被辨认出来。街区形态与建筑的关系就是城市形态学与建筑类型学之间理念与方法的融合，街区中建筑的类型与功能决定了建筑形态的特征，如坎西的研究理论认为类型存在于建筑形式中，它是法则，是建筑的建构原理。当讨论街区形态的形式问题时，建筑类型学所处理和解决的问题主要是形态类型的问题，街区中建筑的类型和街区形态是完全不可分割的一体。如罗西的研究强调已确定的建筑类型在其发展中对城市形式的形态结构起到决定作用，这些类型将变成可以储存和复制的形式，它们可以在很大限度上改变城市的面貌。

形态学、类型学的研究方法是根据形态要素对城市街区形态进行空间划分与类属性划分，其研究对象主要针对基础性的街区物质空间形态要素，该方法不仅能够对街区物质空间具有很强的描述性，而且能够对某些具有相同形态特征的构成要素进行抽象性和概念性归纳总结，提取出基本类型，从而实现对街区现实物质空间多样性与复杂性的高度概括性描述。如英国康泽恩学派针对城镇复杂且多样的形态分析出种种同质或异质的地平面单元及形态单元。

在街区形态与城市微气候的相关性研究中，面对复杂且多样化的街区形态特征，只有对其进行充分且详尽的描述，才可以在研究中实现不同案例街区形态特征之间的比较，得出基于城市微气候视角的街区形态差异性特征。利用典型街区形态特征，在归纳出具有城市微气候差异的街区形态类型后再进行研究，可有效减少研究中大量烦琐重复的工作，提升研究效率。 如 LCZ 理论研究的分类系统是基于城市形态特征对城市热岛所产生温度差异区的划分，对复杂多样的城市形态进行分析，收集归纳出地表的主要构成要素，然后按照城市形态特征把地表构成单元按构成要素组合划分成不同类型的热岛区域。 基于城市微气候视角对街区形态进行类型学的分类研究，梳理并归纳出复杂且多样的街区形态中存在的不同类型，分析影响街区内部热量流动与传递特征的不同街区形态类型主要构成要素的差别，为进一步揭示街区形态与微气候的耦合机理和调节机制，针对不同街区形态类型提出改善城市微气候的调控方法提供了有效途径。

2. 借助与街区形态相关的量化指标研究实现对街区形态特征的定量描述

为了量化研究街区形态与城市微气候的耦合关系，建构出与微气候相关性较强、反映街区形态特征的量化指标体系，是进一步研究两者之间关系的重要切入点。 适用的与街区形态相关的量化指标能够在对街区形态特征采取定性的类型描述的基础上，进一步实现对其形态特征的定量描述，从而达到对街区形态特征更为精准的认知和描述。 研究中通过分析获取街区形态的量化指标与城市微气候指标之间的数值关系与影响权重，就可以在城市设计和建筑设计的过程中利用量化指标来调控街区形态，从而达到改善城市微气候的目的。

在街区形态与城市微气候相关性的研究中，借助与街区形态相关的量化指标实现对街区形态特征的定量描述，需要依据研究聚焦的不同问题，对指标的可适用性和应用价值进行仔细筛选。 而这些指标与城市微气候有多强的相关性，是否存在一个合适的阈值；具有强相关性的量化指标是否便于纳入相关设计导则和规范中，通过有效的实施达到对街区形态特征的调控，进而起到改善城市微气候的作用。 这些都需要更为详尽的研究和验证，也是本书研究的重点问题。

3. 街区尺度微气候的研究应为多尺度耦合提供便利

在城市微气候研究中，不同研究尺度之间的单向嵌套与双向耦合，对研究成果的科学严谨性和计算机模拟的精度都会产生很大的影响。 由于城市微气候研究是一个涉及多个空间尺度的问题，仅仅依靠某一个领域或者某个孤立尺度的研究是无法解决根本问题的，故应在多重尺度的空间层面上进行整合与协调研究。 如在城市气候地图与城市通风道的研究中，能够有效改善城市微气候的关键是考虑了不同尺度之间研究数据的整合，并确保不同尺度的研究成果能够在一个协调机制下实现数据信息的同步更新。 同样，城市微气候研究在多重尺度之间的整合与协调，不单是多尺度耦合模拟技术方面的事，更重要的是整个微气候研究领域能有一个促进协调机制产生并有效运行的共识。 因此，街区尺度微气候自身的研究应为实现多尺度空间层面上的整合与协调提供便利，才能为更进一步地实现整个城市微气候研究领域的多尺度耦合研究提供可能性。

街区尺度城市微气候的数值模拟采用微尺度模型，可以较好地表现出街区空间的细节对城市微气候的影响。 若将其精细化的研究耦合到城市尺度微气候数值模拟的中尺度模型之中，就能更精准地研究城市微气候问题。 但由于街区尺度城市微气候的研究大多局限于某些单一个案，该研究无法满足中尺度模型中需要耦合大批量微尺度模型的需求。 街区尺度城市微气候的研究需从整个城市尺度的范围关注所有街区尺度大小的众街区样本实例，在城市范围内以合适大小的街区尺度对城市进行切片式划分，确定出街区切片研究单元，利用合适大小的切片式研究，涵盖城市范围内所有的街区。 基于案例城市的众多街区切片研究单元样本，通过定性与定量结合的描述达到对城市范围内所有街区切片研究单元样本的精确认知，以合适的大小建立在大量街区切片研究单元基础上的街区尺度微气候的研究，能够为较大的城市尺度与较小的建筑尺度在空间层面上实现多尺度之间的嵌套与耦合提供便利。

城市中心区街区形态典型模型研究

街区外形与结构的复杂性导致无法用任何一种简单的或者标准的描述方法来捕捉城市街区形态真实的特征。除非我们能够对其形态或者结构进行充分的描述，否则就很难在不同案例之间进行对比——识别出那些基于城市微气候而言所谓"好"或者"不好"的形态——进而对城市设计提出有益且可被推广的建议。本章对寒冷地区平原城市中心区街区形态进行定性描述，将建筑类型学、城市形态学和形态类型学的相关理论引入对街区形态特征的描述中，目的在于真实反映出微气候视角下寒冷地区平原城市中心区街区形态多样性与复杂性中存在的类型特征。对寒冷地区平原城市中心区街区形态进行定量描述，采用与街区形态相关的量化指标以定量化方式描述街区形态特征，将与街区形态有关的体量、空间结构以及几何特征转化为数据，并对其进行统计，目的在于更准确地反映出微气候视角下寒冷地区平原城市中心区街区形态特征的量化差异。本章采用定性的类型描述与定量的指标描述相结合的方法，力求对寒冷地区平原城市中心区街区形态进行全面概括与精准描述，并在此基础上建立能够足以代表街区形态特征的典型模型作为基准案例，进一步探究寒冷地区平原城市中心区街区形态与微气候耦合机理和优化调控方法。

2.1　基于微气候的寒冷地区平原城市中心区街区形态的类型研究

2.1.1　微气候视角下寒冷地区平原城市中心区街区切片样本的设定

1. 微气候视角下寒冷地区典型平原城市案例的选取

平原是世界五大陆地基本地形之一，是指地面平坦或起伏较小的一个较大区域。我国境内有四大平原：华北平原、东北平原、长江中下游平原和关中平原，其中，华北平原人口最多，东北平原面积最大，长江中下游平原经济最富庶，关中平原面积最小。平原地区土壤肥沃，交通便利，在人类开始定居生活时，这里就成了农业文明的发祥地，这里也是城市文明建设最早的区域。我国最早的关于城市规划的著作《周礼·考工记》记载："匠人营国，方九里，旁三门，国中九经九纬，经涂九轨。"从城市建设发展的历史来看，平原地区的城市大多历史源远流长，拥有丰厚的历史文明背景，以至于演变至今的大多数平原城市整体布局依然保持着我国传统城市的特征——格网型棋盘格布局。由于平原地区的地理环境特征和地势开阔的优势，在快速城市化的背景下，城市中心区规模不断扩大，涵盖了不同尺度的街道路网结构和众多新旧交替的建筑形态类型，表现出复杂且多样化的街区形态特征。这些街区空间的变化使得城市微气候问题日趋突显，即使是寒冷地区的平原城市，其城市中心区也出现了严重的夏季高温化问题。

本书从城市地理特征入手探究平原城市中心区街区形态对微气候的影响，对该类型城市的聚焦首先体现在城市建成区必须在一个地势平坦且起伏很小的区域，其次城区内自然水体较少，便于和地势平坦但水系发达的水网城市区分开。因此，综合考虑地理位置、地貌特征和背景气候类型等问题，通过对我国四大平原地区的典型平原城市进行筛选，可以看出华北平原和关中平原的区域典型性较为合适（表2-1）。而且亦有数据显示，近年来，华北平原由于产业分布原因，城市中心区的城市热岛、空气污染等问题比较严重。

表2-1　我国四大平原的地理地貌特征及所在温度带气候类型

平原地区	面积/ km²	地理位置	地貌特征	气候类型	主要行政区	备　注
东北平原	35万	N40°～48° E118°～128°	地形平坦，地势广阔	温带季风性气候	黑龙江、吉林、辽宁	区域内大型城市地势平坦，但纬度高，气温太低，区域不合适
华北平原	31万	N32°～40° E114°～121°	地形平坦，地势开阔	暖温带季风气候	北京、天津、河北、山东、河南	区域内大型城市地势平坦，自然水系匮乏，区域合适
长江中下游平原	16万	N27°～34° E111°～123°	地势低平，湖泊密布	亚热带季风气候	湖北、湖南、江西、安徽、江苏、上海	区域内大型城市地势平坦，但河网湖泊多，区域不合适
关中平原	4万	N33°～35° E108°～110°	地形平坦，塬面广阔	暖温带季风气候	陕西	区域内大型城市地势平坦，自然水系匮乏，区域合适

表格来源：作者自绘。

在《国务院关于调整城市规模划分标准的通知》[1]中将城区常住人口1000万以上的城市划分为超大城市，城区常住人口500万以上1000万以下的城市划分为特大城市。由于城市气温升高与城市人口增长存在着一定的协同关系，大型城市的微气候问题明显多于小型城市。位于华北平原和关中平原，且常住人口超过500万的大型平原城市主要有北京、天津、石家庄、郑州、济南、西安等。本书依据地理环境特征、气候条件因素、城市规模、人口密集程度、城市形态特征的典型代表性和可类比性等原则选取了石家庄、郑州、西安三个城市为案例进行研究（表2-2）。

表2-2　典型平原城市样本案例的相关数据

城市名称	全市常住人口/万人	常住人口城镇化率	全市总面积/km²	中心城区建成区面积/km²	中心城区人口密度/（人/km²）	地理位置	城市形态特征	备注
北京	2170.50	86.2%	16410	1289	11634	华北平原中部	格网型	城市人口众多，但由于首都功能因素，其个案性太强，代表性不足
石家庄	1087.99	63.16%	13109	496	9879	华北平原中部	格网型	城市人口众多，市区地势平坦且自然水系匮乏，具有典型代表性
天津	1556.87	82.93%	11966	572	11372	华北平原中部	格网型	城市人口众多，市区地势平坦，但城市濒临海湾，代表性不足

[1] 2014年10月29日，国务院印发了《国务院关于调整城市规模划分标准的通知》（国发〔2014〕51号），对原有城市规模划分标准进行了调整，新的城市规划分标准以城区常住人口为统计口径，划分为五类七档。城区常住人口1000万以上的城市为超大城市，城区常住人口500万以上1000万以下的城市为特大城市，城区常住人口100万以上500万以下的城市为大城市（300万以上500万以下为Ⅰ型大城市，100万以上300万以下为Ⅱ型大城市），城区常住人口50万以上100万以下的城市为中等城市，城区常住人口50万以下的城市为小城市（20万以上50万以下为Ⅰ型小城市，20万以下为Ⅱ型小城市）（注：以上包括本数，以下不包括本数）。

城市名称	全市常住人口/万人	常住人口城镇化率	全市总面积/km²	中心城区建成区面积/km²	中心城区人口密度/(人/km²)	地理位置	城市形态特征	备注
郑州	988.10	72.2%	7446	549	9102	华北平原中部	格网型	城市人口众多,市区地势平坦且自然水系匮乏,具有典型代表性
济南	732.12	70.5%	7998	437	9153	华北平原中部	格网型	城市人口众多,市区自然水系匮乏,但局部为坡地,代表性不足
西安	1000.37	72.61%	10752	566	9722	关中平原中部	格网型	城市人口众多,市区地势平坦且自然水系匮乏,具有典型代表性

注:相关数据来源于各城市人民政府官网,数据信息时间 2017 年末。

表格来源:作者自绘。

作者在对石家庄、郑州、西安三个典型平原城市所处的自然地理区划、气候类型区划、温度带区划和建筑气候区划进一步进行对比,三个典型平原城市的区域位置均在同一个区划的范围之内。 在自然地理区划上同属于东部季风区,在气候类型区划上同属于温带季风气候区,在温度带区划上同属于暖温带,在建筑气候区划上同属于寒冷地区。 因此,本书所选取的石家庄、郑州、西安三个典型案例城市在地形地貌、背景气候以及城市规模、人口规模、街区形态等方面均具有很强的可类比性,案例城市的典型性和研究价值非常适合本书对寒冷地区平原城市中心区街区形态与城市微气候的耦合机理及优化调控研究的聚焦。

2. 微气候视角下典型案例城市中心区研究范围的截取

为了利于城市形态与城市微气候研究中不同尺度之间的协调,以及三个典型案例城市之间的类比研究,本书对所选取的寒冷地区平原城市案例中心区研究范围的截取统一采用我国国家基本比例尺地形图的标准分幅格式进行。 我国国家基本比例尺地形图根据国家颁布的统一测量规范、图式和比例尺系列进行编绘，我国规定了 1 : 1000000、1 : 500000、1 : 250000、1 : 100000、1 : 50000、1 : 25000、1 : 10000、1 : 5000 等八种比例尺地形图为国家基本比例尺地形图。 我国国家基本比例尺地形图的标准分幅是对正射影像按照预定的比例尺、幅面长度和西南角的点坐标与经纬度间隔进行裁切，标准分幅可以按照上述八种比例尺尺度进行裁切，下一级比例尺与上一级比例尺属于等比例嵌套关系。 每一幅地形图标准分幅都有其唯一的编号代码，依据编号代码可以获取该标准分幅的详细坐标点信息，实现 GPS 的精准定位。 作者综合考虑了三个案例城市中心区的范围和建成区的实际情况，同时兼顾街区尺度微气候研究的水平范围（1～10 km）对街区形态正射影像图研究精度的需求，选取了 1 : 10000 比例的标准分幅获取平原城市案例中心区的高清 Google Earth 视图。 并将高清 Google Earth 图像进行了投影转换，从 WGS84 Mercator 投影坐标系转换为西安 1980 地理坐标系，每个案例城市共计截取 1 : 10000 比例的 16 幅标准分幅的高清 Google Earth 正射影像图。 本书所截取的三个案例城市中心区研究范围的区域面积合适（表 2-3），均已涵盖了案例城市中心区的所有街区范围（图 2-1、图 2-2、图 2-3）。 本书以此截取区域作为研究的基础，基于微气候视角对该区域的街区形态进行类型学的分类研究，分析寒冷地区平原城市中心区街区形态的特征，探究寒冷地区平原城市中心区街区形态与城市微气候的耦合机理和优化调控方法。

表 2-3　寒冷地区平原城市案例研究范围截取 Google Earth 视图的数据信息

样本城市	样本区位置	样本区西南角坐标	样本区东北角坐标	样本区面积
石家庄 （图 2-1）	北纬 114.43° 东经 38.11°	X：38532937.558639 Y：4202941.264743	X：38554832.610592 Y：4221559.760981	约 398 平方千米
郑州 （图 2-2）	北纬 113.65° 东经 34.78°	X：38459899.810940 Y：3837679.560989	X：38482848.909308 Y：3856133.373711	约 417 平方千米
西安 （图 2-3）	北纬 108.89° 东经 34.31°	X：36574879.769790 Y：3782448.216491	X：36597824.730468 Y：3801150.171317	约 420 平方千米

注：样本城市坐标数均采用西安 1980 地理坐标系。
表格来源：作者自绘。

在城市化进程中，城市形态不断发生变化，其中变化最大且反应最敏感的是建筑形态类型，它会紧随着城市社会生活变迁引起的人们对空间需求的变化而变化，

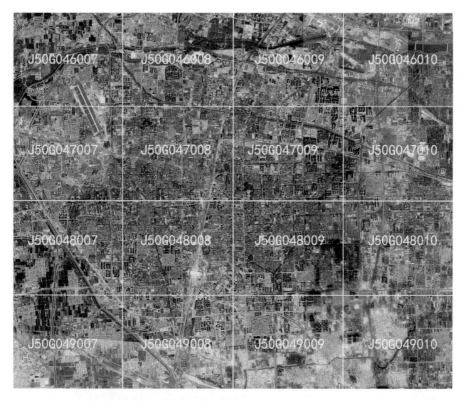

图 2-1　1：10000 标准分幅地图截取的石家庄市城市中心区 Google Earth 高清卫星正射影像图
（西安 1980 地理坐标系，图片来源：Google Earth©Right. 2018. 04）

一些传统的建筑类型会逐渐消失或被一些新型的建筑类型所代替，如传统合院住宅与高层集合住宅。而最不敏感的或者说其形态能够长时间延续的是城市中的街道路网，这也是所有具有一定历史性的平原城市都会表现出来的典型特征，如老城区街道路网密集，新建区街道路网开阔。从三个案例城市的高清 Google Earth 正射影像图（图 2-1、图 2-2、图 2-3）中可以看出，三个案例城市中心区的棋盘格布局中均涵盖了不同尺度的街道路网，这些不同尺度的道路体系与新旧交替的建筑形态构成了复杂且多样的城市中心区街区形态，这里也是城市微气候问题最为突出的区域。

3. 微气候视角下寒冷地区平原城市案例中心区街区切片尺寸的确定

对街区尺度城市微气候进行研究，确定一个合适范围大小的街区研究单元尤为重要。街区通常指被道路所包围的区域，但并不局限于被道路所包围的区域。从石家庄、郑州、西安三个案例城市获悉，城市中心区涵盖了多种不同尺度的街道路网结构，倘若以道路所包围的区域范围来划分街区研究单元，研究单元的范围大小

图 2-2　1：10000 标准分幅地图截取的郑州市城市中心区 Google Earth 高清卫星正射影像图

（西安 1980 地理坐标系，图片来源：Google Earth©Right. 2018.04）

就会非常多样，不利于研究单元之间的比较；倘若把街区研究单元按照一个较为合适的范围大小进行等量的切片式划分，这种方法就避免了街区地块大小不一不利于进行对比研究的问题。同时，等量大小的街区研究单元也便于同城市尺度和建筑尺度的微气候研究在空间层面上进行等比例的嵌套与耦合。当然，关键问题是确定一个合适的大小作为街区研究单元的标准尺寸。

对 Google Earth 高清的城市街区正射影像图进行切片式研究，采用固定大小的街区切片匀质化地切分城市中心区，有利于全面分析城市中心区街区形态的复杂性与多样化特征。对应不同的研究问题与研究目的，需选择合适的街区切片尺寸大小。如拉蒂（Ratti）对比研究欧洲和北美五大城市的肌理时，所采用的街区切片尺寸大小为 400 m×400 m。法国建筑科学技术中心（Centre Scientifique et Technique du Bâtiment，CSTB）[1]的城市形态研究室在研究城市形态类型和密度之间的联系时，

---

[1] SALAT S. 城市与形态：关于可持续城市化的研究[M]. 北京：中国建筑工业出版社，2012.

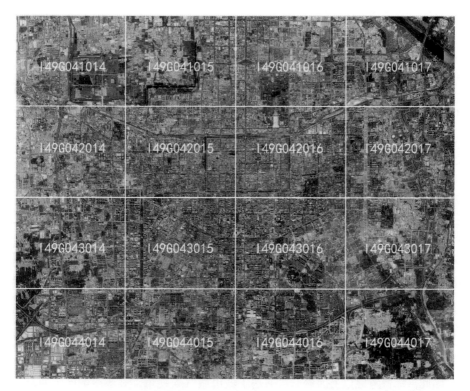

图 2-3　1∶10000 标准分幅地图截取的西安市城市中心区 Google Earth 高清卫星正射影像图
（西安 1980 地理坐标系，图片来源：Google Earth©Right. 2018. 04）

所采用的街区切片尺寸大小为 800 m×800 m 以及 200 m×200 m；在研究城市肌理的空间尺度分布法则时，所采用的街区切片尺寸大小为 1000 m×1000 m；在研究城市核心区街区空间的通风和辐射交换与城市形态的关联性时，所采用的街区切片尺寸大小为 400 m×400 m；在研究柯布西耶式结构类型[1]（相当于并可代表世界各地的中心商务区或我国大型城市新建区的高层街区）的能源消耗时，所采取的街区切片尺寸大小为 1200 m×1200 m。

　　基于微气候视角对寒冷地区平原城市中心区街区形态进行切片式研究，街区切片的范围大小不仅要反映出街区尺度微气候研究的尺度范围，且同时需要兼顾城市中心区多样化的街区规模尺度。

---

[1] 柯布西耶在其著作《明日之城市》中提出了一个抽象的、规范的、呈几何形状的城市规划——三百万人口的现代城市，建筑物占地范围很小但高度很高，并且将十字形的塔楼、外墙折线缩进式建筑、格式单元楼和巨大的空地混合在一起。 这种城市形态被法国建筑科学技术中心的城市形态研究室认为是现代主义高层建筑构成的城市形态类型的最初起源。

首先，本书将街区尺度城市微气候研究的水平范围界定为 1~10 km（表1-1），从这个角度而言，1~10 km 的街区切片范围大小都是合适的。

其次，在对石家庄、郑州、西安三个案例城市街区尺度规模进行分析的基础上，城市中心区的传统老街区、改建街区、扩建街区、新建街区等区域分别呈现出 200 m、300 m、500 m、800 m、1000 m 等不同大小的街区尺度体系。从这个角度而言，1000 m×1000 m 的街区切片范围大小可以覆盖平原城市中心区街区规模大小的多种尺度。

再者，街区尺度微气候的研究应为实现城市尺度与建筑尺度在空间层面上的整合与协调提供便利。兼顾与城市尺度（10~500 km）和建筑尺度（0.1~1 km）（表1-1）微气候研究在空间层面上多尺度之间的嵌套与耦合，1000 m×1000 m 的街区切片大小既是街区尺度微气候研究的最小范围，又是建筑尺度微气候研究的最大范围。在使用计算机模拟研究城市微气候时，1 km² 的街区切片研究单元可采用微尺度模型，能够较好地表现出街区空间的细节，且该尺度在空间层面易于同城市尺度规模的中尺度模型进行耦合，用以弥补中尺度模型难以表现城市中复杂细节的缺点。

因此，综合考虑以上因素，本书基于城市微气候视角，对寒冷地区平原城市中心区街区切片研究采取 1000 m×1000 m 范围的大小来划分研究单元。基于石家庄、郑州和西安三个典型平原城市案例的 16 幅 1∶10000 标准分幅地形图所截取的研究区域，以研究区域的西南坐标点为基点，向东北方向以 1000 m×1000 m 的大小进行等量切分，获得三个案例城市中心区的若干个街区切片研究单元（图2-4、图2-5、图2-6）。从三个案例城市 1 km² 大小的街区切片研究单元样本的 Google Earth 正射影像图可以发现，众多切片呈现出不同的街区形态特征。

此外，在三个案例城市中心区都存在极个别的切片位于城市公园或公共绿地范围的情况，这些街区切片研究单元中建筑物非常稀少，并不属于本书研究关注的重点。因此，本书把城市中心区切片范围内 60% 以上区域属于公园或绿地的个别街区样本排除，将其他大量表现出不同程度密集化特征的街区切片研究单元样本作为基于微气候视角的寒冷地区平原城市中心区街区形态类型研究的基础。

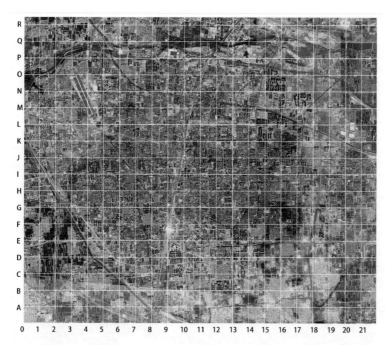

图 2-4　石家庄市中心区 1000 m×1000 m 街区切片样本的 Google Earth 高清卫星正射影像

（西安 1980 地理坐标系，图片来源：Google Earth©Right. 2018. 04）

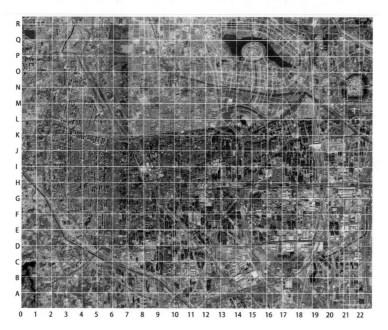

图 2-5　郑州市中心区 1000 m×1000 m 街区切片样本的 Google Earth 高清卫星正射影像图

（西安 1980 地理坐标系，图片来源：Google Earth©Right. 2018. 04）

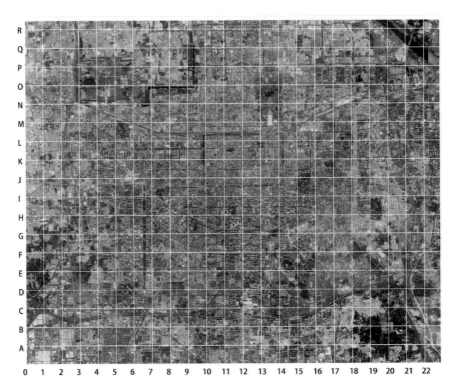

图 2-6　西安市中心区 1000 m×1000 m 街区切片样本的 Google Earth 高清卫星正射影像图

（西安 1980 地理坐标系，图片来源：Google Earth©Right. 2018.04）

2.1.2　微气候视角下寒冷地区平原城市中心区街区形态类型的分类

1. 微气候视角下城市街区形态类型的分类方式

城市形成的基础细胞——街区，容纳了人们的日常生活以及商业和休闲活动。街区形态是城市形态构成的基本单元，街区形态不是被每个街坊的建筑类型所定义的，也不是被建筑立面的风格和街道路网的形式所定义的，而是被这些元素的组织与联结的方式所定义。城市在不断更新建设的过程中，受到历史、政治、经济、文化、交通、规划、建筑等多种因素的综合作用，街区呈现出复杂且多样化的形态特征。街区形态的多样性与结构的复杂性，导致没有任何一种简单的或者标准的描述方法可以真实反映出街区形态的特征。建筑类型学、城市形态学与形态类型学的相关研究理论表明用类型学能够概括城市建成环境特征的本质，街区形态的类型可以在城市中呈现或是被辨认出来。 形态学、类型学的研究方法是根据形态要素对城市形态进行空间划分与类属性划分，其研究对象主要是基础性的物质形态要素，该方法对现实物质空间具有很强的描述性，而且能够对某些具有相同形态特征的构成要素进行抽象性与概念性的归纳总结，提取出基本类型，从而实现对街区现实物质空间多样性与复杂性的高度概括性描述。 事实上，对于多种不同的形态特征进行类型学的分类与描述，并不存在一个最好或最优的类型学分类方式，选取哪一种分类方式进行研究取决于研究目的与研究对象。

对城市街区形态进行类型学研究时，有许多不同的分类方式，为了进行有效的分类，必须针对研究目的和研究对象选择分类方式中的合适主题。 例如从研究城市整体形态的视角来看，可以按照城市区位的主题来进行分类，如将城市街区划分为中心区街区、边缘区街区等；从研究规划与建筑设计的视角来看，可以按照使用功能的主题来进行分类，如将城市街区划分为居住街区、商业街区、行政街区、文化街区、混合街区等；从研究城市肌理与形态特征的视角来看，可以按照建筑肌理的主题来进行分类，如将城市街区划分为行列式街区、街坊式街区、庭院式街区、独栋式街区等。 基于微气候视角对城市街区形态进行类型学的分类研究，首先需要弄清楚街区形态特征是如何影响城市微气候的，且这些形态特征的产生和形成又和哪些因素相关。 换言之，就是哪些因素造就了不同类型的街区形态，而这些不同类型的街区形态又导致了不同城市微气候特征的形成，这些因素恰恰就是基于微气候视角的城市街区形态类型学分类方式中最合适的主题。

从街区内部空间热传递的特征可以获悉，街区形态利用街道与建筑所构成的"内部空腔体"进行通风换气和来回反射吸收太阳辐射，从而影响城市微气候。 而街区"内部空腔体"形态特征的形成受到建筑气候区划、地理特征、城市区位、建筑功能和建筑容量等多方面的综合影响。 基于城市微气候研究的视角，处于不同建筑气候区的城市，其街区形态特征截然不同，如严寒地区对比夏热冬暖地区，由于日照标准的差异，其街区"内部空腔体"的形态特征完全不同。 处于不同地理特征条件下的城市，其街区形态特征亦不同，如平原城市对比山地城市，由于地形的差异，其城市街区形态也表现出较大的差异性。 即使在同一城市内，由于街区所处的城市区位不同，其街区形态特征也不同，如某一城市中心区的街区形态对比其城市边缘区的街区形态。 而由于建筑功能不同所表现出来的街区形态特征的差异也非常显著，如商业型街区对比居住型街区。 此外，城市街区形态还会因建筑容量不同而表现出差异性的特征，城市控制性详细规划对城市中的各类建设项目均有建筑容量控制指标（主要包括建筑密度和容积率）的规定，街区内部建筑的总体容量可以从水平方向和垂直方向两个方面来考量，建筑密度能够对水平方向上的密集化布局程度进行有效评定，容积率能够对垂直方向上的高度密集特征进行一定的评定，如高密度、高容积率的街区对比低密度、低容积率的街区，其街区形态特征截然不同。

鉴于此，影响街区形态特征的气候区划、地理特征、城市区位、建筑功能和建筑容量等因素，均可作为基于微气候视角的城市街区形态类型学分类方式的主题。在具体研究中，不同的分类主题适用于不同的研究问题与研究目的，还需依据研究的具体范畴和研究目的进行甄别与筛选。依据研究目的与研究对象的需求，这些主题可以是单一主题的形式，或是两个及两个以上主题结合的复合主题形式，用于对城市街区形态进行类型学的分类研究（表2-4）。

表 2-4　基于微气候视角的城市街区形态类型学分类方式示例

主题形式	分类主题	街区形态类型
单一主题	气候区划	寒冷地区城市街区、夏热冬冷地区城市街区……
	地理特征	山地城市街区、河网城市街区、平原城市街区……
	城市区位	老城区街区、中心区街区、边缘区街区……
	建筑功能	商务型街区、商住混合型街区、居住型街区……
	建筑容量	高密低容街区、低密高容街区……
复合主题	地理特征+城市区位	平原城市中心区街区、平原城市边缘区街区……
	城市区位+建筑功能	老城区居住型街区、新城区居住型街区……
	建筑功能+建筑容量	商住型高密高容街区、居住型低密高容街区……
	地理特征+城市区位+建筑功能	平原城市老城区居住街区、平原城市新城区居住街区……
	城市区位+建筑功能+……	……

表格来源：作者自绘。

2. 微气候视角下寒冷地区平原城市中心区街区形态的类型学分类研究

如前文所述，本书就研究范围而言，已从建筑气候区划、地理特征、城市区位三个分类主题上加以限定，即"寒冷地区—平原城市—城市中心区"。为了分析微气候视角下寒冷地区平原城市中心区街区形态多样性与复杂性中存在的类型特征，本书以建筑功能和建筑容量相结合的分类主题进一步对寒冷地区平原城市中心区的街区形态进行类型学的分类研究。

基于微气候视角，当以建筑功能为主题对寒冷地区平原城市中心区街区形态进行类型的分类时，作者发现，石家庄、郑州和西安三个典型平原城市中心区的建筑功能类型主要为商业（购物、餐饮、休闲、娱乐等）、办公（行政、文化、教育等）和居住（住宅、公寓等）三大类。在寒冷地区平原城市中心区，商业与办公类建筑表现出面宽大、进深大、高度高的大体量形态特征，居住类建筑则表现出小体量的板式、点式或围合式形态特征（表2-5）。

表2-5　以建筑功能为分类主题的寒冷地区平原城市中心区街区形态类型特征示例

分类主题	街区形态类型示例		
建筑功能	居住用地（如住宅、公寓等建筑功能）的形态特征示例 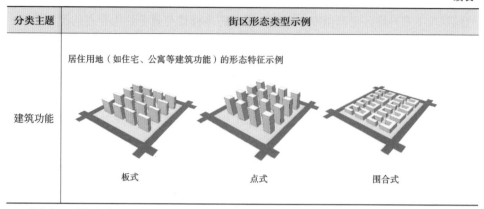 板式　　　　　　点式　　　　　　围合式		

表格来源：作者自绘。

从石家庄、郑州和西安三个案例城市中心区街区切片研究单元的街区形态特征来看，寒冷地区平原城市中心区街区均是这三种建筑类型在不同方式上的混合，在 1 km² 大小的街区切片范围内，其混合方式可划分为三种类型：商住型（商业+办公+居住）、居住型（居住）、商务型（商业+办公）（表2-6），其中居住型包含少量小型的生活配套商业（如居住建筑底商型），它与商住型的区别在于极少有大体量形态的商业和办公建筑。

表2-6　以建筑功能为分类主题的寒冷地区平原城市中心区 1 km² 街区切片样本示例

案例城市	街区类型		
	商住型 （商业+办公+居住）	居住型 （居住）	商务型 （商业+办公）
石家庄市 1000 m× 1000 m 街区切片样本			
郑州市 1000 m× 1000 m 街区切片样本			

案例城市	街区类型		
	商住型 （商业+办公+居住）	居住型 （居住）	商务型 （商业+办公）
西安市 1000 m×1000 m 街区切片样本			

表格来源：作者自绘。

基于微气候视角，当以建筑容量为主题对寒冷地区平原城市中心区街区形态进行类型的分类时，作者发现，在城市中心区 1 km² 的街区切片研究单元内，由于用地中还需要留出用作道路、绿化、广场、停车场等的部分面积，建筑密度超过 40% 的情况非常罕见，一般建筑密度达到 30% 以上已是非常密集的建筑布局。作者将与建筑密度和容积率指标相关的国家规定和典型平原城市案例的城市建设技术管理规定相关要求进行综合的汇总对比（表 2-7），并据此分别将建筑密度和容积率划分为高、中、低三个不同的等级。其中建筑密度大于 30% 的为高密度类型，建筑密度大于等于 20% 且小于等于 30% 的为中密度类型，建筑密度小于 20% 的为低密度类型；容积率大于 3.5 的为高容积率类型，容积率大于等于 2.0 且小于等于 3.5 的为中容积率类型，容积率小于 2.0 的为低容积率类型（表 2-8）。

表 2-7 寒冷地区平原城市案例建设用地关于建筑密度、容积率指标的相关规定

城市建设用地	建设指标	国家规定 （寒冷地区）	典型案例城市规划建设技术管理规定 （石家庄、郑州、西安）
R 居住用地	建筑密度	多层Ⅰ（4～6），≤30%； 多层Ⅱ（7～9），≤28%； 高层（10～26），≤20%	石家庄：≤35% 郑州：依据国家规定 西安：多层，≤28%；中高层，≤25%；高层，≤20%
	容积率	多层Ⅰ（4～6），1.2～1.5； 多层Ⅱ（7～9），1.6～1.9； 高层Ⅰ（10～18），2.0～2.6； 高层Ⅱ（19～26），2.7～2.9	石家庄：二环内，≤2.8；二环外，≤2.5 郑州：旧区以内，≤3.5；旧区以外，≤3.0 西安：1.7≤新建区容积率≤3.5；1.5≤旧区改建容积率≤4

城市建设用地	建设指标	国家规定（寒冷地区）	典型案例城市规划建设技术管理规定（石家庄、郑州、西安）
A 公共管理与公共服务用地	建筑密度	依据城市控制性详细规划要求	石家庄：行政办公区，≤40%；教育区，≤25%；医疗卫生区，≤35% 郑州：无具体规定 西安：新建区多层办公区，≤20%；新建区高层办公区，≤35%；旧区改建高层办公区，≤40%；20%≤新建区教育科研区建筑密度≤40%，20%≤旧区改建教育科研区建筑密度≤45%
	容积率	依据城市控制性详细规划要求	石家庄：无具体规定 郑州：无具体规定 西安：1.0≤新建区行政办公区容积率≤2.5，1.5≤旧区改建行政办公区容积率≤3.0，0.7≤新建区教育科研区容积率≤3.0，0.8≤旧区改建教育科研区容积率≤3.5
B 商业服务设施用地	建筑密度	依据城市控制性详细规划要求	石家庄：≤50% 郑州：无具体规定 西安：新建区多层区，≤50%；旧区改建多层区，≤60%；新建区高层区，≤45%；旧区改建高层区，≤55%
	容积率	依据城市控制性详细规划要求	石家庄：二环内，≤6；二环外，≤5 郑州：无具体规定 西安：2.0≤新建区容积率≤5，1.5≤旧区改建容积率≤6

注：国家规定指《城市用地分类与规划建设用地标准》（GB 50137—2011）、《城市居住区规划设计标准》（GB 50180—2018）等相关规范,典型案例城市规划建设技术管理规定指石家庄、郑州和西安市城乡规划部门制定的城市控制性详细规划要求和城市规划建设技术管理规定中的相关要求。

表格来源：作者自绘。

　　基于微气候视角，以建筑容量为分类主题对寒冷地区平原城市中心区街区形态进行类型学的分类研究，利用建筑密度指标衡量街区形态在水平方向上的密集化布局程度，利用容积率指标衡量街区形态在垂直方向上的高度密集特征。通过衡量街区切片研究单元的建筑容量大小来辨别其所表现出的街区形态特征的类型差异，需要依据建筑密度和容积率两个指标对其所属的类型进行分类。前文所述的建筑密度的高、中、低三个等级与容积率的高、中、低三个等级两两结合，可以形成3×3的分类矩阵（表2-8），共生成高密高容、高密中容、高密低容、中密高容、中密中容、中密低容、低密高容、低密中容、低密低容九种类型。但事实上，在寒冷地区平原城市中心区，街区建筑高度密集化发展，城市建设用地非常紧张，低密（建筑密度＜20%）且低容（容积率＜2.0）的组合几乎没有存在的可能性。

表2-8 以建筑容量为分类主题的寒冷平原城市中心区街区形态类型的3×3分类矩阵

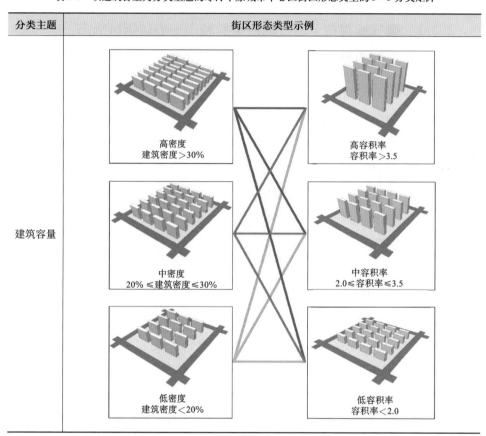

分类主题	街区形态类型示例	
建筑容量	高密度 建筑密度＞30%	高容积率 容积率＞3.5
	中密度 20%≤建筑密度≤30%	中容积率 2.0≤容积率≤3.5
	低密度 建筑密度＜20%	低容积率 容积率＜2.0

表格来源：作者自绘。

鉴于此，本书基于微气候视角，对寒冷地区平原城市中心区街区形态进行类型学的分类研究。以建筑功能为分类主题，寒冷地区平原城市中心区可以划分为商住型、居住型及商务型三种大的类型。以建筑容量为分类主题，依据建筑密度和容积率组合的可能性，商住型、居住型、商务型每一个大类型下又可以划分为高密高容型、高密中容型、高密低容型、中密高容型、中密中容型、中密低容型、低密高容型及低密中容型八种小的类型。

2.2 基于微气候的寒冷地区平原城市中心区街区形态的定性描述

2.2.1 微气候视角下寒冷地区平原城市中心区街区形态类型的梳理

一个合理的分类体系应该简化被研究对象，且有助于对研究对象属性和关系进行理论描述。科学分类的本质实际上是一个定义的过程，它一般由一个大类开始，被划分为若干个子类。在每个类别上进行划分的基础是一个具有理论意义的可区分的原则或属性，以使得被划分出的类可以依据它区别于其他的类。本书基于微气候视角，首先按照建筑气候区划、地理特征和城市区位的分类主题，限定研究范围为寒冷地区平原城市中心区；然后以建筑功能和建筑容量相结合的分类主题对寒冷地区平原城市中心区的街区形态进行类型学的分类研究。以建筑功能为分类主题，寒冷地区平原城市中心区可以划分为商住型、居住型及商务型三种类型。以建筑容量为分类主题，寒冷地区平原城市中心区又可以划分为高密高容型、高密中容型、高密低容型、中密高容型、中密中容型、中密低容型、低密高容型及低密中容型八种类型。从理论上讲，若采用建筑功能和建筑容量结合的复合主题，寒冷地区平原城市中心区的街区形态可能有二十四种类型。但是，基于《城市用地分类与规划建设用地标准》（GB 50137—2011）、《城市居住区规划设计标准》（GB 50180—2018）等相关规范，以及典型案例城市石家庄、郑州和西安的城乡规划部门制定的城市控制性详细规划要求和城市规划建设技术管理规定中的相关要求，参照三个典型案例城市 1 km² 街区切片研究单元的样本实例，而并非上述的二十四种街区形态类型都具有存在的可能性，这需要进行识别和梳理。

基于高清的 Google Earth 卫星正射影像图为我们提供了极大的便利性，参照商业建筑与居住建筑的建筑类型特征，能够对街区切片研究单元的类型属性是属于商住型、商务型还是居住型进行简单识别。利用成都比格图数据处理有限公司开发的 BIGEMAP 获取的街区矢量路网数据和矢量建筑楼块轮廓数据（含楼层数），可以对街区切片研究单元的建筑密度和容积率进行详细的计算，按照前文所述的建筑容量的分类依据，就可以确定该街区切片研究单元所属的街区形态类型。

在商住型街区形态类型中，由于寒冷地区平原城市案例中心区城市建设用地紧张，商业类用地非常注重高利用率，商业类、公共服务类与居住类建筑在街区中高度混合是为了追求规模效应和土地的高效利用。理论上，在平原城市中心区1000 m×1000 m切片范围内，该类型街区切片研究单元的容积率低于2.0的情况存在的可能性非常小，且在三个案例城市的 1 km² 街区切片研究单元中并未识别出容积率低于2.0的商住混合型街区切片样本。故在商住型街区中，可将与低容组合的高密低容型与中密低容型排除。因此，寒冷地区平原城市中心区商住型街区可以梳理出高密高容型、高密中容型、中密高容型、中密中容型、低密高容型和低密中容型六种小类类型（表2-9）。

表 2-9　寒冷地区平原城市中心区商住型街区类型的识别与梳理

街区形态的分类主题		建筑容量的大小		街区形态类型的识别与梳理说明
建筑功能	建筑容量	建筑密度	容积率	
商住型街区	高密高容型	＞30%	＞3.5	寒冷地区平原城市中心区商住混合街区的建设是为了追求规模效应和土地的高效利用，在 1 km² 切片研究单元内，容积率低于2.0的商住街区存在的可能性非常小，故在商住型街区中排除了与低容相关的两种组合
	高密中容型	＞30%	2.0～3.5	
	~~高密低容型~~	~~＞30%~~	~~＜2.0~~	
	中密高容型	20%～30%	＞3.5	
	中密中容型	20%～30%	2.0～3.5	
	~~中密低容型~~	~~20%～30%~~	~~＜2.0~~	
	低密高容型	＜20%	＞3.5	
	低密中容型	＜20%	2.0～3.5	

表格来源：作者自绘。

在居住型街区形态类型中，基于《城市居住区规划设计标准》（GB 50180—2018）对寒冷地区居住用地容积率的限定，以及石家庄、郑州和西安三个案例城市的城市规划建设技术管理规定的相关要求，如表2-7所示，该类型街区的容积率高于3.5的可能性非常小，只有西安市对旧区改建中的居住类用地指标有小于等于4.0

的要求。 但是，西安市中心区旧区改建的范围位于城市中心区核心区域的老城区，该区域的城市建设是一种循序渐进式的更新，街区形态在这种发展形势下必定形成多种功能混合的特征，在西安市旧区改建区域中1000 m×1000 m 街区切片研究单元内几乎不存在如此大范围的单一功能的居住型街区，故在居住型街区中，与高容相关的三种组合可以被排除。 同时，在寒冷地区平原城市案例中心区内，容积率在2.0 以下的居住型街区，其建筑多为6 层及6 层以下，只有老城区还存在少量的多层居住型街区，其容积率在2.0 以下，但这类居住街区的建筑密度一般大于30%（即高密度类型）。 由于案例城市中心区居住类建筑的间距需要满足寒冷地区的日照标准要求，且城市中心区居住用地的开发建设需要在建筑密度与容积率二者的关系中找到一个合理的均衡点，在有限的用地条件下实现建筑面积的尽量最大化。 低容积率居住街区建筑在6 层及6 层以下，且建筑密度小于30% 的情况在寒冷地区平原城市中心区存在的可能性非常小，故中密低容型在居住型街区中可以被排除。 因此，寒冷地区平原城市中心区居住型街区可以梳理出高密中容型、高密低容型、中密中容型和低密中容型四种小类类型（表2-10）。

表2-10 寒冷地区平原城市中心区居住型街区类型的识别与梳理

街区形态的分类主题		建筑容量的大小		街区形态类型的识别与梳理说明
建筑功能	建筑容量	建筑密度	容积率	
居住型街区	高密高容型	>30%	>3.5	依据《城市居住区规划设计标准》（GB 50180—2018）和三个案例城市的规划建设技术管理规定，寒冷地区平原城市中心区1 km² 切片样本中居住型街区容积率高于3.5 的可能性非常小，故在居住型街区中排除了与高容相关的三种组合。 低容积率居住街区建筑在6 层及6 层以下，且建筑密度小于30% 的情况在寒冷地区平原城市中心区存在的可能性非常小，故在居住型街区中排除了中密与低容的组合
	高密中容型	>30%	2.0～3.5	
	高密低容型	>30%	<2.0	
	中密高容型	20%～30%	>3.5	
	中密中容型	20%～30%	2.0～3.5	
	中密低容型	20%～30%	<2.0	
	低密高容型	<20%	>3.5	
	低密中容型	<20%	2.0～3.5	

表格来源：作者自绘。

在商务型街区形态类型中，由于绝大多数的商业类和公共类建筑是散点式分布在案例城市中心区内，案例城市中心区1000 m×1000 m切片范围大小的商业类与公共服务类混合布局的街区大多是城市中央商务区、高新科技园或大型的行政、科研单位以及学校等。如表2-7所示，参照三个案例城市建设技术管理规定的要求，该类型街区建筑密度低于20%的情况可能性非常小，只有西安市有新建区多层办公建筑密度小于等于20%的要求，而这一类型的新建区多层办公建筑多位于城市中心区以外的边缘区。受城市中心区用地紧张的影响，低密型的街区形态类型在商务街区中可以被排除。

同时，1 km²范围大小的商务型街区多分布在中心城区旧区以外，具有良好的规划和城市设计，绿化标准高[1]，建筑多为超大体量的多层或较大体量的高层，且用地范围中需留出的道路、绿化、广场以及停车场等功能区所占的面积较大，受这些综合因素的影响和限定，该类型街区不会有建筑布局过于密集的情况出现，即其建筑密度超过30%以上的可能性极小，高密型的街区形态类型在商务街区中可以被排除。在石家庄、郑州、西安三个案例城市中心区1 km²的街区切片研究单元中，能被划分为商务型街区的实例样本数量并不多，且均表现出中密度的形态特征。因此，寒冷地区商务型街区可梳理出中密高容型、中密中容型和中密低容型三种小的类型（表2-11）。

表2-11　寒冷地区平原城市中心区商务型街区类型的识别与梳理

街区形态的分类主题		建筑容量的大小		街区形态类型的识别与梳理说明
建筑功能	建筑容量	建筑密度	容积率	
商务型街区	高密高容型	＞30%	＞3.5	寒冷地区平原城市中心区1 km²大小的商务型街区一般都属于新建街区，具有良好的设计且绿化标准高，建筑密度超过30%的可能性非常小，故在商务型街区中排除了与高密相关的三种组合。
	高密中容型	＞30%	2.0～3.5	
	高密低容型	＞30%	＜2.0	

[1] 我国城市规划相关法规规定：关于城市建设各项用地的绿地率控制必须符合《城市用地分类与规划建设用地标准》（GB 50137—2011）、《城市绿化规划建设指标的规定》《城市居住区规划设计标准》（GB 50180—2018）等规范标准的要求，以及各地区城乡规划管理的相关规定，不同地区的规划要求不同。

街区形态的分类主题		建筑容量的大小		街区形态类型的识别与梳理说明
建筑功能	建筑容量	建筑密度	容积率	
商务型街区	中密高容型	20%～30%	＞3.5	受中心区用地紧张的影响，依据三个案例城市建设技术管理规定，寒冷地区中心区商务型街区建筑密度低于 20% 的可能性非常小，故在商务型街区中排除了与低密相关的两种组合
	中密中容型	20%～30%	2.0～3.5	
	中密低容型	20%～30%	＜2.0	
	~~低密高容型~~	~~＜20%~~	~~＞3.5~~	
	~~低密中容型~~	~~＜20%~~	~~2.0～3.5~~	

表格来源：作者自绘。

2.2.2 微气候视角下寒冷地区平原城市中心区街区形态类型的归纳

在一个街区切片研究单元所属类型的确定过程中，首先需要依据高清的 Google Earth 卫星正射影像图，采取目测的方法识别其街区建筑功能所属的类型，然后再利用 BIGEMAP 获取的矢量建筑楼块轮廓数据（含楼层信息）提取街区切片研究单元的建筑基底图，计算出该街区切片研究单元的建筑密度和容积率大小，进一步确定其街区建筑容量所属的类型。虽然高清的 Google Earth 卫星正射影像图为我们提供了极大的便利性，但是最好的办法还是实地考察，特别是对于较难判定类型的切片研究单元，现场调研街区研究单元建筑功能类型及建筑形态特征等信息就显得尤为必要。事实上，定义街区切片样本所属的建筑功能类型是一个差值识别的过程，一个街区切片研究单元的形态与被定义的类型达到完全同质化的可能性非常小，通常能达到 70%～80% 的就属于该类型最典型的切片案例，本书研究中把能达到 60% 以上建筑功能形态特征同质化属性的街区切片研究单元定义为与之相匹配的一种类型。

本书从微气候视角对寒冷地区平原城市中心区街区形态进行定性的类型研究，参照形态学、类型学的研究方法，采取建筑功能与建筑容量相结合的主题分类方式，依据石家庄、郑州和西安三个典型平原城市案例中心区 1000 m×1000 m 的街区切片研究单元样本，将寒冷地区平原城市中心区的街区形态进行分类和梳理，共归纳出 3 个大类类型和 13 个小类类型（表2-12）。这些街区形态类型（block morphology type，BMT），均源自典型案例城市中心区街区切片研究单元的样本，其形态类型特征可以在城市中呈现出来且被识别。同时，由于这些街区形态类型的特征形成也深受城市规划与建设相关规范的影响，所以在分类研究中被定义的街区形态类型就能够最终应用到设计导则或相应规范中，且可以被系统性地识别。

表2-12　基于微气候视角的寒冷地区平原城市中心区街区形态类型分类汇总表

分类主题一	街区形态特征	3个大类	分类主题二		街区形态特征	13个小类
			建筑容量			
			建筑密度	容积率		
建筑功能	商业类、公共服务类与居住类建筑混合	BMT1 商住型街区	＞30%	＞3.5	高密高容	BMT1-1 商住高密高容型街区
			＞30%	2.0～3.5	高密中容	BMT1-2 商住高密中容型街区
			20%～30%	＞3.5	中密高容	BMT1-3 商住中密高容型街区
			20%～30%	2.0～3.5	中密中容	BMT1-4 商住中密中容型街区
			＜20%	＞3.5	低密高容	BMT1-5 商住低密高容型街区
			＜20%	2.0～3.5	低密中容	BMT1-6 商住低密中容型街区
	居住类建筑为主	BMT2 居住型街区	＞30%	2.0～3.5	高密中容	BMT2-1 居住高密中容型街区
			＞30%	＜2.0	高密低容	BMT2-2 居住高密低容型街区
			20%～30%	2.0～3.5	中密中容	BMT2-3 居住中密中容型街区
			＜20%	2.0～3.5	低密中容	BMT2-4 居住低密中容型街区
	商业类与公共服务类建筑混合	BMT3 商务型街区	20%～30%	＞3.5	中密高容	BMT3-1 商务中密高容型街区
			20%～30%	2.0～3.5	中密中容	BMT3-2 商务中密中容型街区
			20%～30%	＜2.0	中密低容	BMT3-3 商务中密低容型街区

表格来源：作者自绘。

2.3 微气候视角下适用的街区形态量化指标的筛选与计算方法

2.3.1 适用于寒冷地区平原城市微气候研究的街区形态量化指标的筛选

基于微气候视角，对寒冷地区平原城市中心区街区形态特征进行研究，除了利用街区形态的类型研究实现对街区形态特征的定性描述，还需借助与街区形态相关的量化指标实现对街区形态特征的定量描述。如前文第一章第五节所述，本书基于城市微气候研究的视角，对既有文献进行综述，选取了建筑学、规划学、景观学以及形态学中与街区形态相关的 15 个量化指标（表1-10）。而这些与街区形态相关的量化指标，针对寒冷地区平原城市中心区街区形态与微气候耦合机理与优化调控的研究，依据其典型适用性还需进一步筛选。筛选的目的是准确地反映出微气候视角下寒冷地区平原城市中心区街区形态特征的量化差异，且所筛选出的街区形态指标还需便于纳入相关设计导则和规范中实施。具体筛选的过程应秉承如下原则。

①指标描述的适用性。基于本书对寒冷地区平原城市中心区街区形态与微气候耦合机理研究的聚焦，本书第一章第五节从城市微气候研究视角选取的与街区形态相关的量化指标表现出不同程度的适用性。如本书聚焦于平原城市，为了与水网型城市进行区分，所选取的典型案例城市的自然水系不发达，水体占比指标不适用。平原城市中心区街道路网具有典型的格网型布局特点，由于路网密度指标只能反映出街区地块路网的长度，无法反映出路网的容量，该指标在 1 km² 街区切片研究单元中的适用性不强。本书聚焦于城市中心区，所选取的典型案例城市的中心区并没有统一的建筑限高要求，空间形态弹性系数指标不适用。城市中心区街区建筑高度密集化布局，城市下垫面的地表面材质几乎相同，且下垫面粗糙度差异也不大，地表反照率指标在中心区不同街区形态类型中对比性不强。由于城市中心区的地表面以不透水铺地为主，所选取的典型案例城市中心区地表面覆盖除去绿地以外，其他绝大部分都是不透水地面，当选取了绿地率这一常用指

标后，不透水地面占比在这里不适用。本书聚焦于寒冷地区，所选取的典型案例城市街区建筑必须满足寒冷地区日照要求标准，建筑间距在此类城市的城市规划与建设技术管理规定中均有明确的最低限定标准，在这里计算街区建筑群的平均建筑间距指标有些不适用。

②指标计算的便捷性。在具体研究中，计算方式便捷的指标很大程度上决定了该指标被推广利用的可能性，计算方式过于烦琐复杂的指标很难被投入使用，即使在研究中该指标的量化描述能够反映出较显著的街区形态特征。如街区空间的孔隙率指标，该指标若在建筑形态规整的区域，对其计算相对较容易，如新建板式高层居住区。但像商住混合型街区，街区中建筑形态高低大小不一，对其街区空间孔隙率的计算就是非常烦琐的事情。这就使得该指标在与城市微气候量化关系的数据分析中显得非常被动，在对设计方案的探讨中也无法被有效应用。当然，还存在另外一种可能，如平均天空开阔度的计算公式也比较复杂，但由于计算机的协助可以实现对该指标的快速精确计算，那么该类的指标便可被推广利用，经过进一步详细的研究，就有可能通过该类指标阈值的设定实现对街区形态特征的调控，进而被用于指导街区形态设计。

③指标被纳入相关设计导则和规范中实施的可操作性。由于街区形态类型的特征形成受到城市规划与建设相关规范的很大影响，如果所选取的指标能够反映出这方面的特征差异，且在街区形态与城市微气候特征的关联性研究中表现出极强的相关性，那么该指标就具备被纳入相关设计导则和规范中实施的可能性。在研究中若能统计分析出这些量化指标与城市微气候的相关性和权重系数，并利用不同工况条件的模拟探讨这些量化指标的变化对城市微气候的影响作用机制，通过指标阈值上下限的设定实现对街区形态特征的调控，该指标就具有被纳入相关设计导则和规范中进行推广使用的科学性数据支撑。

依据上述原则，经过综合考虑及仔细筛选，针对本书研究的聚焦问题，从本书第一章第五节选取的 15 个量化指标中筛选出建筑功能混合度、建筑密度、容积率、绿地率、平均天空开阔度、平均迎风面积比、平均建筑高度及平均街道高宽比 8 个街区形态量化指标，用以描述寒冷地区平原城市中心区街区形态的量化特征差异。在具体统计中，每个指标所需的数据来源也略有不同（表 2-13）。

表 2-13　适用于寒冷地区平原城市中心区街区尺度微气候研究的街区形态相关量化指标

指标类别	指标名称	指标统计的数据来源
建筑学、规划学、景观学指标	建筑功能混合度	依据高清卫星影像图并结合实景图分析计算求得
	建筑密度	依据现状建筑矢量图的数据计算求得
	容积率	依据现状建筑矢量图的数据计算求得
	绿地率	依据用地现状图的数据计算求得
形态学指标	平均天空开阔度	依据 ENVI-met 的街区建筑模型计算求得
	平均迎风面积比	依据现状建筑矢量图的数据计算求得
	平均建筑高度	依据现状建筑矢量图的数据计算求得
	平均街道高宽比	依据现状建筑矢量图的数据计算求得

表格来源：作者自绘。

2.3.2　寒冷地区平原城市适用的街区形态量化指标的计算方法

上述所筛选出的 8 个与街区形态相关的量化指标，一部分已被纳入城市规划管理与相关规范中长期使用，如容积率、建筑密度、绿地率等，但这些指标与城市微气候有多强的相关性，是否存在一个合适的阈值，尚有待进一步的研究和验证。 还有一部分指标并未被纳入相关规范中使用，而这些指标是否在寒冷地区平原城市中心区街区形态与微气候的关联性研究中表现出极强的相关性，也还需要进一步的研究和验证。 为了实现对寒冷地区石家庄，夏热冬冷地区郑州和西安三个案例城市中心区的 1000 m×1000 m 街区切片研究单元精确的量化描述，本小节对所筛选出的 8 个与街区形态相关的量化指标的概念、使用和计算方法进行详细的阐释。

（1） 建筑功能混合度

建筑功能混合度指标能够间接反映出街区空间中建筑形态的多样性与复杂程度，该指标来自 Hoek 和 Akkelies van Nes 的相关研究，按功能使用混合程度高低对城市中心区街区形态进行划分。 依据建筑类型学、城市形态学与形态类型学的相关研究，街区中的建筑形态特征与建筑功能类型具有直接的关联性。 换言之，城市中心区大批量存在的每一类使用功能不同的建筑，其形态类型都具有各自不同的模式。 一个街区地块在功能混合度上的高低能够从某种程度上显示出该街区内所拥有的建筑形态类型种类的多少。种类越繁多，街区空间形态越复杂多变，街区空间的通风和太阳辐射情况就越复杂；种类越单一，街区空间形态越均质化，街区空间的通风和太阳辐射情况就相对简单。

我国根据《城市用地分类与规划建设用地标准》（GB 50137—2011）对城市建设用地都有对应的使用功能限定，城市规划管理部门依据城市总体规划的需要把城市建设用地按常用的用地性质划分为公共管理与公共服务设施用地（A）、商业服务业设施用地（B）、居住用地（R）、道路与交通设施用地（S）、绿地与广场用地（G）、公用设施用地（U）、工业用地（M）、物流仓储用地（W）八个类别。参照我国对城市建设用地属性的划分以及本书的研究内容，通过分析石家庄、郑州和西安三个案例城市中心区的实际情况，作者发现寒冷地区平原城市中心区用地功能以公共管理与公共服务设施用地（A）、商业服务业设施用地（B）和居住用地（R）为主，除此以外还有道路与交通设施用地（S）、公用设施用地（U）、绿地与广场用地（G）等类别的用地，而工业用地（M）、物流仓储用地（W）一般位于城市边缘区。城市中心区在这些用地属性上最主要的建筑功能可以被划分为住宅、公共服务设施、商业服务业设施三大经典类型，其中住宅包括各种类型的住宅建筑（如多层住宅、高层住宅、公寓等形式），公共服务设施包括行政、文化、教育、卫生、体育等类型的建筑（如行政办公建筑、图书馆、博物馆、学校、医院、体育馆等形式），商业服务业设施包括各类商业、商务、娱乐、康体等类型的建筑（如商场、超市、餐饮建筑、宾馆、剧院、商务综合办公建筑等形式）。

本书为了量化 1 km² 街区切片研究单元中建筑功能所表现出的街区形态特征的差异，依据 Hoek 和 Akkelies van Nes 的功能混合度三元图（图1-7），结合寒冷地区平原城市中心区街区切片样本案例的实际情况，按照街区地块建筑功能混合度的高低将其划分为三种不同程度，从高到低分别用数字 3、2、1 来表示。当街区内三种功能占比都超过 20% 时，建筑功能混合度最高，用数字 3 表示，为多功能混合区，如含有大型医院、学校或行政等公共服务设施的商住混合街区；当街区内某一功能小于 10%，而另外两者均在 30% 以上时，建筑功能混合度居中，用数字 2 表示，为双功能混合区，如商业和办公混合的商务型街区；当街区内某一功能占总面积的 70%～90% 时，建筑功能混合度最低，用数字 1 表示，为单一功能区，如纯居住街区。

（2）建筑密度

建筑密度的考量对象是建筑物基底面积的占用率，也被称为建筑覆盖率，该指标是指一定用地范围内建筑物的基底面积总和在总用地面积中所占的比例（%）。建筑密度指标能够反映出一定用地范围内的建筑密集程度和空地率。我国在控制性详细规划中对该指标的最大允许值设置了限定，该指标是控制城市建设密度和环境质量的重要因素。

（3）容积率

容积率是衡量建设用地使用强度的一项重要指标，其所考量的对象是建筑物的使用空间总量，也被称为建筑面积毛密度。该指标是指一定用地范围内的地上总建筑面积（必须是正负零标高以上的建筑面积）与总用地面积的比值。容积率的值是无量纲的比值，通常以用地范围面积为1，容积率的值即用地范围内的地上建筑物的总建筑面积对用地范围面积的倍数。我国现阶段对地块容积率的控制，主要在城市规划的法律法规体系下，依据城市总体规划或分区规划编制的控制性详细规划的要求具体实施。容积率指标的大小直接决定居住环境的舒适度，规定这项指标的最大允许值，是为了制止不顾居住环境质量而大幅提高土地使用强度，以及增加用地环境容量（建筑量和人口量）的行为。

（4）平均天空开阔度

该指标能够反映出街区空间的开敞程度。天空开阔度在众多关于热岛现象的研究中被使用，也被称为天穹可见度、天空可视因子、天空可视域范围、地形开阔度等。天空开阔度主要用于度量城市肌理形态朝向天空的开敞程度。平均天空开阔度是指区域地块内各测点天空开阔度的平均值，综合反映地块内建筑肌理形态朝向天空的平均开敞程度（图2-7）。

关于天空开阔度的计算，先获取通过鱼眼镜头从地面仰望天空的成像图像（图2-8），再将半球内的环境投射到圆形平面上，通过旋转角度 α 将半径为 r 的半球辐射环境划分为相等的切片，并沿特定方向搜索具有最大仰角 β 的像素 P_i，P_i 是沿某个方向的最大仰角 β 的像素，表面 S 是天空中被阻挡的圆周表面部分，除去天空中被遮挡部分，计算出图像中裸露天空的面积占图幅总面积的比值即得到天空开阔度数值。

1980年，斯泰恩提出了等角投影法来计算天空开阔度，其原理是将鱼眼镜头投影图像处理成数个间距相等的同心圆环形进行计算，计算公式如下：

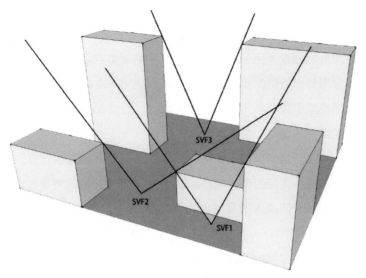

$$\text{平均天空开阔度} = \frac{\text{SVF1+SVF2+SVF3+}\cdots\cdots}{\text{SVF采集点位的数量}}$$

图2-7 平均天空开阔度的计算示意图

（图片来源：作者自绘）

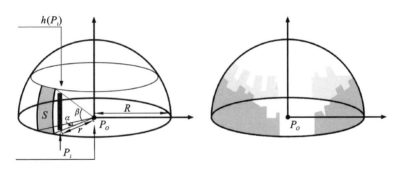

图2-8 天空开阔度的计算示意图

（图片来源：作者自绘）

$$\psi_{\text{sky}} = \frac{1}{2\pi} \sin\frac{\pi}{2n} \sum_{i=1}^{n} \sin\left[\frac{\pi(2i-1)}{2n}\right] a_i \qquad (2\text{-}1)$$

其中，n 代表划分同心圆环形的数量，i 代表同心圆环指数，a_i 代表在第 i 个同心圆环内天空的角度宽，将所有同心圆环形上的天空部分进行累加计算得出该位置点的天空开阔度数值。

随后，约翰逊和沃森又在斯泰恩公式的基础上提出了一个修正公式：

$$\psi_{\text{sky}} = \frac{1}{2n} \sum_{i=1}^{n} \sin\left[\frac{\pi(i-1/2)}{2n}\right] \cos\left[\frac{\pi(i-1/2)}{2n}\right] a_i \qquad (2\text{-}2)$$

随着计算机技术、土地调查和数字地图的发展，利用城市空间数据库和建筑矢量数据，便于使用相关计算机软件对天空开阔度进行计算。如通过 SAGA GIS 软件，设定一定尺度的搜索半径和一定分辨率规格的采集点位，在导入建筑物矢量数据后，可以计算出每个点位的 GSVF 数值；通过 ENVI-met 软件基于三维建筑数据模型，可以计算出模型中每个单元格上的 SVF 数值，通过 SVF 数据的导出可以计算出模型研究区域范围内的平均天空开阔度数值。

本书研究中对三个案例城市街区切片样本平均天空开阔度的计算，依然是参照等角投影法对鱼眼镜头实测图像的计算原理。为了提高计算的便捷性，获得一个街区切片样本范围内各个测点天空开阔度的平均值，采用 ENVI-met 软件以 5 m×5 m 的单元格生成 1000 m×1000 m 尺寸的街区切片研究单元的等比例模型，通过 ENVI-met 软件可以计算出街区地块模型中开敞空间部分所有 5 m×5 m 单元格上的天空开阔度数值，再求取其平均值作为该街区切片研究单元的平均天空开阔度数据。由于使用 ENVI-met 模型求取地块的平均天空开阔度指标，故本书所采用的计算方式只考虑了建筑实体对天空开阔度指标所产生的影响，植物因不同季节特征所造成的影响忽略不计。

（5）平均迎风面积比

迎风面积比是指建筑物在某一风向上的迎风面积与最大可能迎风面积的比值。迎风面积是指建筑物在某一风向来流方向上的投影面积，以它近似地代表建筑物挡风面的大小。当风向不变时，随着建筑的旋转总能够有一个最大的迎风面积，称之为最大可能迎风面积。某一风向上的迎风面积与最大可能的迎风面积之比就是建筑物在该风向上的迎风面积比，一栋建筑对应一个风向只有一个迎风面积比，它是一个大于 0 小于 1 的数，当建筑物是圆形平面时，迎风面积比近似等于 1。迎风面积比与风向和建筑物的体量都有关，最大可能迎风面积与建筑物的体量有关，与风向无关，建筑在某一风向上的迎风面积比越小，对该风向来风的阻挡面就越小。

对于城市街区而言，街区建筑在城市主导风向上的迎风面积比（图 2-9）直接影响该街区室外环境的通风效果。针对城市街区研究单元中的若干栋建筑来说，可以求取每栋建筑在城市主导风向上的迎风面积比数值的平均值，即平均迎风面积比。事实上，由于街区中若干栋建筑的组合，按照城市主导风向计算每栋建筑的迎风面积比是不够准确的，街区中上风向建筑的挡风作用会造成下风向建筑物的迎风面积比发生变化，如后排建筑接收的是局地风，风向、风速都发生了变化。但是，求取街区建筑群的平均迎风面积比，这样计算有一点可以肯定，即当组团布局确定后，组团的平均迎风面积比一定是随风向在 0 至 1 之间变化，组团建筑群设计布局形式与环境通风效果之间，完全可以通过组团的平均迎风面积比建立相关性，同时能够使问题得到简化，且建筑群平均迎风面积比对应一个风向只有一个平均迎风面积比，单风向的建筑群平均风速与平均迎风面积比线性相关。本书为了对街区形态特征进行有效对比，对石家庄、郑州和西安三个案例城市中心区街区切片研究单元建筑群的平均迎风面积比计算，统一采用郑州市夏季主导风向东南风向（SE：135°）来计算城市主导风向上的平均迎风面积比指标。

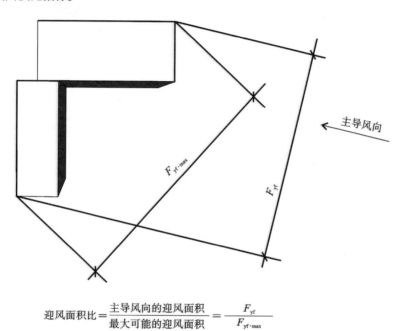

主导风向

$F_{yf \cdot max}$

F_{yf}

$$迎风面积比 = \frac{主导风向的迎风面积}{最大可能的迎风面积} = \frac{F_{yf}}{F_{yf \cdot max}}$$

图 2-9　迎风面积比计算示意图
（图片来源：作者自绘）

（6）平均建筑高度

建筑高度是指建筑物的竖直高度值，是城市规划控制的数据。平均建筑高度是指区域内所有建筑高度的平均值。当区域内建筑体量大小不一时，求取平均建筑高度需要进行面积加权，采取加权平均建筑高度指标能够反映出街区形态在纵向高度上的一部分几何特征。该指标计算的数据可以从 BIGEMAP 的矢量建筑楼块轮廓数据（含楼层数）中提取，需要利用每栋建筑的建筑基底面积乘以该栋建筑的建筑高度，在对不同体量大小的建筑进行面积加权的基础上，再求取该区域地块所有建筑

的平均建筑高度（图2-10）。 该指标数值越大, 说明区域内的高层建筑的数量就
越多。

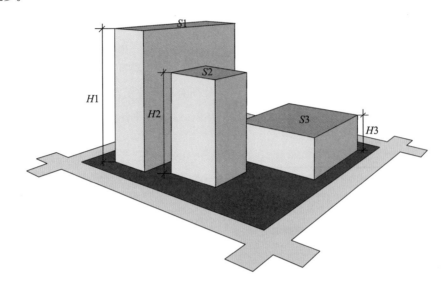

$$加权平均建筑高度 = \frac{H1 \times S1 + H2 \times S2 + H3 \times S3}{S1 + S2 + S3}$$

图2-10　加权平均建筑高度计算示意图
（图片来源：作者自绘）

（7）　平均街道高宽比

街道高宽比也被称为街谷高宽比, 街道高宽比 = H/W（H表示建筑高度, W表示
街道宽度）, 对于整条街道, 需要用每个建筑面宽与建筑高度的乘积, 除以建筑面宽
的总和得到的数值, 再比上街道的宽度, 或者用临街建筑的平均高度比上街道的宽
度来计算。 当一条街道宽窄不同时, 就需要用临街建筑的平均高度比上街道的平均
宽度来求取街道高宽比。 事实上, 在一个街区研究单元中, 可以把若干条街道连在
一起看作一条宽度不等的街道, 用所有临街建筑的平均高度比上研究单元中所有街
道的平均宽度（图2-11）, 即可获取该街区研究单元的平均街道高宽比。 街道高宽
比是城市通风效果的决定性因素, 它对热环境研究中的自然冷却和空气质量研究中
的污染物扩散具有同样的影响。 但是当街道形态过于复杂化和多样化的情况下, 该
指标计算数值的可靠度可能会受到影响。

本书研究中对平均街道高宽比的计算, 利用BIGEMAP的矢量建筑楼块轮廓数据
（含楼层数）和街道路网数据进行计算, 所计算的街道仅包括街区切片研究单元中

的供车辆和行人通行的市政道路（主要包括快速路、主干路、次干路和支路），不包括小区内部的道路。 平均街道高宽比指标可以间接反映出街区空间对自然风的渗透情况，以及街道地面接收太阳辐射的情况，进而影响城市街区尺度微气候特征的形成。

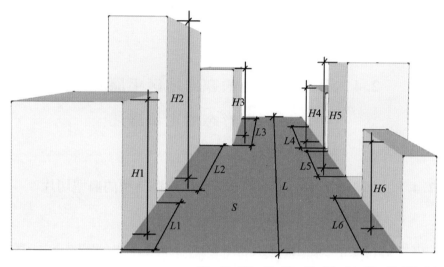

$$平均街道高宽比=\frac{沿街建筑平均高度}{街道平均宽度}=\frac{\dfrac{H1 \times L1+H2 \times L2+H3 \times L3+H4 \times L4+H5 \times L5+H6 \times L6}{L1+L2+L3+L4+L5+L6}}{\dfrac{街道面积S}{街道长度L}}$$

图 2-11 平均街道高宽比计算示意图
（图片来源：作者自绘）

（8） 绿地率

绿地率指的是用地区域内绿化用地面积占总用地面积的比例（％）。 绿地空间在街区尺度城市微气候研究中起到"冷源"的作用，其面积的大小可以对空气的温度、湿度起到不同程度的调节作用，同时大面积的开敞绿地还能产生由热压差形成的绿地风系统、局地风环流系统，提高城市空气流通效率。

绿地率指标属于规划控制指标，我国城市规划相关法规规定城市建设各项用地的绿地率控制必须符合《城市用地分类与规划建设用地标准》（GB 50137—2011）《城市绿化规划建设指标的规定》《城市居住区规划设计标准》（GB 50180—2018）等规范标准的要求。 需要注意的是，在计算绿地率时，对绿地的要求非常严格，并不是所有长草的地方都能算作绿化用地，计入绿化用地面积。 如我国在《城市居住区规划设计标准》（GB 50180—2018）中规定，居住区用地范围内各类绿化用地主要包括公共绿地与宅旁绿地等。在计算居住区绿地率时，距离建筑外墙 1.5 m 以内和道路边线 1 m 以内的宅旁用地，不得计入绿化用地面积。其他如地下车库、化粪池上面的用地也不能计入绿化用地面积。这是由于这些用地的地表面覆土一般达不到 3 m 的深度，无法种植大型乔木。但是，像屋顶绿化这样的装饰性绿化地，按照当前国家的技术规范，已被列入到正式绿化用地，可计入绿化用地面积。

2.4 基于微气候的寒冷地区平原城市中心区街区形态的定量描述

2.4.1 寒冷地区平原城市中心区街区形态类型的典型切片样本选取

为了实现对街区形态更为精准的认知和描述，在对寒冷地区平原城市中心区街区形态特征采取定性的类型描述的基础上，有必要进一步利用街区形态的量化指标实现对其形态特征的量化描述。本书从石家庄、郑州和西安三个案例城市筛选出寒冷地区平原城市中心区的 3 个大类（13 个小类）的 39 个典型街区切片研究单元（表 2-14），利用前文所述的适用于寒冷地区平原城市街区尺度微气候研究的 8 个街区形态指标，进一步对其进行定量描述。所选取的典型街区切片研究单元样本均具备该类型街区形态的显著特征，且能够代表该类型街区在街区形态特征上的典型差异性。

表 2-14 寒冷地区平原城市案例中心区典型街区切片样本

街区形态类型		石家庄市 1000 m×1000 m 街区切片样本	郑州市 1000 m×1000 m 街区切片样本	西安市 1000 m×1000 m 街区切片样本
BMT1 商住型街区	BMT1-1 商住高密高容型街区			

街区形态类型	石家庄市 1000 m×1000 m 街区切片样本	郑州市 1000 m×1000 m 街区切片样本	西安市 1000 m×1000 m 街区切片样本
BMT1 商住型街区 BMT1-2 商住高密中容型街区			
BMT1-3 商住中密高容型街区			
BMT1-4 商住中密中容型街区			
BMT1-5 商住低密高容型街区			
BMT1-6 商住低密中容型街区			

街区形态类型	石家庄市 1000 m×1000 m 街区切片样本	郑州市 1000 m×1000 m 街区切片样本	西安市 1000 m×1000 m 街区切片样本
BMT2 居住型街区 BMT2-1 居住高密中容型街区			
BMT2-2 居住高密低容型街区			
BMT2-3 居住中密中容型街区			
BMT2-4 居住低密中容型街区			

街区形态类型	石家庄市 1000 m× 1000 m 街区切片样本	郑州市 1000 m× 1000 m 街区切片样本	西安市 1000 m× 1000 m 街区切片样本
BMT3 商务型街区	BMT3-1 商务中密高容型街区		
	BMT3-2 商务中密中容型街区		
	BMT3-3 商务中密低容型街区		

表格来源:作者自绘。

2.4.2 微气候视角下寒冷地区平原城市中心区典型切片样本的指标统计

本书利用 BIGEMAP 的矢量建筑楼块轮廓数据（含楼层数）和街道路网矢量数据，对上述所选取的寒冷地区平原城市中心区 3 个大类（13 个小类）的街区类型的 39 个街区切片研究单元样本进行街区形态量化指标的统计汇总。从这些街区类型切片样本的量化指标统计结果来看，对比三个案例城市同一类型的街区切片样本的量化指标数据，可以发现，其差异很小，且这种差异可归为同一类型街区量化指标波动幅度范畴之内的变化；对比不同类型街区切片样本的量化指标数据，可以发现，除了街区形态类型划分中使用的容积率和建筑密度指标表现出较大的差异性变化以外，还有其他指标也存在着较大的差异性变化（表 2-15 ～ 表 2-27），如建筑功能混合度、平均建筑高度和绿地率指标。但是，平均天空开阔度、平均迎风面积比和平均街道高宽比这三个指标的数值结果在不同类型街区切片样本之间的差异性变化并不是很显著。一方面由于这三个指标本身属于比值类指标，其数值结果的变化幅度仅在 0 ～ 1；另一方面由于所有的街区切片样本均来自寒冷地区平原城市案例的城市中心区，平原城市中心区的街区形态特征整体表现出高度密集化的趋势，求取 1 km^2 范围内街区形态的天空开阔度、街道高宽比和迎风面积比的平均值，指标数值变化很难有剧烈的差异性。尽管如此，正如前文中对迎风面积比和平均迎风面积比的阐释一样，求取指标的平均值可以使问题简化，街区空间的整体热环境和风环境品质依然可以和这些平均值指标建立相关性。而且从指标统计结果来看，平均天空开阔度、平均迎风面积比和平均街道高宽比三个指标在较小的差异性变化中依然能够显示出不同类型街区形态之间类属性特征的一定差异。

同时，从表 2-14 中街区切片样本的 Google Earth 正射影像图和表 2-15 ～ 表 2-27 中街区形态平面肌理图以及街区形态指标数据可以看出，本书基于微气候视角，采用类型学的研究方法对街区形态进行类型差异性的定性描述，并采用与街区形态相关的量化指标对街区形态进行量化差异性的定量描述，实现了在寒冷地区平原城市中心区街区形态与微气候耦合机理的研究中对街区形态特征较为全面的充分描述。

表 2-15　寒冷地区平原城市案例中心区 **BMT1-1** 类型街区切片样本的量化指标统计汇总

街区形态指标	BMT1-1 商住高密高容型		
	石家庄市 1000 m×1000 m BMT1-1 街区切片样本	郑州市 1000 m×1000 m BMT1-1 街区切片样本	西安市 1000 m×1000 m BMT1-1 街区切片样本
建筑功能混合度	3	3	3
建筑密度	39.4%	34.1%	42.1%
容积率	3.99	4.2	3.98

街区形态指标	BMT1-1 商住高密高容型		
	石家庄市 1000 m×1000 m BMT1-1 街区切片样本	郑州市 1000 m×1000 m BMT1-1 街区切片样本	西安市 1000 m×1000 m BMT1-1 街区切片样本
平均天空开阔度	0.472	0.443	0.514
平均迎风面积比	0.861	0.785	0.873
平均建筑高度	41.2	43.6	35.4
平均街道高宽比	0.59	0.51	0.63
绿地率	15%	15%	13%

表格来源:作者自绘。

表 2-16　寒冷地区平原城市案例中心区 **BMT1-2** 类型街区切片样本的量化指标统计汇总

街区形态指标	BMT1-2 商住高密中容型		
	石家庄市 1000 m×1000 m BMT1-2 街区切片样本	郑州市 1000 m×1000 m BMT1-2 街区切片样本	西安市 1000 m×1000 m BMT1-2 街区切片样本
建筑功能混合度	3	3	3
建筑密度	35.1%	33.2%	43.8%
容积率	3.04	2.78	2.89
平均天空开阔度	0.421	0.473	0.512
平均迎风面积比	0.849	0.852	0.857
平均建筑高度	29.7	27.3	26.5

街区形态指标	BMT1-2 商住高密中容型		
	石家庄市 1000 m×1000 m BMT1-2 街区切片样本	郑州市 1000 m×1000 m BMT1-2 街区切片样本	西安市 1000 m×1000 m BMT1-2 街区切片样本
平均街道高宽比	0.39	0.46	0.58
绿地率	20%	20%	15%

表格来源:作者自绘。

表 2-17 寒冷地区平原城市案例中心区 BMT1-3 类型街区切片样本的量化指标统计汇总

街区形态指标	BMT1-3 商住中密高容型		
	石家庄市 1000 m×1000 m BMT1-3 街区切片样本	郑州市 1000 m×1000 m BMT1-3 街区切片样本	西安市 1000 m×1000 m BMT1-3 街区切片样本
建筑功能混合度	3	3	3
建筑密度	29.8%	26.2%	28.9%
容积率	3.67	3.59	3.76
平均天空开阔度	0.529	0.601	0.567
平均迎风面积比	0.872	0.848	0.853
平均建筑高度	49.7	50.2	48.6
平均街道高宽比	0.538	0.598	0.521
绿地率	24%	23%	25%

表格来源:作者自绘。

表 2-18　寒冷地区平原城市案例中心区 **BMT1-4** 类型街区切片样本的量化指标统计汇总

街区形态指标	BMT1-4 商住中密中容型		
	石家庄市 1000 m×1000 m BMT1-4 街区切片样本	郑州市 1000 m×1000 m BMT1-4 街区切片样本	西安市 1000 m×1000 m BMT1-4 街区切片样本
建筑功能混合度	3	3	3
建筑密度	26.4%	22.7%	24.9%
容积率	2.98	3.12	3.20
平均天空开阔度	0.462	0.457	0.481
平均迎风面积比	0.858	0.853	0.845
平均建筑高度	49.3	51.2	45.6
平均街道高宽比	0.598	0.612	0.579
绿地率	25%	26%	23%

表格来源：作者自绘。

表 2-19　寒冷地区平原城市案例中心区 **BMT1-5** 类型街区切片样本的量化指标统计汇总

街区形态指标	BMT1-5 商住低密高容型		
	石家庄市 1000 m×1000 m BMT1-5 街区切片样本	郑州市 1000 m×1000 m BMT1-5 街区切片样本	西安市 1000 m×1000 m BMT1-5 街区切片样本
建筑功能混合度	3	3	3
建筑密度	18.1%	16.3%	15.7%

街区形态指标	BMT1-5 商住低密高容型		
	石家庄市 1000 m×1000 m BMT1-5 街区切片样本	郑州市 1000 m×1000 m BMT1-5 街区切片样本	西安市 1000 m×1000 m BMT1-5 街区切片样本
容积率	3.67	3.95	3.76
平均天空开阔度	0.561	0.556	0.575
平均迎风面积比	0.856	0.914	0.847
平均建筑高度	63.2	66.7	59.7
平均街道高宽比	0.496	0.482	0.424
绿地率	33%	35%	30%

表格来源:作者自绘。

表 2-20　寒冷地区平原城市案例中心区 **BMT1-6** 类型街区切片样本的量化指标统计汇总

街区形态指标	BMT1-6 商住低密中容型		
	石家庄市 1000 m×1000 m BMT1-6 街区切片样本	郑州市 1000 m×1000 m BMT1-6 街区切片样本	西安市 1000 m×1000 m BMT1-6 街区切片样本
建筑功能混合度	3	3	3
建筑密度	16.7%	18.4%	17.5%
容积率	3.07	3.15	2.99
平均天空开阔度	0.559	0.557	0.551
平均迎风面积比	0.819	0.865	0.885

街区形态指标	BMT1-6 商住低密中容型		
	石家庄市 1000 m×1000 m BMT1-6 街区切片样本	郑州市 1000 m×1000 m BMT1-6 街区切片样本	西安市 1000 m×1000 m BMT1-6 街区切片样本
平均建筑高度	52.1	56.2	55.6
平均街道高宽比	0.413	0.435	0.468
绿地率	28%	35%	35%

表格来源:作者自绘。

表 2-21　寒冷地区平原城市案例中心区 **BMT2-1** 类型街区切片样本的量化指标统计汇总

街区形态指标	BMT2-1 居住高密中容型		
	石家庄市 1000 m×1000 m BMT2-1 街区切片样本	郑州市 1000 m×1000 m BMT2-1 街区切片样本	西安市 1000 m×1000 m BMT2-1 街区切片样本
建筑功能混合度	1	1	1
建筑密度	32.9%	34.2%	34.3%
容积率	2.34	2.51	2.62
平均天空开阔度	0.462	0.461	0.459
平均迎风面积比	0.856	0.863	0.866
平均建筑高度	22.3	25.7	25.5
平均街道高宽比	0.338	0.341	0.340
绿地率	23%	21%	22%

表格来源:作者自绘。

表2-22　寒冷地区平原城市案例中心区 **BMT2-2** 类型街区切片样本的量化指标统计汇总

街区形态指标	BMT2-2 居住高密低容型		
	石家庄市 1000 m×1000 m BMT2-2 街区切片样本	郑州市 1000 m×1000 m BMT2-2 街区切片样本	西安市 1000 m×1000 m BMT2-2 街区切片样本
建筑功能混合度	1	1	1
建筑密度	38.6%	35.7%	35.3%
容积率	1.71	1.69	1.58
平均天空开阔度	0.559	0.517	0.556
平均迎风面积比	0.814	0.825	0.861
平均建筑高度	14.4	14.8	14.7
平均街道高宽比	0.293	0.318	0.321
绿地率	20%	18%	22%

表格来源:作者自绘。

表2-23　寒冷地区平原城市案例中心区 **BMT2-3** 类型街区切片样本的量化指标统计汇总

街区形态指标	BMT2-3 居住中密中容型		
	石家庄市 1000 m×1000 m BMT2-3 街区切片样本	郑州市 1000 m×1000 m BMT2-3 街区切片样本	西安市 1000 m×1000 m BMT2-3 街区切片样本
建筑功能混合度	1	1	1

街区形态指标	BMT2-3 居住中密中容型		
	石家庄市 1000 m×1000 m BMT2-3 街区切片样本	郑州市 1000 m×1000 m BMT2-3 街区切片样本	西安市 1000 m×1000 m BMT2-3 街区切片样本
建筑密度	26.7%	27.8%	23.8%
容积率	2.76	2.91	2.78
平均天空开阔度	0.457	0.461	0.459
平均迎风面积比	0.856	0.851	0.855
平均建筑高度	59.3	60.5	59.8
平均街道高宽比	0.416	0.421	0.417
绿地率	28%	30%	27%

表格来源：作者自绘。

表 2-24　寒冷地区平原城市案例中心区 BMT2-4 类型街区切片样本的量化指标统计汇总

街区形态指标	BMT2-4 居住低密中容型		
	石家庄市 1000 m×1000 m BMT2-4 街区切片样本	郑州市 1000 m×1000 m BMT2-4 街区切片样本	西安市 1000 m×1000 m BMT2-4 街区切片样本
建筑功能混合度	1	1	1
建筑密度	14.9%	18.6%	17.2%
容积率	2.99	2.85	3.01
平均天空开阔度	0.461	0.465	0.463

街区形态指标	BMT2-4 居住低密中容型		
	石家庄市 1000 m×1000 m BMT2-4 街区切片样本	郑州市 1000 m×1000 m BMT2-4 街区切片样本	西安市 1000 m×1000 m BMT2-4 街区切片样本
平均迎风面积比	0.915	0.856	0.851
平均建筑高度	59.5	54.8	53.4
平均街道高宽比	0.598	0.566	0.561
绿地率	30%	27%	29%

表格来源:作者自绘。

表 2-25　寒冷地区平原城市案例中心区 **BMT3-1** 类型街区切片样本的量化指标统计汇总

街区形态指标	BMT3-1 商务中密高容型		
	石家庄市 1000 m×1000 m BMT3-1 街区切片样本	郑州市 1000 m×1000 m BMT3-1 街区切片样本	西安市 1000 m×1000 m BMT3-1 街区切片样本
建筑功能混合度	2	2	2
建筑密度	25.7%	22.3%	21.7%
容积率	4.02	4.12	3.97
平均天空开阔度	0.644	0.649	0.651
平均迎风面积比	0.915	0.886	0.879
平均建筑高度	55.3	65.9	59.8

街区形态指标	BMT3-1 商务中密高容型		
	石家庄市 1000 m×1000 m BMT3-1 街区切片样本	郑州市 1000 m×1000 m BMT3-1 街区切片样本	西安市 1000 m×1000 m BMT3-1 街区切片样本
平均街道高宽比	0.362	0.348	0.351
绿地率	35%	35%	35%

表格来源:作者自绘。

表2-26　寒冷地区平原城市案例中心区 **BMT3-2** 类型街区切片样本的量化指标统计汇总

街区形态指标	BMT3-2 商务中密中容型		
	石家庄市 1000 m×1000 m BMT3-2 街区切片样本	郑州市 1000 m×1000 m BMT3-2 街区切片样本	西安市 1000 m×1000 m BMT3-2 街区切片样本
建筑功能混合度	2	2	2
建筑密度	23.7%	22.1%	25.4%
容积率	2.97	3.21	3.25
平均天空开阔度	0.545	0.540	0.549
平均迎风面积比	0.843	0.840	0.915
平均建筑高度	59.3	61.1	57.3
平均街道高宽比	0.412	0.445	0.435
绿地率	33%	35%	35%

表格来源:作者自绘。

表2-27 寒冷地区平原城市案例中心区 **BMT3-3** 类型街区切片样本的量化指标统计汇总

街区形态指标	BMT3-3 商务中密低容型		
	石家庄市 1000 m×1000 m BMT3-3 街区切片样本	郑州市 1000 m×1000 m BMT3-3 街区切片样本	西安市 1000 m×1000 m BMT3-3 街区切片样本
建筑功能混合度	2	2	2
建筑密度	25.3%	24.6%	28.9%
容积率	1.93	1.78	1.89
平均天空开阔度	0.668	0.671	0.665
平均迎风面积比	0.859	0.847	0.849
平均建筑高度	29.8	28.3	27.9
平均街道高宽比	0.286	0.278	0.339
绿地率	35%	35%	35%

表格来源：作者自绘。

2.5　微气候视角下寒冷地区平原城市中心区街区形态典型模型建立

2.5.1　建立寒冷地区平原城市中心区街区形态典型模型的方法

通过前文对寒冷地区平原城市案例中心区 3 个大类（13 个小类）的 39 个街区切片样本形态特征的定性描述和定量描述，可以看出，虽然街区切片样本在形态特征上表现出多样性，但属于同一类型的街区切片样本，其形态特征又具有很强的一致性。在研究中，若能针对每一个街区切片研究单元进行现场实测、计算机建模和微气候模拟分析研究，则能够获取最贴合实际情况的有针对性的研究成果。但是，这种研究需要巨大的工作量和相当长的时间，对有限的研究资源也是一种浪费。同时，针对个案研究获取的成果普适性不强，且很难汇成统一的体系并纳入城市规划与建设的相应规范中进行有效的实施。因此，本书基于寒冷地区平原城市中心区 13 种街区形态类型的典型切片样本，结合石家庄、郑州和西安三个案例城市的城市规划建设的相关规范，提取出每种类型街区中建筑类型的形态特征和组合布局形式，建立能够足以代表该类型街区形态特征的典型模型。利用寒冷地区平原城市中心区 13 种街区形态类型的典型模型进行微气候特征的模拟分析研究，将研究结果运用在典型实际案例中进一步检验研究成果的科学严谨性，如此归纳总结的研究成果具有一定的普适性，也便于将其纳入城市规划与建设的相应规范中运用，并进行广泛的实施。

作者依据《石家庄市城乡规划局城市土地使用与建筑管理技术规定》（2018版）、《郑州市城市规划管理技术规定（2019 修订版）》和《西安市城乡规划管理技术规定》（2018 版）中对城市发展建设进程中街区尺度、路网密度、道路等级、建筑布局和建筑间距等的相关管理规定，结合案例城市所筛选出的 39 个典型街区切片样本的 Google Earth 高清卫星正射影像图、矢量建筑数据（含楼层数）和街道路网矢量数据，以及实地调研的具体情况，建立寒冷地区平原城市中心区 13 种街区形态类型的典型模型。典型模型地块大小的设定依然是 1000 m×1000 m 街区切片研究单元的尺寸，典型模型建立的具体方法（图 2-12）为：第一步，参照三个案例城市中心区商业类、公共服务类和居住类建筑的形态特征，建立三种不同功能的建筑典型模型，并参照三个案例城市典型街区切片样本的街道路网布局模式，甄选出寒冷地区平原城市中心区街区道路围合区地块的两种经典尺度（300 m×300 m 和 500 m×500 m）；第二步，依据三个案例城市典型街区样本的建筑群布局特征和案例城市的城市规划技术管理规定相关要求，设定每种街区类型典型模型中道路围合区地块的建筑群布局，并依据三个案例城市典型街区切片样本的街道路网布局模式，设定每种街区类型典型模型的街道路网布局；第三步，基于三个案例城市典型街区切片样本的街区形态平面肌理图以及街区形态指标统计数据（表 2-15 ～ 表 2-27），在每种街区类型典型模型的街道路网布局中嵌套合适的道路围合区地块建筑群，建立每种街区类型的典型模型。

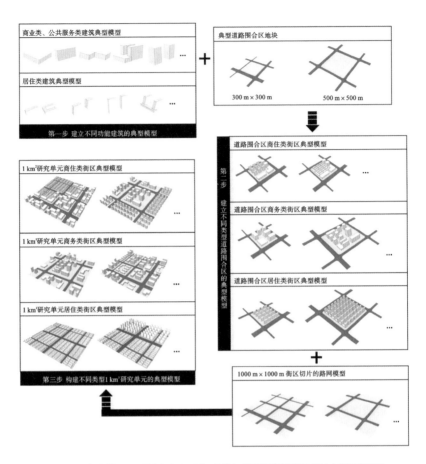

图 2-12　寒冷地区平原城市中心区街区形态类型典型模型的建立过程示意图

（图片来源：作者自绘）

2.5.2　微气候视角下寒冷地区平原城市中心区街区形态典型模型的确定

本书基于寒冷地区平原城市案例中心区街区切片样本和案例城市规划建设管理技术规定的相关要求，按照上述典型模型建立的方法，建立了寒冷地区平原城市中心区 3 个大类（13 个小类）的街区形态典型模型的建筑群和街道路网布局。此外，关于街区形态典型模型的绿化配置方面，绿地的设定依据国家相关法规规定，按照

《郑州市城市规划管理技术规定（2019 修订版）》的绿地率要求标准[1]布置，树木的设定沿典型模型中每个街道围合地块一周以 20 m 每棵的间距布置行道树。

　　本书在寒冷地区平原城市中心区街区形态类型的典型模型建立过程中，对街道路网与建筑形态体量的设置均是基于该街区类型样本的现况分析，参照样本案例城市的规划管理技术规定，并充分考虑了寒冷地区平原城市格网型街区格局的特点以及城市改建、扩建与新建过程中对街区形态的影响。

　　本书共建立了寒冷地区平原城市中心区 13 个 1 km² 大小的街区形态典型模型（表 2-28），并对这 13 个典型模型的街区形态指标进行了统计（表 2-29）。 可以发现，13 个街区形态典型模型的街区形态类型化差异特征（表 2-28）和街区形态的量化指标差异特征（表 2-29）与三个平原城市案例的典型街区切片样本的类型化差异和量化差异特征（表 2-15 ～ 表 2-27）具有强烈的一致性。 本小节建立的 13 个街区形态典型模型足以代表寒冷地区平原城市中心区街区形态的典型特征。 本书将以这 13 个典型模型作为基准案例，进一步探究寒冷地区平原城市中心区街区形态与微气候耦合机理和优化调控方法。

表 2-28　寒冷地区平原城市中心区 3 个大类（13 个小类）的街区形态类型典型模型

大类类型	小类类型	典型模型平面图	典型模型透视图
BMT1 商住型 街区	BMT1-1 商住高密 高容型 街区		

---

[1] 我国城市规划相关法规规定：关于城市建设各项用地的绿地率控制必须符合《城市用地分类与规划建设用地标准》（GB 50137—2011）、《城市居住区规划设计标准》（GB 50180—2018）《城市绿化规划建设指标的规定》等规范标准的要求。 一般情况下，商业用地绿地率不低于 20%，旧区改建居住用地绿地率不低于 25%，新建区居住用地绿地率不低于 30%，具体到各地区城乡规划管理的相关规定，不同地区的规划要求不同。 如《郑州市城市规划管理技术规定（2019 修订版）》对绿地率有如下控制要求：（1）居住项目绿地率,旧区以外不得低于 35%，旧区以内不得低于 30%；（2）单位庭院绿地率，旧区以外不应低于 30%，旧区以内不应低于 25%，其中机关团体、教育科研、公共文化设施、医疗卫生、休疗养院所等单位绿地率旧区以外不应低于 35%，旧区以内不应低于 30%；（3）商业商务、交通枢纽项目绿地率旧区以外不应低于 25%，旧区以内不应低于 20%。

大类类型	小类类型	典型模型平面图	典型模型透视图
BMT1 商住型 街区	BMT1-2 商住高密 中容型 街区		
	BMT1-3 商住中密 高容型 街区		
	BMT1-4 商住中密 中容型 街区		
	BMT1-5 商住低密 高容型 街区		
	BMT1-6 商住低密 中容型 街区		

大类类型	小类类型	典型模型平面图	典型模型透视图
BMT2 居住型 街区	BMT2-1 居住高密 中容型 街区		
	BMT2-2 居住高密 低容型 街区		
	BMT2-3 居住中密 中容型 街区		
	BMT2-4 居住低密 中容型 街区		
BMT3 商务型 街区	BMT3-1 商务中密 高容型 街区		

大类类型	小类类型	典型模型平面图	典型模型透视图
BMT3 商务型 街区	BMT3-2 商务中密 中容型 街区		
	BMT3-3 商务中密 低容型 街区		

表格来源：作者自绘。

表 2-29　寒冷地区平原城市案例中心区街区形态类型典型模型的量化指标统计汇总

典型模型的 街区形态类型		建筑功能混合度	建筑密度	容积率	平均天空开阔度	平均迎风面积比	平均建筑高度	平均街道高宽比	绿地率
BMT1 商住型街区	BMT1-1	3	37.9%	3.91	0.461	0.875	39.35	0.525	19%
	BMT1-2	3	39.2%	2.98	0.458	0.839	26.63	0.380	21%
	BMT1-3	3	27.4%	3.72	0.504	0.899	49.86	0.516	23%
	BMT1-4	3	26.5%	3.17	0.472	0.892	45.41	0.599	25%
	BMT1-5	3	18.4%	4.31	0.548	0.952	60.08	0.482	28%
	BMT1-6	3	18.7%	3.27	0.506	0.906	53.22	0.359	30%
BMT2 居住型街区	BMT2-1	1	31.0%	2.25	0.468	0.836	21.68	0.377	24%
	BMT2-2	1	33.3%	1.68	0.521	0.815	15.14	0.260	25%
	BMT2-3	1	22.4%	2.72	0.475	0.889	33.28	0.450	30%
	BMT2-4	1	16.9%	2.96	0.470	0.903	50.93	0.599	31%
BMT3 商务型街区	BMT3-1	2	21.0%	4.39	0.660	0.941	59.16	0.318	36%
	BMT3-2	2	26.3%	3.00	0.583	0.928	52.37	0.439	35%
	BMT3-3	2	26.5%	1.77	0.659	0.867	30.60	0.275	37%

表格来源：作者自绘。

3

寒冷地区平原城市中心区典型
街区样本的实测与模拟验证

为了进一步利用计算机模拟分析寒冷地区平原城市中心区街区形态与城市微气候的耦合机理，本章以寒冷地区典型平原城市郑州市中心区的街区样本为例，对其进行微气候数据的现场实测，并与城市微气候模拟软件 ENVI-met 的模拟结果进行对比验证，以确保城市微气候软件 ENVI-met 模拟结果的可靠性。

3.1 寒冷地区平原城市中心区典型街区样本概况 与实测设计

3.1.1 郑州市中心区实测街区样本概况

郑州市，位于我国华北平原南部，河南省省会城市，是我国中部地区的重要城市，在建筑气候区划分中属于寒冷地区，城市已建成区广泛分布于黄河冲积形成的平原地段上，城市中心区地势平坦，且水系极其不发达。郑州市人口高度密集，市区常住人口 1000 多万，市域城镇建设用地面积已超过 1000 km²，中心城区已建成区面积约 700 km²，城市中心区用地紧张，城市形态高度密集，街区形态复杂且多样化。近年来，郑州市国家标准气象站数据统计显示，郑州市夏季平均气温呈增高趋势，增温幅度大于周边城市，最高气温达 40 ℃，年高温天气数已经位居全国省会城市排名的第二位。

郑州市中心区街区形态由于受到历史变迁、时代更替的影响，表现出复杂且多样化的特征。本书研究选取了郑州市中心城区的典型街区样本——福寿街街区样本（图 3-1），对其进行微气候数据的现场实测与 ENVI-met 数值模拟结果的验证。福寿街街区样本地块位于郑州市中心的老城区，样本地块所截取的尺度大小为 1000 m ×1000 m。从依据 Google Earth 的高清卫星影像获取的街区正射影像图，可以清楚地看到该街区样本建筑功能类型多样，建筑体量大小不一，建筑高度变化多。在街区样本地块内，购物、餐饮、休闲、娱乐、办公、居住等多种建筑形态类型呈高度密集化布局，且样本地块内的街道路网稠密，绿化植被较少。依据 BIGEMAP 获取的街区矢量路网数据和矢量建筑楼块轮廓数据（含楼层数），对该街区样本地块进行建筑容量的计算，可以获悉其建筑密度约 37%，容积率约 3.6，属于典型的商住高密高容型街区。

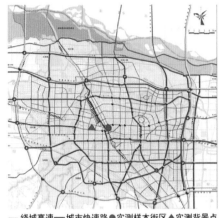

绕城高速 — 城市快速路 ●实测样本街区 ▲实测背景点　　　●移动观测起点 —— 移动观测路线
郑州市中心区实测样本地块区位图　　　　　　　实测样本地块的Google Earth正射影像图

图3-1　郑州市中心区福寿街街区样本的区位图与 Google Earth 视图

（图片来源：郑州市城乡规划局（现更名为郑州市自然资源和规划局），Google Earth© Right. 2018.04）

3.1.2　现场实测设计与实测数据处理

城市微气候研究中常用的现场实测方法主要有定点实测和移动观测，其中定点实测是将测试仪器架设于样本地块内合适的位置进行数据收集的方法，该方法收集的数据最能反映出样本地块的实际情况。当实测地块面积小，且需要收集地块内微气候的细微变化情况时，可以同时在样本地块的关键位置点上设置多个定点实测机位收集数据。定点实测方法的优点是收集的数据精准，缺点是不利于大面积范围的实测，且大量的定点实测机位需耗费过多的人力和物力。移动观测是将测试仪器固定在某一交通工具（如汽车、电动车或自行车）上，沿着预设观测路线匀速移动以对样本地块进行测量收集数据的方法。当实测地块面积大，且需要反映某一时间点样本地块的整体微气候情况时多采用此种方法。移动观测方法的优点是利于大面积范围的实测，缺点是收集的数据需要进一步修正，去除由时间差因素（移动观测过程所用的时间）导致的对升温趋势的影响。

本书研究依据所选取典型样本地块的实际情况和数据采集的需求，选取了定点实测和移动观测相结合的方法。现场实测主要使用的仪器和工具如下：小型自动气象站（SY-H02 型）、小型便携式温湿度自动记录仪（SSN-23E 型）、移动摄像机（GoPro hero 7 运动相机）、手持式全球定位系统（卓林 A8 高精度手持 GPS 定位测量仪)、共享自行车(摩拜单车)(表 3-1)。

表 3-1　郑州市中心区典型街区样本的实测仪器及工具介绍一览表

实测仪器及工具介绍	测量使用介绍
SY-H02 型小型自动气象站	该仪器可收集空气温度、相对湿度、风速、风向、大气压力、太阳辐射、光照度、雨量等气象数据参数。收集数据时,将其架设于 1.5 m 高的草坪上(草高不超过 200 mm),周围为自然环境且 10 m 半径范围内无遮挡物
SSN-23E 型便携式温湿度自动记录仪	该仪器可通过 USB 直接连接计算机进行通信设置和下载数据。为避免太阳辐射的影响,测试过程中温湿度自动记录仪的探头需置于百叶箱内
GoPro hero7 运动相机	测试过程中,移动摄像机需同温湿度自动记录仪固定在相同或相近位置,用于监测移动测量过程中与数据收集同步的观测路线上的实景现况
卓林 A8 高精度手持 GPS 定位测量仪	测试过程中,需同温湿度自动记录仪固定在相同或相近位置,用于监测人移动的路线。所采集路线数据可在卫星实景图上清晰显示,路线数据可用于对位置、距离、时间等信息的精准识别
共享自行车(摩拜单车)	供测试人移动观测时固定实测仪器的交通工具,实测仪器需固定在单车上方距地面 1.5 m 高的位置

表格来源:作者自绘。

现场实测的具体过程如下所示。

①以定点实测作为数据收集的背景点,背景点位置位于郑州市中心城区碧沙岗公园内空旷的草地上 1.5 m 高处。

②移动观测时,将测试仪器固定在共享自行车上方距地面 1.5 m 高处,观测人推动单车以 100 m/min 的速度匀速行驶绕样本地块预设的观测路线收集数据(图 3-1)。

③实测中设置的定点实测和移动观测的数据采集时间间隔均为 10 s。

④实测日期定于 2017 年 7 月 22 日、7 月 23 日,定点观测收集了每天 5:00—22:00 的气象数据,移动观测收集了每天 5:30—6:30、13:30—14:30 和 21:00—22:00 三个典型时间段的数据。

在实际测量过程中,当地天气晴朗无云。据河南省气象服务中心官方数据显示,实测当天的日平均气温为 32 ℃,最高气温达到 38 ℃,主导风向为东南风,日平均风速为 2.2 m/s,太阳辐射时间为 5:30—19:30,与郑州市夏季气候特征的典型性相吻合。

当完成定点实测与移动观测的数据收集以后,需要对实测数据进行相应的整理与修正。首先,以河南省气象服务中心的官方数据为参照,确定定点的小型气象站机位数据收集的准确度与可靠性。然后,按照实测仪器标定修正人为因素和仪器误差对实测数据的影响。最后,对现场移动观测的数据进行去除升温趋势的修正,结合定点实测背景点收集的数据去除升温趋势的影响,根据日变化的规律,我们假设在背景点的温度变化和移动观测是相同的,依据如下公式修正移动观测数据:

$$\theta = \theta_t' - (\theta_t - \theta_0) \tag{3-1}$$

式中:θ ——某一时间点的移动观测数据修正值;

θ_t' ——t 时间点移动观测的数据;

θ_t ——t 时间点定点实测背景点的数据;

θ_0 ——某一时间点定点实测背景点的数据参考值。

利用该公式计算可以获得在某一时间点实测样本地块沿观测路线的空气温度分布数据。

本书采用上述方法,汇总出郑州市中心区福寿街街区样本地块在 2017 年 7 月 23 日 6:00 时、14:00 时和 21:00 时沿观测路线的空气温度分布数据,并将之作为与 ENVI-met 软件模拟获得的空气温度数据进行对比验证的基础数据。

3.2　街区尺度城市微气候的数值
模拟研究与 ENVI-met 软件

3.2.1　街区尺度城市微气候的数值模拟研究

近年来，城市微气候研究采用数值模拟的方法发展迅速，研究内容涵盖了城市微气候中的风环境、热环境、空气质量等方面。数值模拟主要采用的模型有：基于非计算流体力学 CTTC 模型（集总参数法）和基于计算流体力学 CFD 模型（分布参数法）两类。基于不同模型原理开发的模拟软件的功能与特性也不同，在研究的过程中依据研究目的可进行合理的选择。基于非计算流体力学的 CTTC 模型是通过对反映建筑结构蓄热和透热能力的建筑群热时间常数的模拟计算来分析空气温度随外界热量扰动变化的情况，如建筑群室外热环境分析软件 DUTE。基于计算流体力学的 CFD 模型是通过对空间环境的空气流动与热传递的耦合模拟计算来评价空间环境的微气候品质，目前采用该模型模拟的常用软件主要有 ENVI-met、Phoenics、Fluent 等。近年来，采用 CFD 模型对室外风热环境进行数值解析的研究非常多，尤其是运用在街区尺度城市微气候的数值模拟解析，该模型能够非常贴近街区空间的空气流动、热交换及热代谢的实际情况，解析结果与实测结果的验证有很强的拟合度，对街区空间微气候环境的评价客观、公正、可信度高。

CFD 模型模拟是基于计算流体力学及计算传热学原理，用数值方法求解空间环境中的能量、动量、组分、质量以及自定义标量的微分方程组，获得流体控制方程的近似解，其结果能够对空间环境中空气流动与热传递的过程等进行预测，以解决各种实际问题。对街区尺度城市微气候进行数值模拟解析，即对街区空间中的物理现象——空气的输送、热的输送，以及水蒸气的输送等进行耦合解析。CFD 模型模拟依据与城市街区空间微气候形成机理相对应的方程式来解析，探究与室外微气候形成相关的各种物理现象的本质，借助计算机，通过以下一系列计算方程，将街区空间内以辐射、对流和传导三种方式进行的热传递，以及水蒸气输送等进行耦合解析（图 3-2）。

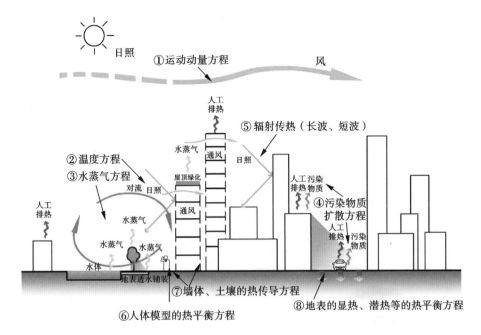

图3-2 城市街区空间微气候形成机理耦合解析的方程式示意图
(图片来源：村上周三,2007)

①运动动量方程，表述空气的运动动量输送，实质上表述空气的输送。

②空气温度的热传递计算方程。

③水蒸气输送的计算方程。

④污染物扩散的计算方程。

⑤辐射传热（包括长波辐射与短波辐射）的计算方程。

⑥基于人体模型的热平衡计算方程。

⑦地表面与建筑外立面的热传导计算方程。

⑧城市下垫面的显热与潜热的热平衡计算方程。

利用这些方程的数值模拟解析结果可以获取街区空间的微气候情况，运用模拟求解得到微气候模拟数据，如温度、湿度、风速、平均辐射温度等，结合假定的人体变量参数，可以计算出室外热舒适度的指标，如生理等效温度（physiological equivalent temperature，PET）等，实现对室外微气候风热环境的综合评定。

利用 CFD 模型对室外微气候进行数值模拟解析，作为耦合解析边界条件的数据输入非常重要。街区尺度城市微气候的热源主要来自太阳辐射得热和各种人为热排放两个方面。在预测评价街区尺度城市微气候环境的耦合解析过程中（图3-3），边界条件（输入数据 1～3）的设置是解析太阳辐射在街区空间中的传递、代谢过程的基础。而来自交通、建筑和工业等方面的人为热排放量具有很强的随机性与多变性，为了使耦合解析最大限度地接近现实情况，对于人为热排放量数据的输入，现阶段的数值解析研究采取按照不同建筑类型建筑能耗模型嵌套的方法，计算出不同建筑类型相应的建筑热排放量（输入数据 4）。关于交通排热，由于车流量的大小具有连续性、集中性和连续且集中的复杂变化状态，加之现阶段各种新能源汽车与燃油车并行使用，对交通排热数据统计的可靠性难以保证。因此，现阶段在街区尺度城市微气候环境的耦合解析过程中，还未把交通产生的人为热排放作为常规的数据输入条件纳入数值解析的边界条件中。

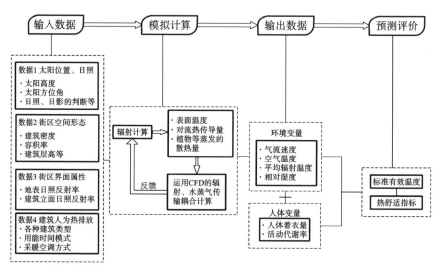

图 3-3 预测评价街区尺度城市微气候环境的数值模拟解析流程图
（图片来源：作者自绘）

利用 CFD 模型预测评价街区尺度城市微气候环境的模拟计算流程具体如下（图3-3）：首先，输入各种基础数据（数据 1～4）来设定边界条件，包括地理坐标、街区形态、街区界面以及来自建筑的人为热排放量等。然后，进行耦合模拟计算，将辐射模拟计算所得的街区空间内地表面与建筑表面的温度作为新的边界条件，再对街区空间内空气的输送、热的输送及水蒸气的输送进行耦合模拟计算，得到街区空间内新的温度、湿度、风速，以及平均辐射温度（mean radiant temperature，MRT）的分布。上述计算结果导致街区空间内地表面和建筑表面的显热与潜热输送量发生变化，使得街区空间的下垫面热平衡发生变化，因此在新的条件下再次进行辐射模拟计算，通过重复执行这一系列操作完成街区空间内以辐射、对流和传导三种方式进行的热传递、空气的输送及水蒸气输送的耦合模拟，可以计算出下一时间点街区空间内新的温度、湿度、风速，以及平均辐射温度的空间分布情况。如此循环模拟计算，直至满足收敛后输出模拟求解数据。最后，利用模拟求解数据，结合假定的人体着衣量、活动代谢率就能够计算出标准有效温度（standard effective temperature, SET）、生理等效温度等热舒适指标在模拟街区空间内的分布情况。由于本书主要探究街区形态的特征变化对城市微气候的影响，在具体模拟研究的过程中暂时未考虑人工排热的变化对微气候的影响，在设置边界条件时输入的各种基础数据中数据4按照固定值输入。

3.2.2 城市微气候模拟软件 ENVI-met 概述

ENVI-met 软件与 Phoenics、Fluent 软件都是采用 CFD 模型对室外风热环境进行数值模拟解析的商业软件。其中 Phoenics 与 Fluent 软件针对的是与流体和热传递相关的许多领域，其应用非常广泛。而 ENVI-met 软件针对的是与流体和热传递相关的城市环境研究，主要应用于城市微气候、建筑与环境设计领域。ENVI-met 软件在城市微气候模拟方面相对于 Phoenics、Fluent 软件具有一定的优势，首先，ENVI-met 软件的设置与操作更切合城市微气候模拟的需求；其次，ENVI-met 软件自有基于植物生理学原理生成的植物模块，便于分析植物对热环境的影响作用；再者，ENVI-met 软件自有的 BIO-met 版块利用模拟计算求解的空气温度、湿度、风速和平均辐射温度，结合假定人体参数可以便捷地计算出人体热舒适评价指标 PMV（predicted mean vote）/PPD（predicted percentage of dissatisfied）、生理等效温度、通用热气候指数 UTCI（universal thermal climate index）等人体主观感受类微气候评定指标。针对本书研究内容，ENVI-met 软件具有很强的适用性，本书对寒冷地区平原城市中心区街区尺度城市微气候的数值模拟研究使用的是 ENVI-met V4.1.0 版本（Winter16/17, Science and Education License）。

城市微气候模拟软件 ENVI-met 是由德国研究者 Daniela Bruse 和 Michal Bruse 基于计算流体力学、计算传热学和植物生理学等最新科学方法及相关理论开发的针对城市环境进行多功能、高分辨率数值解析模拟的软件。该软件能够模拟室外空间中地面、植被、建筑以及大气之间的相互作用过程，有助于设计师了解建筑设计、城市设计对城市微气候系统的影响。在复杂的室外环境中，气候参数、植被、建筑表面和结构不断相互影响。 由于相互依存关系的存在，这些元素不能被孤立地看待，也不能被独立地分析。 为了对室外微气候环境的物理过程进行充分的模拟，即使只为了对单一气候因素的模拟，如气温，也需要将所有相互作用的元素集成到一个系统中，这对模拟的科学性至关重要。 为了应对这些挑战，ENVI-met 设置了整体微气候模型，在这个模型中，城市或景观环境中的所有不同元素相互作用，模型的计算跨越不同学科的广泛范围，从流体力学到植物生理学、热力学、土壤科学等。ENVI-met 模型的科学核心是将所有这些不同学科整合到一个模型中，以便所有元素都可以相互作用，最大限度地重现我们在现实中观察到的实景现况，确保对复杂室外微气候环境进行全面分析。

ENVI-met 软件模拟工具的结构由模型模块、数据模块和模拟配置模块三个独立的子模块及嵌套的网格构成，其中模型模块包含三维大气主模型，以及辐射模型、植物模型、建筑模型、土壤模型（图 3-4）；数据模块包含各类数据库文件的设置，可以自定义地面、建筑及植物的热物理性质；模拟配置模块包含模型文件路径、模型模拟时间、各类模拟输入参数等详细设置。 ENVI-met 模型模块的模拟计算主要包括：①短波和长波辐射通量与建筑系统和植被的遮阳、反射和再辐射；②从植物到空气蒸腾、蒸发的显热和潜热通量，包括对所有植物物理参数（例如光合速率）的充分模拟；③建筑立面和顶板单元的动态表面温度和墙体温度的计算；④土壤系统内部的水分和热量交换，包括植物对水分的吸收；⑤植被的三维表现，包括单个物种的动态水平衡模型；⑥气体和粒子的分散等，包括一氧化氮—二氧化氮—臭氧反应循环中的颗粒（如植物叶表面的沉积）、惰性气体和活性气体的模拟计算。

ENVI-met 软件模型模拟结构由模拟区域的核心三维模型和一维边界模型组成，通过核心三维模型来模拟模型区域的所有真实的能量与物质交换过程，核心三维模型上部的水平边界层与四周的垂直边界层是一维边界模型与核心三维模型的分界面。 一维边界模型将模拟区域扩展为 2500 m 高度，并将所有初始化值转化为核心三维模型模拟所需的实际边界条件。 为了提高数值模拟的稳定性和减少三维主模型四周边界处的失真现象，ENVI-met 软件在核心模型区域周围的一维边界区域提供了设置一定数量嵌套网格的功能。 在一维边界嵌套网格区域内，可以将嵌套网格定义为一种或两种近似周围环境的地表类型，如"肥沃的土壤"（Loamy Soil）或"沥青道路"（Asphalt Road）等地表类型，为了不增加过度的模拟计算量，嵌套网格区域内不能布置建筑或植物。

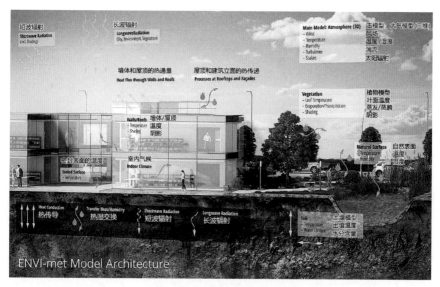

图 3-4　ENVI-met 模型模拟示意图

（图片来源：www. envi-met. info）

ENVI-met 软件在核心三维主模型区域的上游设置为一维入流边界，下游设置为一维出流边界，顶部设置为一维强迫边界，核心三维主模型的地表面及建筑外表面设置为无滑移边界（图 3-5）。对于主模型上游的一维入流边界，ENVI-met 软件提供了开放式（Open）、强迫式（Forced）和循环式（Cyclic）三种边界模式。当模拟模型周边街区的形态与模拟模型区域相似，但有一定距离时，可采用开放式边界模式，该模式将与主模型入流边界网格相邻的网格数据复制给入流边界网格。当模拟模型周围平坦空旷或需要直接输入强迫式边界条件数据时，可以采用强迫式边界模式，该模式将主模型周围一维边界模型的计算值直接复制给入流边界网格。当模拟模型周边街区的形态与模型模拟区域相似，且距离很近时，可采用循环式边界模式，该模式将主模型出流边界的网格数据复制给入流边界网格。

ENVI-met 软件的核心三维模型采用矩形网格构建，其中水平方向的方格为等距网格，竖直方向的方格有等距和不等距网格两种模式，可依据模拟需求进行选择。一般情况下，为了更精准地模拟行人高度的地面与大气之间的物质和能量交换过程，模型在近地面层采用较小间距的竖直方向网格尺寸，在上部则随着高度的增加逐渐调大竖直方向网格的间距。当模型中有大量高层建筑时，这种网格设置方法可以起到适当简化模型以减少计算时间的作用。ENVI-met 软件的核心三维模型采用正交 Arakawac 网格搭建，因此只允许直的和矩形的结构。对于地表，在能量平衡计

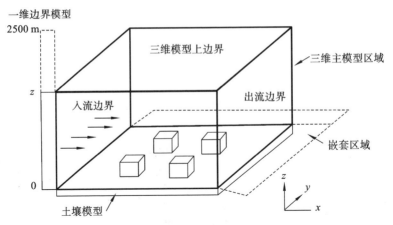

一维边界模型
2500 m
三维模型上边界
三维主模型区域
z
入流边界
出流边界
嵌套区域
0
土壤模型
z y x

图 3-5　ENVI-met 模型模拟结构示意图

（图片来源：www.envi-met.info）

算中考虑了精确的展开度和倾角。 对于建造墙壁和屋顶，倾斜或弯曲的表面必须近似于网格点。

ENVI-met 数值解析利用有限差分法求解模型中的众多偏微分方程等问题。 根据所分析的子系统，该方案有隐式的，也有显式的。 大气平流和扩散方程是在一个完全隐式格式中实现的，它允许 ENVI-met 在保持数值稳定的情况下使用相对较大的时间步长。 其优点在于这最终会降低计算成本， ENVI-met 模型可以在任何普通计算机上运行，缺点是模拟计算的时间较长，尤其是对复杂状况环境下的模型。 对于城市微气候模拟来说，模拟期间的气象边界条件（如空气温湿度、风速风向等）是影响模拟结果的重要因素。 ENVI-met 软件可以依据用户定义的地理位置（经纬度与时区信息）、日期、日平均和日最高与最低的气温和湿度、云量、风向和风速等参数，通过软件内部数学模型来自行计算背景气候的边界条件。 此外，还可以直接输入详细的实测气象数据、典型气象日的数据，或中尺度气象模型的模拟数据等作为模型模拟的背景气候边界条件。

使用 ENVI-met 模型进行城市微气候数值计算的过程分为数据读入、初始化、循环模拟和数据输出四个阶段，这一过程需要 ENVI-met 软件各个构成模块的共同配合及协同运算（表3-2）。 第一步，数据读入阶段，依据实际空间尺度生成模拟区域的物理模型，并设置模型模拟所需文件，包括模型的地理区位文件、模型配置文件，模型的材质数据库文件，以及背景气候的气象参数文件等。 第二步，初始化阶段，首先，对一维边界模型初始化，确定从模型地表面到 2500 m 高度的一维入流边界条件；然后，对核心三维模型初始化，包括初始风场、初始土壤温湿度等。 第三步，循环模拟阶段，核心三维模型按照软件默认的或用户设定的时间步长进行大气、辐射、土壤、植物、建筑各模块的耦合模拟运算，满足收敛标准后将计算得到的风场、温度场、地表面与建筑表面的温湿度、土壤温湿度，以及植物生理数据等作为下一时间步长的初始值；然后，基于该计算数据结果与数据输入阶段输入的背景气候数据进行下一时间步长的模拟计算，满足收敛标准后如此循环，直到完成整个模拟计算。 第四步，数据输出阶段，按照用户设定的时间间隔输出模拟结果，还可利用输出的风场、温度场等数据进一步计算出 PMV/PPD、PET、UTCI 等指标的空间分布情况。

表 3-2 城市微气候模拟软件 ENVI-met 的数值解析构成模块

构成模块	模块解析
空间尺度	$100 \times 100 \times 40$、$150 \times 150 \times 35$、$250 \times 250 \times 25$ 三种网格模式，网格分辨率 0.5 ～ 10 m
时间尺度	模拟时长≤4 d，时间分辨率≤10 s
模型配置文件	模型文件：模拟区域的物理模型 材质数据库：地表面、建筑及植物等模型材质的热物理性质 配置文件：文件路径、模拟开始与结束时间、土壤初始温度、数据输出时间等
输入边界条件	模型区位条件：模型区域的经纬度与时区信息 背景气象参数：空气温度、湿度、风速、风向、云量等
模拟模型模块	大气模型（风场、温度、湿度、湍流、污染物） 辐射模型（太阳辐射、热辐射） 土壤模型（土壤温度、土壤含水量、植被供水、水体） 植物模型（三维植物、二维植物） 建筑模型（墙体、屋顶、高分辨率的建筑物理参数）
模拟物理过程	三维空间中的空间表面与空气、植物之间的能量与物质交换
模拟输出参数	辐射：长波辐射通量和短波辐射通量 大气：风速和风向、空气温度和湿度、平均辐射温度 MRT、湍流、气体和微粒等的分布 建筑：建筑外表面温度、室内温度和室内温度保持在设定值所需的能耗 植物：蒸发蒸腾量和叶表面温度 土壤：土壤含水量、土壤温度和地表面温湿度 热环境指标：PMV/PPD、PET、UTCI

表格来源：作者自绘。

从 ENVI-met 软件对室外温热环境进行耦合解析的数据输入、解析流程及数据输出情况来看，该软件现阶段对室外温热环境的耦合模拟尚未把来自交通的人为热排放计算在内。 关于建筑排热，ENVI-met 可按固定值的方式输入。 ENVI-met 软件利用大气模型、辐射模型、土壤模型、植物模型以及建筑模型等模型模块的协同作用真实地再现太阳辐射这一主要热源在街区空间中的传导、对流、辐射的实际情况。从理论与技术上讲，ENVI-met 软件对太阳辐射在街区空间中热传递与热代谢情况的解析具有缜密的逻辑性和严谨的科学性。 且在既往相关研究中，采用该软件对街区案例进行风热环境的模拟评价，通过与实测结果对比验证，表明 ENVI-met 软件的模拟结果与实测数据具有很高的拟合度。

3.3 寒冷地区平原城市中心区典型街区样本的 ENVI-met 模拟验证

3.3.1 ENVI-met 数值模拟的参数设置与模拟流程

本书使用 ENVI-met 软件对郑州市中心区福寿街街区样本地块的风热环境进行数值模拟，获取该街区样本地块从 2017 年 7 月 23 日 00：00 到 7 月 24 日 00：00 的空气温度场、风场逐小时分布情况。

第一步，街区样本物理模型的建立。 利用 BIGEMAP 获取街区样本地块的矢量路网数据和矢量建筑轮廓数据（含楼层数），同时结合现场实际调研的情况进行适当完善，以此数据使用 ENVI-met 软件的 SPACES 版块生成郑州市中心区福寿街街区样本地块的三维模型（图 3-6）。 福寿街街区样本地块尺寸为 1000 m×1000 m，使用 ENVI-met V4.1.0 版本（Winter16/17，Science and Education License）中最大的网格模式 250×250×25 进行模拟运算。 故将 SPACES 版块生成模型的内部网格分辨率设定为 5 m×5 m×5 m（Sizes of Grid Cell），福寿街街区样本地块模型区域的网格大小为 200×200×20（Main Model Area）。 为细化近地面行人高度的模拟运算，将模型近地面的竖向网格再细分为五等份。 街区样本地块三维核心模型区域周围设置嵌套网格数量为 3，嵌套网格的地表类型为 Default Unsealed Soil 和 Asphalt Road 两种相交替的模式，边界模型粗糙度长度值为0.1。

━━━━━ 样本地块现场移动观测的路线

❶ ENVI-met 软件模拟的样本地块提取空气温度数据的监测点

图 3-6 郑州市中心区福寿街街区样本地块的 ENVI-met 模型图
（图片来源：ENVI-met 软件作者建模）

第二步，模型模拟边界条件的参数设置。 利用街区样本地块的地理环境信息，参照河南省气象服务中心发布的 2017 年 7 月 23 日的逐时空气温湿度数据（表 3-3）以及风向（日主导风向）、风速（日平均风速）、云量等气象数据，设置模型模拟所需文件，有模型文件、配置文件、材质数据库文件、样本模型区位条件文件、背景气象参数文件等，包括 ENVI-met 软件模拟相应的边界条件参数（表 3-4）。 此外，为了与实测数据进行对比验证，在街区样本地块沿移动观测路线的区域设置了模型模拟的监测点，共计 9 个（图 3-6），以便在输出结果时提取监测点的详细数据与实测数据进行对比。

表 3-3　2017 年 7 月 23 日郑州市中心区 24 小时的逐时空气温度与湿度

时间	00 时	01 时	02 时	03 时	04 时	05 时	06 时	07 时	08 时	09 时	10 时	11 时
温度	29 ℃	30 ℃	29 ℃	28 ℃	28 ℃	27 ℃	27 ℃	27 ℃	28 ℃	30 ℃	32 ℃	34 ℃
湿度	89%	89%	90%	94%	94%	94%	94%	94%	90%	84%	75%	67%
时间	12 时	13 时	14 时	15 时	16 时	17 时	18 时	19 时	20 时	21 时	22 时	23 时
温度	35 ℃	36 ℃	37 ℃	37 ℃	37 ℃	37 ℃	36 ℃	35 ℃	34 ℃	33 ℃	32 ℃	31 ℃
湿度	63%	50%	42%	44%	44%	47%	50%	56%	59%	71%	79%	84%

表格数据来源：河南省气象中心。

表 3-4 郑州市中心区福寿街街区样本 ENVI-met 软件模拟的边界条件参数设置

边界条件类别	参数名称	参数数值
基地位置	经纬度	中国 郑州（113.65E,34.76N）
	时区	China Standard Time/GMT+8
模拟时间	起始时间	2017 年 7 月 23 日 0：00
	结束时间	2017 年 7 月 24 日 0：00
	总模拟时间	24 h
气象参数	风向（0：N，90：E，180：S，270：W）	135：SE
	风速（m/s）	2.2 m/s
	空气温度（℃）	24 小时背景气候数据（表 3-3）
	空气相对湿度（%）	24 小时背景气候数据（表 3-3）
	云量	无云
土壤参数	初始地表层温度	293 K
	初始地表层相对湿度	50%
地表面材质	沥青地表面材质导热系数[W/（m·K）]	0.9
	沥青地表面材质反射系数	0.2
	混凝土路面砖材质导热系数[W/（m·K）]	1.63
	混凝土路面砖材质反射系数	0.5
建筑参数	室温	26 ℃
	墙体屋顶材质导热系数[W/（m·K）]	1.7
	墙面屋顶材质反射系数	0.3
流场模式	湍流模型	Prognostic（TKE）
	温湿度场边界	Open
	湍流边界	Forced
植物参数	草	50 mm 高
	树木	10 m 高二维树木

表格来源：作者自绘。

第三步，模型模拟运算。 ENVI-met 软件对样本街区模型的建筑表面、地表面、植物、空气之间的能量与物质交换的物理过程进行模拟计算。

第四步，模拟结束输出数据。 模拟满足收敛后，生成模拟计算的结果。 依据研究需求，利用 ENVI-met 软件中的 LEONARDO 版块输出样本街区从 2017 年 7 月 23 日 0∶00 到 2017 年 7 月 24 日 0∶00 在 1.5 m 行人高度位置的空气温度场、风场分布数据。

3.3.2　ENVI-met 数值模拟结果与实测数据的验证

从 2017 年 7 月 23 日 14∶00 时福寿街街区样本的 ENVI-met 风场模拟结果来看（图 3-7），与东南向来风方向相平行或角度接近的街道的风速明显高于垂直于东南向的街道的风速，且平行于东南向的街道的风向基本保持东南向风向，而垂直于东南向或角度相差较远的街道的风向紊乱且风速较小。 究其原因，与来风方向垂直或角度相差较大的街道空间内的流场较复杂，在无法引入自然风来源的情况下，自身的流场主要受周边建筑体量的影响，产生一定的绕流、尾流现象。 从理论验证的角度分析，ENVI-met 软件对 1 km² 街区尺度地块的风场模拟是可靠的。

从 2017 年 7 月 23 日 14∶00 时福寿街街区样本的 ENVI-met 温度场模拟结果来看（图 3-8），由于太阳辐射的作用，建筑物周边受到一定遮挡的区域，其空气温度明显低于完全裸露无遮挡的不透水地面上方的空气温度，狭窄的街道空间由于建筑遮挡的作用也表现出空气温度相对较低的优势。 当然，在该模拟计算结果中，ENVI-met 软件模拟以太阳辐射为街区空间获取热源的主要来源，建筑人为热排放按照固定值输入，交通人为热排放未计算在内。 从郑州市中心区福寿街街区样本地块温度场模拟结果来看，从理论验证的角度分析，ENVI-met 软件模拟所得到的温度场分布趋势是可靠的。

除了上述的理论验证之外，本书还进一步从两个方面对 ENVI-met 软件模拟提取的温度场数据与实测数据进行数据验证，一是用移动观测修正后的气温数据对比 ENVI-met 模拟提取的监测点位置气温模拟数据的拟合度验证，二是用定点实测的背景点逐时气温数据对比 ENVI-met 模拟提取的逐时气温的变化趋势验证。

首先，将利用 ENVI-met 软件在福寿街街区样本地块内沿实测观测路线设置的 9 个监测点的数据提取出，与通过移动观测并进行了相关修正所获取到的 2017 年 7 月

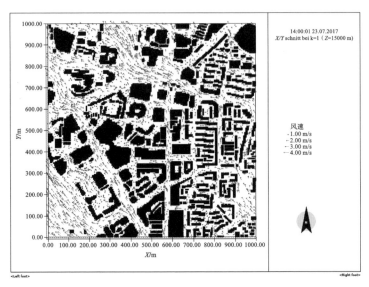

图 3-7 郑州市中心区福寿街街区样本地块 ENVI-met 模拟风场图

（时间：2017 年 7 月 23 日 14：00。图片来源：作者自绘）

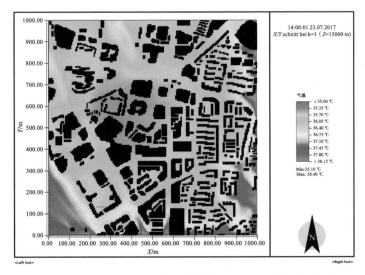

图 3-8 郑州市中心区福寿街街区样本地块 ENVI-met 模拟温度场图

（时间：2017 年 7 月 23 日 14：00。图片来源：作者自绘）

23 日 14：00 时空气温度实测数据进行比对（图 3-9）。从 14：00 这一典型时间点的模拟数据与实测数据的对比图发现，采用 ENVI-met 软件模拟所获得的空气温度分布数据与实测的空气温度分布数据在绝大多数情况下拟合情况很好，但在极个别局部的情况下存在一定的差异。

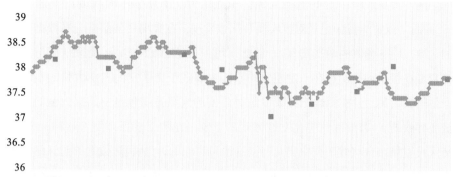

图 3-9　**2017 年 3 月 23 日 14：00 时郑州市中心区福寿街街区样本地块实测数据与 ENVI-met 软件模拟数据对比图**

（图片来源：作者自绘）

其次，从 ENVI-met 模拟结果中提取出福寿街街区样本地块逐小时的最高气温值和最低气温值，计算出样本地块在 2017 年 7 月 23 日 6：00—21：00 这一时间段内的逐小时空气温度数值的区间范围与实测的背景点气温数据进行对比（图 3-10）。从逐小时空气温度的对比图中可以看出，ENVI-met 软件对福寿街样本街区地块的逐小时温度变化趋势的模拟结果与实测的背景点气温变化的趋势有很高的一致性。

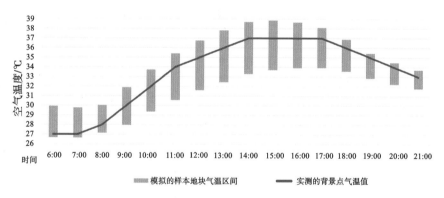

图 3-10　**2017 年 7 月 23 日郑州市中心区福寿街街区样本地块逐小时模拟数据与背景点实测数据对比图**

（图片来源：作者自绘）

为了寻求数据拟合差异性存在的根本原因，将出现拟合差异的监测点位置进行定位，同时回看了移动观测时观测人随身携带的移动摄像机视频记录，对比手持式全球定位系统的 GPS 路线记录的定位，结果发现，在模拟数据与实测数据拟合度出现差异的位置，其周边建筑体量庞大且属于大型商业综合体建筑和大型批发市场集中的地区，实测过程中这些区域人流、车流量大，出现了不同程度的交通拥堵现象。同时，以实测视频记录对比实测数据也发现，在实测空气温度分布数据出现峰值的区域，均有类似的情况出现。因此，可以推论出 ENVI-met 模拟结果与实测结果拟合度在极个别局部存在一定差异的原因主要在于街区空间内部大量的建筑与交通产生的人为热，且实测数据结果中短时急剧的气温升高也是由局部大量的人为热排放所导致的。若排除这些突发性因素的影响，在数据验证方面 ENVI-met 软件用于街区尺度城市微气候研究中是具有很高的可靠性的。从实测数据的对比结果也可看出，在 1 km² 大小的街区尺度范围，ENVI-met 软件的模拟数据结果与实测数据具有很高的拟合度，对本书的研究具有很强的适用性。

4

城市中心区街区形态
与微气候的耦合机理研究

城市微气候与城市形态的耦合关系问题属于跨学科研究的范畴，主要涉及气象学、环境学、景观学、规划学和建筑学等学科。由于城市冠层空间内部的异质性，每个街区空间都会形成与之相对应的微气候。该街区的物质空间形态特征决定了其微气候的特征。街区空间的布局、建筑形态的构成、下垫面材料的热学性质与光学性质，以及街区内的植被等都是该空间微气候特征形成的影响因素。这些影响因素可以通过城市设计、建筑设计的相应手段进行调整，换言之，城市设计可能对城市室外空间的热舒适和建筑能量载荷产生局部影响。更进一步来讲，城市规划与城市设计的结果将会改变城市微气候，从而加剧或调整城市区域背景气候。因此，建筑学、规划学和景观学在街区尺度城市微气候与城市形态的相关性研究中的主要任务是揭示街区形态与城市微气候的耦合机理，分析街区形态构成要素对城市微气候特征影响的权重，通过适宜的设计手段调控街区形态，构筑良好的街区外部空间，从而调节并改善城市微气候环境。

4.1　街区尺度城市微气候的形成机理分析

4.1.1　城市下垫面的能量平衡

地球表面大气层极度稀薄，受到陆地表面直接影响的是大气层的最底层部分，这部分被称为"对流层"的大气层在垂直高度上不超过 10 km，影响发生的时间长度约为几天。在城市化地区，建成区人工环境的性质对大气层的这部分"对流层"有着决定性的影响。城市人工环境对局地自然气候的影响既存在于城市建成区内部，也存在于城市建成区的边界之外和城市上方的大气层。这些影响的性质依赖于众多的物理变量，我们能够在不同的空间尺度上观察和评估这些物理变量。本书主要讨论的是街区尺度的城市微气候（表 1-1），气候特征影响的水平范围在 1～10 km，垂直范围在 1 km 以下，属于城市冠层范畴内近地层的范围，气候特征受到人类活动的显著影响，气候影响持续时间为 24 小时以内。

对街区尺度城市微气候进行研究，首先必须认识和理解城市下垫面的能量平衡。能量平衡是指进入某一系统的能量等于离开该系统的能量与内部变化的能量之和，在该系统内，能量的移动和转换均遵守能量守恒定律。能量只能从一个物体传递给另一个物体，其形式可以相互转换，但能量本身既不会凭空产生，也不会凭空消失。这就是人们对能量的总结，称为能量守恒定律，其概念来自热力学第一定律。整个自然界可以被看作一个孤立系统，能量从一个物体传递给另一个物体，从一种形式转换成另一种形式，在能量进行传递与转换的过程中，自然界中的总能量保持不变。此外，能量守恒定律的适用是不受时间限制的，在某一系统内能量的输入和输出并不要求在所有时间里都是同时的。虽然从相对长的时间内计算的能量是平衡的，但事实上，在任何一个时间瞬间里，输入能量和输出能量很可能不相等，其相差的这部分就是形式发生了变化的储存起来的能量。即：

输入能量=输出能量+形式发生了变化的储存能量

依据能量守恒定律，城市下垫面能量因素中的各种输入因素会转化为不同的输出因素来维持其平衡。要分析城市下垫面能量之间的转化，首先需要确定给定参考框架中孤立系统的边界。在城市微气候研究中，由于能量、水蒸气和其他气体交换出现在连续的大气层中，所以很难对城市边界层和城市冠层的气候系统进行明显的划界。在城市边界层范围内，其上限高度会因区域气候和时间差异具有一定的随意性，其下限边界也可能不精确，与空气相互作用的土壤深度可能在几厘米到几米之间变动，土壤储存和释放的能量取决于地面的属性和一个过程的时间尺度。在城市冠层的范围内，由于城市下垫面中众多因素的规模、形状、构成和布局均呈现出复杂性与多样性，所以很难给这些因素的每一个参数都确定一个合适的尺度来限定孤立系统的边界。依据受人类活动影响的城市微气候所涉及的地表大气范围，我们可以把城市边界层看作受城市建成区影响的一个整体。在城市边界层这个孤立系统内，城市建成区的下垫面被表达为一种具有纹理的表面，可以用其平均属性（如粗糙度或反照率）来描述它，城市下垫面的能量平衡表现在城市下垫面与大气层之间的能量转换过程中，城市地区下垫面能量平衡的一般形式可以表达为：

$$Q^* + Q_F = Q_H + Q_E + \Delta Q_S + \Delta Q_A \tag{4-1}$$

式中：Q^*——来自太阳的所有长波、短波的净辐射；

Q_F——各种人为导致的热通量；

Q_H——各种显热通量；

Q_E——各种潜热通量；

ΔQ_S——净储存的热通量；

ΔQ_A——水平对流的净热通量。

该能量平衡方程中包含了城市建成区下垫面中可能存在的各种能量转换（图4-1），当然在某一个特定时间或空间上，该能量平衡方程中的任何一个因素都有等于零的可能性存在[1]。

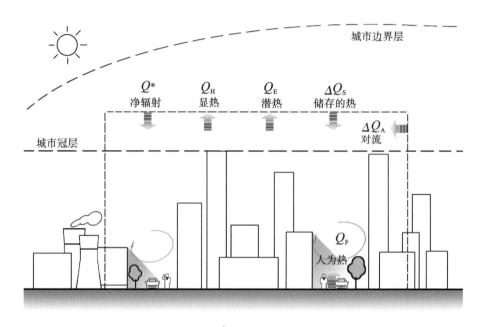

图4-1　城市下垫面能量平衡示意图

（图片来源：作者自绘）

在城市下垫面的能量平衡方程中，净辐射的热通量是城市下垫面所获得热量的主要组成部分。城市地表面温度主要是由地表面所获得的太阳辐射能量来决定的，太阳辐射大部分以短波辐射的形式到达地表面，一部分被地表面吸收，一部分被反射到空中。大气对长波辐射的吸收力较强，对短波辐射的吸收力比较弱，经过大气层被吸收的太阳能作为长波辐射到达地表面，接收到太阳辐射能量的地表面也向宇宙空间反射长波辐射在某段时间内，地表面对太阳辐射的收支差额称为辐射差额或地表净辐射。当收入大于支出时，地表净辐射为正值，温度将升高；反之为负值，则温度降低；若收支相等，则称为辐射平衡［图4-2（a）］。由于城市下垫面的粗糙肌理，地表面接收和反射的辐射热通量发生变化，导致地表面实际接收到的太阳辐

［1］　埃雷尔，珀尔穆特，威廉森.城市小气候：建筑之间的空间设计［M］.叶齐茂，倪晓晖，译.北京：中国建筑工业出版社，2014.

射能量，即净辐射的热通量增加。

地表面接收太阳辐射能量（即净辐射的热通量）以后，产生热能的移动，热能的分配基本以辐射、对流、传导和蒸发（凝结）的方式存在，这些辐射、对流、传导以及蒸发带来的热通量就是维持热平衡的成分［图 4-2（b）］。由于城市下垫面的土地类型、空间形态、植被分布等的差异化，维持地表面热平衡的各项热量发生变化，地表面获得的热量不能通过辐射、对流、传导以及蒸发的方式及时代谢，造成城市下垫面温度升高。如果在夏季无法有效地减少城市室外空间中的得热或加速其放热，城市空间的气温就会上升，从而导致使用空调产生的人为热进一步增加，使夏季高温化问题得不到解决。

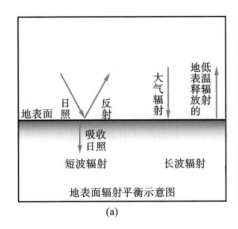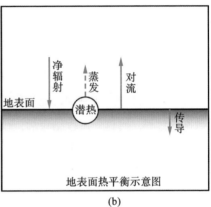

图 4-2　地表面的辐射平衡与热平衡分析图

（图片来源：作者自绘）

4.1.2　街区尺度城市微气候的形成机理

如前文所述，若要分析街区尺度城市微气候的形成机理，就需首先理解街区下垫面的能量平衡。若要理解街区下垫面的能量平衡，则需要把系统区域控制在一个相对较小的空间里，并对街区下垫面的所有能量转换进行非常详细的描述。在街区尺度城市微气候系统的能量平衡方程中，当若干种能量的转换模式同时发生时，它们之间持续变化着的能量平衡决定了该街区空间将是增温还是降温。街区空间的辐射平衡与热平衡体现出街区下垫面若干种能量转换的过程，也是分析街区尺度城市微气候形成机理的重要依据。

若要对街区尺度城市微气候的形成机理进行综合解析，则需要对街区空间中相关的物理现象进行深入探究。街区尺度城市微气候的形成与太阳辐射、风、人工排热（建筑、交通）等各种要素紧密相关，街区形态对于城市微气候的负面影响主要在于物质空间的密集化集聚方式阻碍城市通风、增加太阳辐射在城市空间中被反射与吸收的次数，以及人工化的城市下垫面增加蓄热和城市人为热排放代谢缓慢等方面。街区作为城市的基本单元，通过其空间形态及界面属性影响街区空间内部热量的传递，形成了与该街区形态相对应的城市微气候特征。即使同一城市的相邻街区，由于街区空间特征的差异，城市热代谢具有不同的特征，其城市微气候形成机理也会表现出不同的能量转换特征。

街区空间的通风和辐射交换在很大程度上受到街区形态的影响，太阳辐射和风是两个主要的气候因子，街区在不同的街区空间形态及其空间界面属性影响下形成不同的城市微气候特征。关于太阳辐射，街区形态通过街区"内部空腔体"的来回反射作用吸收太阳辐射，从而影响街区空间内部的微气候。在城市街区内，由于建筑物比较稠密，最初投射到建筑垂直墙体上的辐射被部分反射出去，这些被反射出去的辐射绝大部分又碰到邻近建筑物的墙体，从而开始在不同建筑墙体之间来回反射数次的过程，当这一过程结束后，仅有极少部分的经反射后的太阳辐射被反射到最上方的空气中，其他绝大部分的太阳辐射则会被建筑物的墙体吸收。这一现象表明城市下垫面对太阳辐射的半球形反射在减少，这种减少将会导致城市下垫面被吸收的辐射能量增加，转化成的热量也增加，其最直接的原因在于街区空间复杂的几何形态与空间界面的属性。在全球气候变暖的背景下，这些多余的辐射热更加剧了城市的热岛效应。关于风，受城市街区空间结构的影响，街区空间内部存在局地环流与自然风，其空气流通能力决定了对户外空间的多余热量扩散代谢的效率，其扩散和代谢的过程受到城市主导风向同街道朝向、街区内部开敞空间以及城市街区空间组织关系的影响。

街区尺度城市微气候的形成机理主要表现在受街区空间形态及其界面属性的影响，街区空间内部热平衡的各项热量所体现出来的不同热平衡特征，即各种热量的传递过程、传递特征和代谢特征。如果将城市中的某个街区地块看作一个"假想围合空间"，其内部的热平衡即城市空间内部各项热量（包括太阳辐射、各项人为热排放、建筑及街道表面各项显热与潜热通量、下垫面蓄热、由"假想围合空间"的各侧面流入与流出的水平对流传热）的蓄积、流动、传递和代谢（图4-3）。当街区空间内所获得的热量无法及时地得到代谢消失时，街区尺度的城市微气候就会发生变化。 造成城市街区空间气温升高的多余热量主要来自街区下垫面向大气释放的显热和辐射，而引起街区下垫面温度和蓄热增加的这些显热和辐射绝大部分源自城市街区形态及其界面属性的影响，以及各种能源消耗产生的人工热排放（图4-4）。

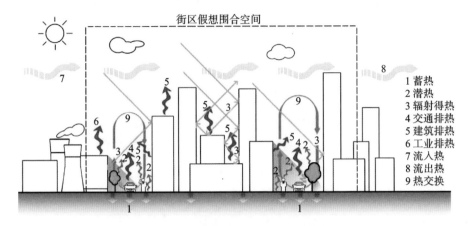

图4-3 城市街区空间热传递、热代谢过程的概念分析图
（图片来源：作者自绘）

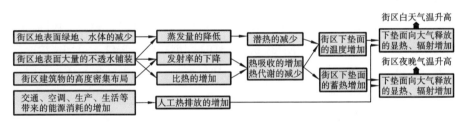

图4-4 造成城市街区空间气温升高的影响因素分析图
（图片来源：作者自绘）

4.2 街区尺度城市微气候的量化指标测度

若要解析街区形态与城市微气候的耦合机理，需对街区形态与城市微气候分别进行精确的认知与描述。 本书第2章通过定性的类型描述与定量的指标描述的结合，实现了对寒冷地区平原城市中心区街区形态精确的认知和描述。 本小节利用城市气候学和建筑气候学的相关理论知识，利用气候学客观的物理性指标与主观的人体感受类评价指标的结合对城市微气候品质进行测度，以达到对城市微气候的精确认知与描述。

4.2.1　城市气候学、建筑气候学中的气候测度

在城市气候学、建筑气候学中，对气候研究的基础理论来自气象学与气候学。气象学属于大气科学的一个分支，它是研究大气中的物理现象和物理过程及其变化规律的学科。气候学既属于大气科学的一个分支，也属于自然地理学的一个分支，它主要研究气候的形成、特征、分布和演变规律，以及气候与自然因素和人类活动的关系。我们在描述一个地区的气候状况时，经常用到天气和气候两个词，天气和气候是两个既有区别又有联系的概念。天气是指一个地区在较短时间内的大气状态（如气温、湿度和压强等）与大气现象（如风、云、雾和降水等）的综合。气候是指在一定时间段内大量天气过程的综合，气候受太阳辐射、大气环流、下垫面性质以及人类活动等的综合影响。气候学研究，体现了人类活动对气候产生的影响作用。我们常用气候学中的一些气象要素词语来描述一个地区的气候条件，气象要素是表示大气属性和大气现象的物理量，如气温、湿度、风向、风速、云量、降水量等。在城市气候学、建筑气候学研究中，常用气候学的物理性指标反映城市微气候品质的状况，如温度（空气干球温度）、湿度（空气相对湿度）、风速、风向、平均辐射温度、空气质量指数（air quality index，AQI）、细颗粒物 PM2.5 日均值浓度等。

在城市设计或建筑设计的过程中，因为气候学研究中客观的物理性指标无法表征出人体在不同环境中的生理反应与舒适感，所以会结合使用相应的人体生理感应指标和心理感受评价指标等综合性热舒适评价指标对室外热舒适性进行评估，而非依靠单一的空气温度或风速等描述人体实际的舒适度，因此对城市微气候环境的品质与舒适性进行精准的测度需要将客观的气候学物理指标与人体主观的感受类的评价指标相结合来综合评定。

人类对不同气候条件变化的主要生理反应包括排汗速率、心率、体内温度和体表温度的变化。ASHRAE 对热舒适的定义建立在人体热平衡理论基础上，即人体热量得失达到平衡，并且皮肤温度和出汗速率维持在舒适范围内。从操作层面上来讲，人体舒适度是指在建筑物内部空间或室外空间中令人满意和感到舒适的气候条件范围。人体舒适度与气象要素中的气温、湿度、风速等有着直接的关联性。气温决定了人体皮肤与周围空气之间的对流热交换，气温上升会导致人体热感应的相应变化，气温对人体舒适度的影响是最直接的。风速对人体舒适度的影响取决于气温、湿度以及着衣属性等因素，处于建筑物室内或室外空间中，空间环境中的风速

和湿度会修正气温带给人体舒适度的影响程度。 湿度对人体舒适度的影响是复杂的，需要综合考虑气温、风速、着衣属性和人体新陈代谢速率。 原因在于湿度会影响周围环境的蒸发潜力，而周围环境蒸发潜力的变化反过来影响人的生理反应。

基于人体主观感受对气候环境进行评价的常用指标大多是针对热环境进行评定的，常用的主要有：用以评定高温场所中人体工作状态下热强度等级的指标——湿球黑球温度（wet bulb globe temperature, WBGT）、热应力指数（heat stress index, HSI）等；用以评定气候环境中人体体感热舒适度的指标——有效温度（effective temperature, ET）、标准有效温度（standard effective temperature, SET），以及生理等效温度等；用以评定热环境中公众健康预警的指标——酷热指数（heat index, HI）、通用热气候指数（universal thermal climate index, UTCI）等。 这些评价指标或是基于受试者的主观评价而产生，或是基于传热的物理分析过程结合受试者主观评价而产生。 在城市设计与建筑设计中，这些指标经常被用来衡量室内外气候状况的优劣，以此来判断是否需要通过设计手段加以改善，以及是否需要人工制冷或制热。 但是，需要注意的是，由于受区域气候背景的影响，长期生活在寒冷地区、温暖地区或炎热地区的人们对温度的主观感知也会产生一定的差异。 因此，对于这些评价指标，在具体使用过程中需要随地域、季节、人种的不同适当调整其参数或评价标准，以避免在不适用的条件下产生评价结果的巨大偏差。

4.2.2 街区尺度城市微气候研究中的微气候指标测度

受到城市中心区人口高度聚集，以及街区形态密集化特征的影响，街区尺度行人高度（1.5 m 高处）的微气候表现出气温高、风速小、空气质量差、热舒适度低等品质问题。 本书在街区形态与城市微气候耦合机理的研究中，对街区尺度城市微气候的关注主要针对寒冷地区平原城市中心区夏季高温化的问题，研究选取郑州市夏季典型日（主导风向为东南风，日平均气温为 32 ℃，最高气温达到 38 ℃）的气象数据作为背景气候条件，主要考量街区空间的微气候品质（包括风环境和热环境）与人体舒适度等问题。 基于城市气候学和建筑气候学研究中众多的气候测度指标，本书对寒冷地区平原城市中心区街区尺度城市微气候的指标测度主要包括客观的气候学物理性指标（气温、湿度、风速、风向、平均辐射温度），以及人体主观感受类的评价指标（生理等效温度）。

气温即空气温度，是用来表示空气冷热程度的物理量。 湿度即空气湿度，是用来表示空气中水汽含量和湿润程度的物理量，常用绝对湿度、相对湿度来表示。 绝对湿度是一定体积的空气中含有的水蒸气的质量;相对湿度指湿空气的绝对湿度与相同温度下可能达到的最大绝对湿度之比。 气候学研究中常采用相对湿度来表示空气的湿润程度，同时相对湿度也是衡量建筑室内及室外热环境的一个重要指标。 风既有大小，又有方向，对风评定的物理量包括风速和风向。 风速是指空气相对于地球某一固定地点的运动速率，常用单位是 m/s。 风向是指风吹来的方向，气候学研究中通常用风向频率来表示风在某个方向上出现的频率。 城市常年主导风向及风速是城市设计、建筑设计中重要的气候参数。

平均辐射温度在建筑热环境研究中是一个热门参数，是研究环境中热辐射强度的一个指标。 物体因自身的温度而向外放射或回收热能，故在有热源的空间，人体与周围物体表面不断进行辐射热交换，平均辐射温度指环境四周各固体表面对人体辐射作用的平均温度。 在城市街区空间，太阳辐射得热在街区建筑形态的反射和折射作用下对街区界面表面温度产生复杂的影响，平均辐射温度的概念考虑了街区环境周围物体表面温度对人体辐射散热强度的影响。 在实际的街区空间环境中，物体表面温度既不相同也不均匀，人体与周围环境中各固体表面的辐射热交换，受到各固体表面的温度以及人体与各固体表面之间的相对位置关系的影响，其数值可由空间环境中各固体表面温度及人体与各固体表面间的位置关系角系数确定，也可以使用黑球温度计或丙烯灰色球温度计测量。

生理等效温度是指在某一室外或室内环境中，人体皮肤温度和体内温度达到与典型环境同等的热状态所对应的气温，该指标被大量使用在室外环境相关的评价和研究中。 生理等效温度是基于慕尼黑人体热量平衡模型（Munich energy-balance model for individuals，MEMI）推导出的热环境评定指标，该指标综合考虑了气象参数，人的活动、着衣以及个体参数对舒适度的影响。 相对于 1970 年由丹麦学者范格教授提出的 PMV/PPD[1] 评价系统中稳态的 PMV 模型，MEMI 模型假设人体内部热量

---

[1] 1970 年，丹麦学者范格教授提出了人体热舒适方程和 PMV/PPD 评价系统。 范格教授提出满足人体舒适状态的三个必要条件，即人体的热平衡、舒适的皮肤温度及最佳排汗率，并据此建立了人体热舒适度方程。 热舒适方程建立了人体代谢率、人体对外做功、体表散热、排汗散热及呼吸散热之间的基本关系。 基于范格热舒适方程建立的预测平均投票数（predicted mean vote，PMV）及预计不满意者占比（predicted percentage of dissatisfied，PPD）指标体系对室内热环境舒适度，特别是身着轻便服装、坐姿为主的人群具有较好的适用性，但对于室外热环境来说，PMV/PPD 指标体系的评价结果与实际存在较大偏差。 因此，在街区尺度微气候研究中，对室外热环境进行人体舒适度评价的主观感受类指标主要采用基于 MEMI 模型的生理等效温度。

是通过血液循环带至体表，在 MEMI 模型中，人体体表温度是模型的计算结果，人体的出汗率也被表示为人体温度和体表温度的函数。

本书对城市微气候的客观物理性指标（气温、湿度、风速、风向及平均辐射温度）测度的数据主要来自实测数据和模拟数据两部分，对城市微气候的人体主观感受类评价指标（生理等效温度）测度的数据主要来自模拟数据。其中实测数据包括河南省气候中心气象站发布的气候数据、本课题研究团队在现场地块移动观测和在定点的小型气象站实测获得的气候数据；模拟数据包括使用城市微气候模拟软件 ENVI-met 对寒冷地区平原城市中心区 13 种街区类型的典型模型和典型实例样本进行室外风热环境的模拟计算所得到的微气候的客观物理性指标数据，以及利用 ENVI-met 软件的 BIO-met 版块进一步计算所得到的评定微气候人体主观感受类评价指标生理等效温度的数据。

4.3 寒冷地区平原城市中心区街区形态典型模型的 ENVI-met 模拟

4.3.1 13 种街区形态典型模型的 ENVI-met 模拟参数设置

为了探究寒冷地区平原城市中心区街区形态与城市微气候的耦合机理，分析不同街区形态类型之间的微气候特征差异，本小节利用 ENVI-met 软件对本书第 2 章建立的寒冷地区平原城市中心区 13 种街区形态类型的典型模型（表 2-28）进行数值模拟解析。在 ENVI-met 软件模拟中，对典型模型样本的 ENVI-met 模型材质进行设置，将建筑立面和屋顶材质设置为灰色混凝土，街区地表面道路设置为沥青材质，其他设置为灰色混凝土路面砖，草地设置为 50 mm 高草，树木设置为 10 m 高树木，按 20 m 间距沿街道（包括主干路、次干路和支路三级道路）的周边布置。典型模型 ENVI-met 模拟的背景气象数据统一依照郑州市中心区 2017 年 7 月 23 日气象条件（表 3-3）设定，模拟边界条件的设置与第 3 章中福寿街街区样本模拟验证时的边界条件参数完全一致（表 3-4）。

本书利用 ENVI-met 软件对寒冷地区平原城市中心区 13 种街区形态类型的典

型模型在 2017 年 7 月 23 日的风场和温度场进行模拟，获取 2017 年 7 月 23 日 00:00 至 7 月 24 日 00:00 的风场和温度场模拟数据。 同时，进一步利用 ENVI-met 软件的 BIO-met 版块计算出生理等效温度的数据分布情况，首先提取典型模型的风场、温度场模拟数据中 1.5 m 高度位置的环境变量数据，包括空气温度、平均辐射温度、水平风速、空气相对湿度、周围建筑表面和下垫面表面温度等；结合人体变量数据（依照 ISO 7730 国际标准给定），包括人体参数设定为 1.75 m 高、75 kg、35 周岁的男性，着衣指数静态服饰保温指数为 0.4 clo[1]，人体新陈代谢参数，根据行走速度 1.21 m/s 计算的人体总代谢速率 164.49 kJ/（m²·h）等数据，利用 ENVI-met V4.1.0 版本（Winter16/17 Science and Education License）中 BIO-met 版块计算出街区空间内 1.5 m 高度区域的生理等效温度的数据分布结果。

4.3.2　13 种街区形态典型模型的 ENVI-met 模拟结果分析

从 2017 年 7 月 23 日 14:00 时寒冷地区平原城市中心区 13 种街区形态类型典型模型在 1.5 m 高处的风场模拟结果来看（图 4-5、图 4-6、图 4-7），13 种街区形态典型模型的 ENVI-met 模拟风场在风向紊乱度和风力大小方面均表现出显著的差异性，但所有模型街区空间内部又都表现出大体量建筑周边的风场比小体量建筑周边风场的风向更为紊乱，且建筑体量越大或是高度越高，建筑周边的风力等级就越高的情况。 同时，对比 13 种街区形态典型模型模拟风场的风力大小和风向变化情况（图 4-5、图 4-6、图 4-7），可以发现，居住型街区形态典型模型的风力比商住型和商务型街区普遍偏小，且风向紊乱度也偏小。 而对比居住型街区 4 个小类典型模型模拟风场的风力大小分布情况（图 4-6），可以发现，当建筑体量变化不大时，由建筑高度增加引起的风力等级增加的情况表现显著。

从 2017 年 7 月 23 日 14:00 时寒冷地区平原城市中心区 13 种街区形态类型典型模型在 1.5 m 高处的温度场模拟结果来看（图 4-8、图 4-9、图 4-10），13 种街区形态典型模型的 ENVI-met 模拟温度场在气温分布趋势上表现出显著的差异性，其中居住型街区、商住型街区比商务型街区的室外空气温度普遍较低一些。 对比商住型街区

---

[1]　在 ENVI-met 软件的 Biomet 版块中 PET 的计算中默认给定的着衣指数静态服饰保温指数为 0.9 clo，考虑到本书模拟计算的是夏季时间的室外舒适度，依照 ISO 7730 国际标准对各种典型衣着服装热阻值的设定，将模拟计算使用的着衣指数热阻值设定为 0.4 clo，该数值相当于中上装为短袖衬衫，下装为薄面料长裤（夏季着装最常见形式）的静态服饰保温指数。

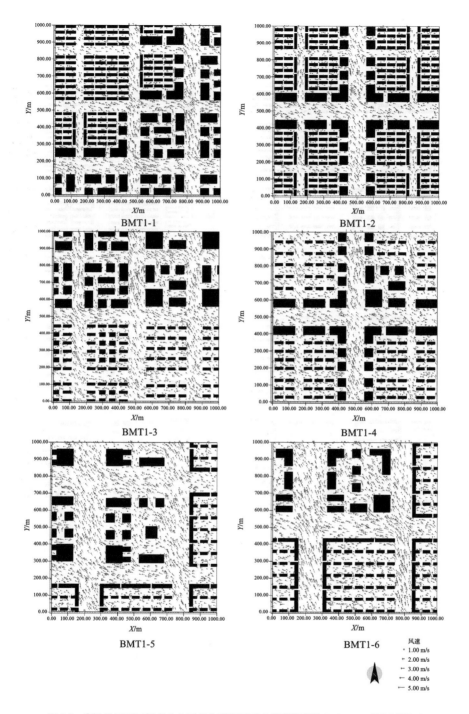

图 4-5　寒冷地区平原城市中心区商住型街区形态典型模型的 ENVI-met 模拟风场图

（时间：2017 年 7 月 23 日 14：00。图片来源：作者自绘）

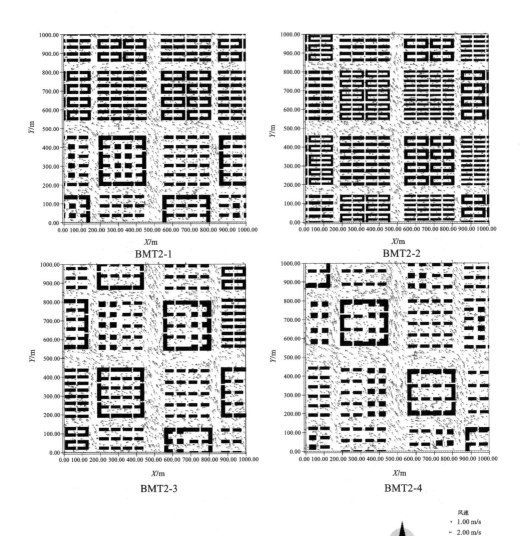

图4-6 寒冷地区平原城市中心区居住型街区形态典型模型的 ENVI-met 模拟风场图

（时间:2017 年 7 月 23 日 14:00。图片来源:作者自绘）

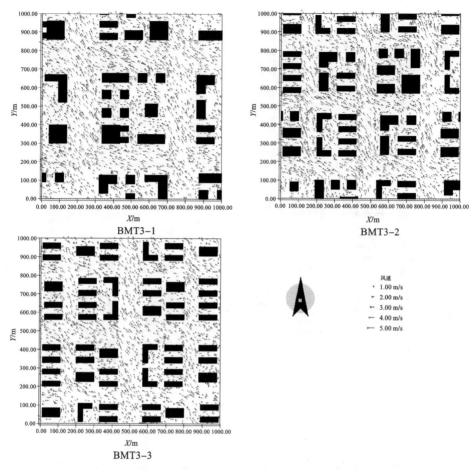

图4-7 寒冷地区平原城市中心区商务型街区形态典型模型的 ENVI-met 模拟风场图
（时间：2017 年 7 月 23 日 14:00。图片来源：作者自绘）

的 6 个小类典型模型的模拟温度场的气温分布趋势（图4-8），可以发现,大体量商业建筑或高层居住建筑周围的温度场气温区间变化差异较大。 对比居住型街区 4 个小类典型模型的模拟温度场的气温分布趋势（图4-9），可以发现,温度场中较高的气温区域分布在较高的居住建筑或较低且排列密集的居住建筑周围。 对比商务型街区 3 个小类典型模型的模拟温度场的气温分布趋势（图4-10），可以发现,体量大或高度高的商务类建筑周围的温度场气温区间变化差异较大。

为了对 13 种街区形态典型模型微气候特征的差异性进行更为详尽的对比, 本小节统计汇总出 ENVI-met 模拟的寒冷地区平原城市中心区每种街区形态典型模型 1 km² 地块在 1.5 m 高处的平均风速、平均气温、平均辐射温度和平均 PET 数据（表

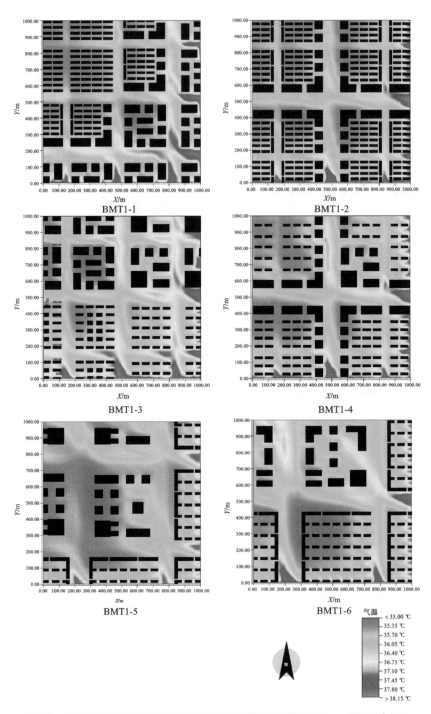

图4-8 寒冷地区平原城市中心区商住型街区形态典型模型的 ENVI-met 模拟温度场图

（时间：2017 年 7 月 23 日 14:00。图片来源：作者自绘）

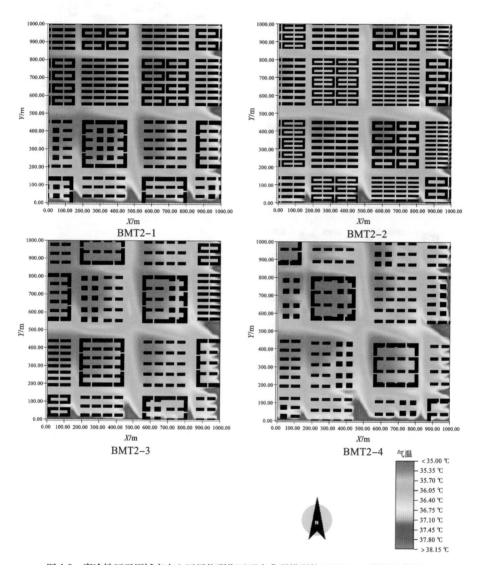

图4-9 寒冷地区平原城市中心区居住型街区形态典型模型的 ENVI-met 模拟温度场图

（时间：2017 年 7 月 23 日 14：00。图片来源：作者自绘）

4-1），并将之作为典型模型的微气候指标量化数据基础，以便进一步与街区形态的
量化指标数据进行统计学的相关性分析。

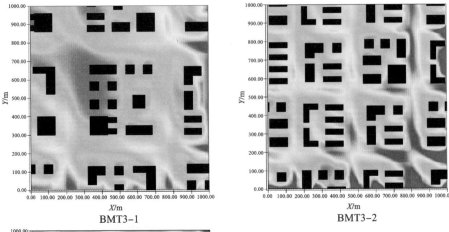

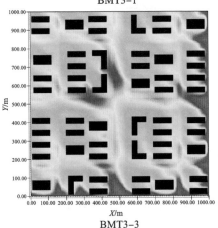

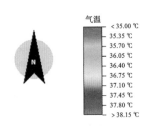

BMT3-1

BMT3-2

BMT3-3

图 4-10 寒冷地区平原城市中心区商务型街区形态典型模型的 ENVI-met 模拟温度场图

（时间：2017 年 7 月 23 日 14：00。图片来源：作者自绘）

表 4-1 寒冷地区平原城市中心区街区形态典型模型的 ENVI-met 模拟微气候数据统计

街区形态类型		微气候模拟数据			
		平均风速/（m/s）	平均气温/℃	平均辐射温度/℃	平均PET/℃
BMT1 商住型街区	BMT1-1 商住高密高容型	1.99	35.98	66.03	43.29
	BMT1-2 商住高密中容型	1.59	35.92	67.81	44.15
	BMT1-3 商住中密高容型	2.15	36.23	67.24	43.45
	BMT1-4 商住中密中容型	1.91	35.99	67.43	43.61

街区形态类型		微气候模拟数据			
		平均风速/（m/s）	平均气温/℃	平均辐射温度/℃	平均PET/℃
BMT1 商住型街区	BMT1-5 商住低密高容型	2.12	35.71	68.77	43.56
	BMT1-6 商住低密中容型	2.26	35.97	67.99	43.54
BMT2 居住型街区	BMT2-1 居住高密中容型	1.49	35.83	68.28	44.30
	BMT2-2 居住高密低容型	1.40	36.06	70.78	45.28
	BMT2-3 居住中密中容型	1.65	35.86	68.26	44.02
	BMT2-4 居住低密中容型	1.94	35.96	68.19	43.71
BMT3 商务型街区	BMT3-1 商务中密高容型	2.06	36.12	71.63	44.21
	BMT3-2 商务中密中容型	2.29	36.55	70.05	44.04
	BMT3-3 商务中密低容型	1.78	36.60	72.73	45.05

表格来源：作者自绘。

4.4 寒冷地区平原城市中心区街区形态与微气候的量化数值关系

4.4.1 街区形态量化指标与微气候指标的相关性分析

从前文对 13 种街区形态类型典型模型 ENVI-met 模拟微气候指标数据的统计（表 4-1）结果来看，每种街区形态类型的微气候特征均表现出不同程度的差异性。而 13 个典型模型的数据与街区形态相关的量化指标数据（表 2-29）也有着相应的差异性表现。 若以寒冷地区平原城市中心区每种街区形态类型典型模型与街区形态相关的量化指标数据为基础，将 ENVI-met 模拟获取的微气候指标数据与之进行统计学的相关性分析，就可以获取寒冷地区平原城市中心区街区形态与微气候之间的相关关系与权重，进而解析街区形态与城市微气候的耦合机理。

本书以 13 种街区形态类型典型模型为样本，以街区形态相关的量化指标数据（建筑功能混合度、建筑密度、容积率、平均天空开阔度、平均迎风面积比、平均建筑高度、平均街道高宽比和绿地率)为自变量,以城市微气候指标数据(平均风速、平均气温、平均辐射温度和平均 PET)为因变量,利用统计学分析软件 SPSS Statistics 对两类数据进行相关性[1]分析。由于建筑功能混合度指标的数据是按 3、2、1 的等级划分的,所以将 13 种街区形态类型典型模型的建筑功能混合度指标与 ENVI-met 模拟微气候指标数据进行双变量的两两相关 Spearman 相关性分析,得到数据之间的 Spearman 相关系数结果(表 4-2)。

从 Spearman 相关性分析的结果(表 4-2)中可以看出,以 13 个典型模型为样本,寒冷地区平原城市中心区街区形态的建筑功能混合度指标与街区尺度微气候的平均辐射温度指标表现出一定的负相关关系,二者的 Spearman 相关系数为 -0.561。街区的建筑功能混合度越高,意味着街区中建筑的形态越多样,建筑体量大小差异越大,由街道和建筑构成的街区"内部空腔体"空间层次越丰富,街区空间 1.5 m 高处的平均辐射温度将会越小。

表 4-2　寒冷地区平原城市中心区 13 种街区形态类型的建筑功能混合度
与 ENVI-met 模拟微气候指标数据的 Spearman 相关性分析

		平均风速	平均气温	平均辐射温度	平均 PET
建筑功能混合度	相关系数	0.502	0.053	**−0.561** *	−0.498
	Sig. (2-tailed)	0.080	0.863	0.046	0.083
	N	13	13	13	13

* 表示 $p < 0.05$。
** 表示 $p < 0.01$。

表格来源:作者自绘。

除了建筑功能混合度指标的数据是按等级划分以外,其余 7 个与街区形态相关的量化指标(建筑密度、容积率、平均天空开阔度、平均迎风面积比、平均建筑高度、平均街道高宽比和绿地率)数据均属于数值类。本书以 13 种街区形态类型典型模型为样本,利用 SPSS 软件将这 7 个街区形态相关的量化指标数据与 ENVI-met

---

[1] 统计学的相关性分析采用相关系数度量两个变量之间的相关关系,统计学的相关系数经常使用的有三种:Pearson 相关系数、Spearman 相关系数和 Kendall 相关系数,相关系数可以度量出两个变量之间的相关程度。相关系数的值在 $-1 \sim 1$,当相关系数为 0 时,两变量无关系;当相关系数为负值,两变量负相关;当相关系数为正值,两变量正相关;相关系数的绝对值越大,两变量的相关性越强。

模拟得到的微气候指标数据进行双变量的两两相关 Pearson 相关性分析，得到两两数据之间的 Pearson 相关系数[1]结果（表4-3）。

表4-3 寒冷地区平原城市中心区街区形态相关的量化指标数据与 **ENVI-met** 模拟微气候指标数据之间的 **Pearson** 相关性分析

		平均风速	平均气温	平均辐射温度	平均 PET
建筑密度	Pearson 相关系数	−0.509	0.058	−0.217	0.110
	Sig.（2-tailed）	0.076	0.851	0.477	0.720
	N	13	13	13	13
容积率	Pearson 相关系数	0.687**	−0.291	−0.363	−0.701**
	Sig.（2-tailed）	0.010	0.334	0.223	0.002
	N	13	13	13	13
平均天空开阔度	Pearson 相关系数	0.285	0.649*	0.879**	0.435
	Sig.（2-tailed）	0.345	0.016	0.000	0.173
	N	13	13	13	13
平均迎风面积比	Pearson 相关系数	0.851**	0.055	0.038	−0.323
	Sig.（2-tailed）	0.000	0.857	0.902	0.281
	N	13	13	13	13
平均建筑高度	Pearson 相关系数	0.915**	0.035	−0.090	−0.427
	Sig.（2-tailed）	0.000	0.911	0.770	0.145
	N	13	13	13	13
平均街道高宽比	Pearson 相关系数	0.370	−0.293	−0.723**	−0.648*
	Sig.（2-tailed）	0.213	0.331	0.005	0.017
	N	13	13	13	13
绿地率	Pearson 相关系数	0.322	0.542	0.775**	0.500
	Sig.（2-tailed）	0.284	0.056	0.002	0.082
	N	13	13	13	13

* 表示 $p < 0.05$。
** 表示 $p < 0.01$。

表格来源：作者自绘。

---

[1] Pearson 相关系数用于衡量两个变量之间线性相关程度。通常情况下可以通过 Pearson 相关系数的绝对值大小来判断两变量的相关程度：0.0～0.2（极弱相关或无相关），0.2～0.4（弱相关），0.4～0.6（中等程度相关），0.6～0.8（强相关），0.8～1.0（极强相关）。

从 Pearson 相关性分析的结果（表 4-3）中可以看出，以 13 个典型模型为样本，寒冷地区平原城市中心区街区形态相关的量化指标与城市微气候指标存在如下相关关系。

①寒冷地区平原城市中心区街区形态的容积率指标、平均迎风面积比指标和平均建筑高度指标均与街区尺度微气候 1.5 m 高处的平均风速指标表现出显著的线性正相关关系。 其中容积率与平均风速的 Pearson 相关系数为 0.687，平均迎风面积比与平均风速的 Pearson 相关系数为 0.851，平均建筑高度与平均风速的 Pearson 相关系数为 0.915。

关于平均迎风面积比与平均风速的线性正相关关系，理论上，建筑在某一风向上的迎风面积比越小，对该风向来风的阻挡面就越小。 一栋建筑对应一个风向只有一个平均迎风面积比，单风向的建筑群平均风速与平均迎风面积比线性相关。 针对一个街区建筑群的若干个风向而言，建筑群在某一风向上的平均迎风面积比越小，街区建筑群在该风向上的平均风速就越大。 针对若干个街区建筑群的一个风向而言，建筑群平均迎风面积比与平均风速的线性相关关系在受到风向和建筑群高度的综合影响下，有可能是线性负相关关系，也有可能是线性正相关关系。 通过本书模拟获得的 2017 年 7 月 23 日 14:00 时寒冷地区平原城市中心区 13 种街区形态类型典型模型在 1.5 m 高度的风场图（图 4-5、图 4-6、图 4-7）可以发现，在商住型与商务型街区类型典型模型中，由于大体量或高度较高的商业类和办公类建筑物之间风场的狭管效应较强，商业与办公建筑周围风场的风力明显高于小体量的居住建筑。 而寒冷地区平原城市中心区商业与办公建筑中存在大量的塔式建筑，这就使得商业与办公建筑数量多的街区在城市主导风向东南风（SE：135°）风向上的平均迎风面比指标数值相对较高。 在居住型街区类型典型模型中，高层居住建筑周围风场的风力明显高于多层居住建筑。 而寒冷地区平原城市中心区居住型街区高层居住建筑中存在少量的塔式建筑，这就使得高层居住型街区在城市主导风向东南风（SE：135°）风向上的平均迎风面比指标数值比多层居住型街区的高。 因此，以本书 13 个典型模型为样本，由于受到城市主导风向和街区建筑群高度的综合影响较大，街区建筑的平均迎风面积比与街区尺度微气候 1.5 m 高处的平均风速表现出线性正相关关系。

②寒冷地区平原城市中心区街区形态的平均天空开阔度指标与街区尺度微气候的 1.5 m 高处的平均气温指标表现出显著的线性正相关关系，二者的 Pearson 相关系

数为 0.649, 而其他的街区形态指标与平均气温指标并未表现出显著相关性。

③寒冷地区平原城市中心区街区形态的平均天空开阔度指标、绿地率指标均与街区尺度微气候 1.5 m 高处的平均辐射温度指标表现出显著的线性正相关关系, 平均街道高宽比指标与 1.5 m 高处的平均辐射温度表现出显著的线性负相关关系, 其中平均天空开阔度与平均辐射温度的 Pearson 相关系数为 0.879, 绿地率与平均辐射温度的 Pearson 相关系数为 0.775, 平均街道高宽比与平均辐射温度的 Pearson 相关系数为 -0.723。

④寒冷地区平原城市中心区街区形态的容积率、平均街道高宽比指标均与街区尺度微气候 1.5 m 高处的平均 PET 指标表现出显著的线性负相关关系, 其中容积率与平均 PET 的 Pearson 相关系数为 -0.701, 平均街道高宽比与平均 PET 的 Pearson 相关系数为 -0.648。

4.4.2 街区形态量化指标与微气候指标的线性回归分析

为了进一步对寒冷地区平原城市中心区街区形态量化指标与城市微气候指标的数值关系进行分析, 本小节基于上述街区形态相关的量化指标与微气候指标之间的 Pearson 相关系数分析结果, 利用 SPSS 软件对显著相关的指标变量进行一元线性回归分析[1], 进一步确定街区形态相关的量化指标(自变量)与微气候指标(因变量)之间相互依赖的定量关系。

从寒冷地区平原城市中心区 13 种街区形态类型的形态指标数据与 ENVI-met 模拟微气候指标数据的 Pearson 相关性分析(表 4-3)结果来看, 与 1.5 m 高处平均风速表现出显著相关的街区形态量化指标主要是容积率、平均迎风面积比和平均建筑高度, 其中容积率与平均风速强相关, 平均迎风面积比、平均建筑高度与平均风速极强相关, 且均成正相关关系。 作者利用 SPSS 软件, 以寒冷地区平原城市中心区 13 个街区形态典型模型为样本, 分别将容积率与平均风速, 平均迎风面积比与平均风速, 以及平均建筑高度与平均风速进行一元线性回归分析, 并获得其回归分析方程(图 4-11、图 4-12、图 4-13)。

---

[1] 线性回归属于统计学中的一种统计分析方法, 它可以用来确定两种或两种以上变量之间相互依赖的定量关系。 一元线性回归分析是指对一个自变量和一个因变量进行回归分析, 二者的关系可用一条直线近似表示。 线性回归分析能够建立描述变量之间相互依赖关系的回归方程, 根据回归方程可以通过一个或一组自变量的变动情况预测与其具有相互依赖关系的因变量的未来值。

从图 4-11 的回归分析结果可以看出，容积率与 1.5 m 高处平均风速的一元多项式[1]回归方程 $R^{2[2]}$ 不是很理想。 但基于容积率与 1.5 m 高处平均风速的一元多项式回归分析趋势线可以获悉，寒冷地区平原城市中心区街区尺度微气候的 1.5 m 高处平均风速，随着街区容积率的增大，会逐渐升高，但当街区容积率过高，即超过图 4-11 所示的定义域时，街区空间 1.5 m 高处的平均风速呈现向更低风速回归的趋势。

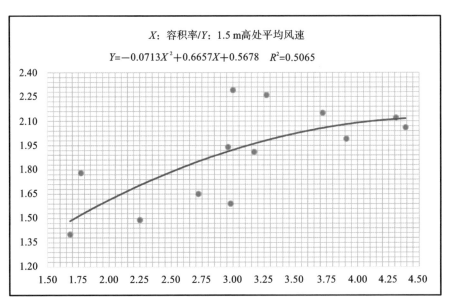

图 4-11 寒冷地区平原城市中心区街区容积率与 1.5 m 高处平均风速的线性回归分析图
（图片来源：作者自绘）

从图 4-12 的回归分析结果可以看出，平均迎风面积比与 1.5 m 高处平均风速的一元线性回归方程的 R^2 较高。 结合前文对平均迎风面积比与平均风速的 Pearson 相关性分析结果的讨论，虽然寒冷地区平原城市中心区街区 1.5 m 高处平均风速随平均迎风面积比的增加，呈现出逐渐升高的变化规律。 但是，按城市主导风向计算 1

---

[1] 多项式回归模型是线性回归模型的一种，研究一个因变量与一个或多个自变量间多项式的回归分析方法，称为多项式回归。 如果自变量只有一个时，称为一元多项式回归；如果自变量有多个时，称为多元多项式回归。 当直线回归方程无法很好地拟合数据时，可以尝试多项式回归。 由于多项式回归增加了模型的自由度与复杂度，使其拟合数据的能力增加。

[2] 在线性回归方程中，R^2 指拟合优度，是回归直线对观测值的拟合程度，R^2 可以用来判断回归方程的拟合程度。 R^2 的取值在 0 ~1，取值接近 1，说明拟合程度越好。 反之，R^2 越接近于 0，回归直线的拟合程度越差。

km² 街区中每栋建筑的迎风面积比求取的平均迎风面积比指标仅是一个趋势值，因此，用平均迎风面积比指标的线性回归方程来预测 1.5 m 高处的平均风速，即使回归方程显示出较高的 R^2，该回归方程依然无法实现对平均风速的精准预测。

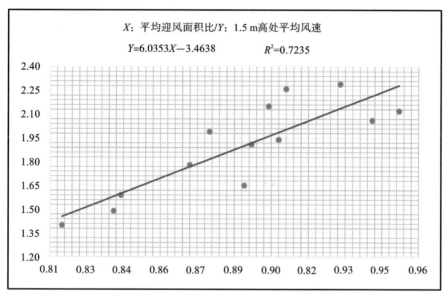

图 4-12　寒冷地区平原城市中心区街区平均迎风面积比
与 1.5 m 高处平均风速的线性回归分析图
（图片来源：作者自绘）

从图 4-13 的回归分析结果可以看出，平均建筑高度与 1.5 m 高处平均风速的一元线性回归方程 R^2 很高。结合前文中平均建筑高度与平均风速的 Pearson 相关性分析结果，这二者之间的 Pearson 相关系数达到了 0.915。因此，寒冷地区平原城市中心区街区尺度微气候的 1.5 m 高处平均风速与平均建筑高度的关系，在图 4-13 所示的定义域内可以用线性回归方程进行预测，回归方程如图 4-13 所示。

从寒冷地区平原城市中心区 13 种街区形态类型的形态指标数据与 ENVI-met 模拟微气候指标数据的 Pearson 相关性分析（表 4-3）结果来看，平均天空开阔度与 1.5 m 高处的平均气温强相关，且成正相关关系，随着平均天空开阔度的增大，1.5 m 高处的平均气温也会随之升高。作者利用 SPSS 软件，以寒冷地区平原城市中心区 13 个街区形态典型模型为样本，将平均天空开阔度与 1.5 m 高处的平均气温进行一元线性回归分析，并获得其回归分析方程（图 4-14）。从图 4-14 的回归分析结果可以看出，平均天空开阔度与 1.5 m 高处平均气温的一元线性回归方程的 R^2 并不理想。因此，寒冷地区平原城市中心区街区尺度微气候 1.5 m 高处的平均气温依据平均天

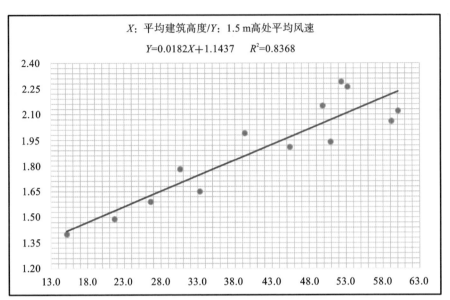

**图 4-13　寒冷地区平原城市中心区街区平均建筑高度
与 1.5 m 高处平均风速的线性回归分析图**

（图片来源：作者自绘）

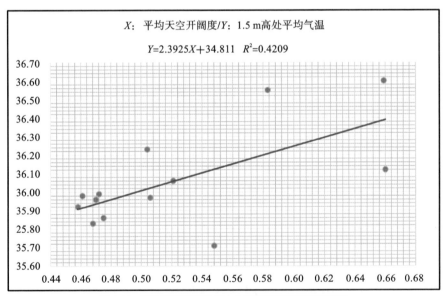

**图 4-14　寒冷地区平原城市中心区街区平均天空开阔度
与 1.5 m 高处平均气温的线性回归分析图**

（图片来源：作者自绘）

空开阔度指标是无法进行预测的。 事实上，城市街区空间的气温受到许多因素的综合影响，而平均天空开阔度是在众多影响因素中影响权重较大的一个。

从寒冷地区平原城市中心区 13 种街区形态类型的形态指标数据与 ENVI-met 模拟微气候指标数据的 Pearson 相关性分析（表 4-3）结果来看，平均天空开阔度和绿地率与 1.5 m 高处的平均辐射温度呈显著正相关关系，随着平均天空开阔度的增大，1.5 m 高处的平均辐射温度也会随之升高；随着绿地率的加大，1.5 m 高处的平均辐射温度会随之升高。 平均街道高宽比与 1.5 m 高处的平均辐射温度呈显著负相关关系，随着平均街道高宽比的增大，1.5 m 高处的平均辐射温度会随之降低。 作者利用 SPSS 软件，以寒冷地区平原城市中心区 13 个街区形态典型模型为样本，分别将平均天空开阔度与 1.5 m 高处的平均辐射温度，平均街道高宽比与 1.5 m 高处的平均辐射温度，绿地率与 1.5 m 高处的平均辐射温度进行一元线性回归分析，并获得其回归分析方程（图 4-15、图 4-16、图 4-17）。

从图 4-15 的回归分析结果可以看出，平均天空开阔度与 1.5 m 高处平均辐射温度一元线性回归分析方程的 R^2 较高。 结合前文中平均天空开阔度与 1.5 m 高处平均辐射温度的 Pearson 相关性分析结果，这二者之间的 Pearson 相关系数达到了 0.879。 因此，寒冷地区平原城市中心区街区尺度微气候的 1.5 m 高处平均辐射温度与街区形态的平均天空开阔度的关系，在图 4-15 所示的定义域内可以用线性回归方程进行预测，回归方程如图 4-15 所示。

从图 4-16 的回归分析结果可以看出，平均街道高宽比与 1.5 m 高处平均辐射温度的一元多项式回归分析方程的 R^2 较高。 从回归分析的趋势线可以看出，寒冷地区平原城市中心区街区在图 4-16 所示的定义域内，平均街道高宽比越大，1.5 m 高处平均辐射温度就越低，但超出图示定义域，回归分析趋势线显示，当平均街道高宽比高于 0.6 时，1.5 m 高处的平均辐射温度有向更高温度回归的趋势。

从图 4-17 的回归分析结果可以看出，绿地率与 1.5 m 高处平均辐射温度的一元多项式回归分析方程的 R^2 较高。 从回归分析趋势线可以看出，寒冷地区平原城市中心区街区在图 4-17 所示的定义域内，绿地率越大，1.5 m 高处的平均辐射温度就越高，但超出图示定义域，回归分析趋势线显示，当街区绿地率低于 20% 时，1.5 m 高处的平均辐射温度有向更高温度回归的趋势。

从寒冷地区平原城市中心区 13 种街区形态类型的形态指标数据与 ENVI-met 模拟微气候指标数据的 Pearson 相关性分析（表 4-3）结果来看，容积率和平均街道高

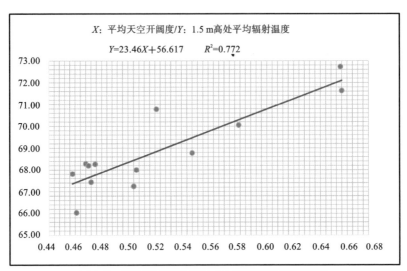

图4-15 寒冷地区平原城市中心区街区平均天空开阔度与1.5 m高处平均辐射温度的线性回归分析图

（图片来源：作者自绘）

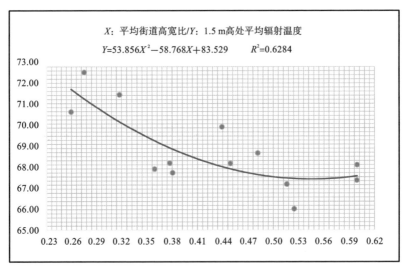

图4-16 寒冷地区平原城市中心区街区平均街道高宽比与1.5 m高处平均辐射温度的线性回归分析图

（图片来源：作者自绘）

宽比与1.5 m高处平均PET呈显著负相关关系，随着街区容积率和平均街道高宽比的增大，1.5 m高处平均PET会随之降低。作者利用SPSS软件，以寒冷地区平原城市中心区13个街区形态典型模型为样本，分别将容积率与1.5 m高处平均PET、

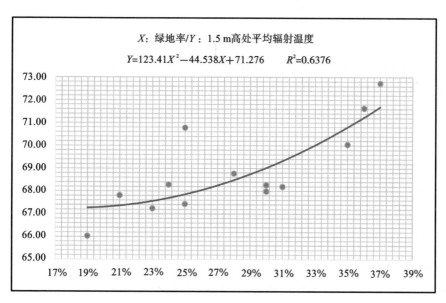

图 4-17 寒冷地区平原城市中心区街区绿地率与 1.5 m 高处平均辐射温度的线性回归分析图
（图片来源：作者自绘）

平均街道高宽比与 1.5 m 高处平均 PET 进行一元线性回归分析，并获得其回归分析方程（图 4-18、图 4-19）。

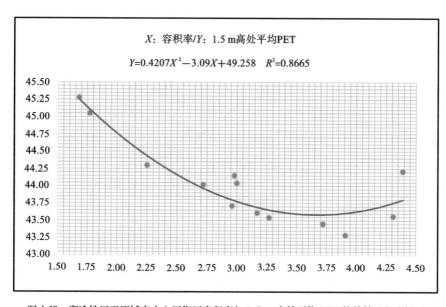

图 4-18 寒冷地区平原城市中心区街区容积率与 1.5 m 高处平均 PET 的线性回归分析图
（图片来源：作者自绘）

从图 4-18 的回归分析结果中可以看出，容积率与 1.5 m 高处平均 PET 的一元多项式回归方程的 R^2 很高。从回归分析趋势线可以看出，寒冷地区平原城市中心区街区在图 4-18 所示的定义域内，街区容积率越大，1.5 m 高处的平均 PET 就越低，但超出图示定义域，回归分析趋势线显示，当街区容积率高于 4.0 时，1.5 m 高处的平均 PET 有向更高温度回归的趋势，且向较高 PET 回归趋势非常显著。

从图 4-19 的回归分析结果中可以看出，平均街道高宽比与 1.5 m 高处平均 PET 的一元多项式回归方程的 R^2 比较高。从回归分析趋势线可以看出，寒冷地区平原城市中心区街区在图 4-18 所示的定义域内，街区平均街道高宽比越大，1.5 m 高处的平均 PET 就越低，但超出图示定义域，回归分析趋势线显示，当街区平均街道高宽比大于 0.60 时，1.5 m 高处的平均 PET 有向更高温度回归的趋势。

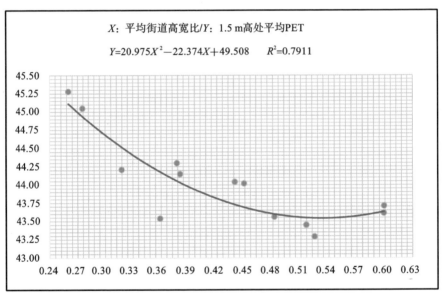

图 4-19　寒冷地区平原城市中心区街区平均街道高宽比
与 1.5 m 高处平均 PET 的线性回归分析图
（图片来源：作者自绘）

综上所述，本书以寒冷地区平原城市中心区 13 种街区形态类型的典型模型为样本，对街区形态的量化指标与城市微气候指标的数值关系进行进一步分析，获得寒冷地区平原城市中心区 1 km² 大小街区尺度的微气候指标与街区形态量化指标之间的相关关系。

①寒冷地区平原城市中心区街区建筑功能混合度与平均辐射温度负相关。

②寒冷地区平原城市中心区街区容积率、平均迎风面积比、平均建筑高度均与平均风速呈显著正相关关系，且利用平均建筑高度变化的一元线性回归方程可以实现对平均风速变化的预测。街区容积率越大（基于本书案例容积率＞4.0），平均风速越有向更低风速回归的趋势。

③寒冷地区平原城市中心区街区平均天空开阔度与平均气温呈显著正相关关系，街区平均天空开阔度在街区空气温度众多影响因素中影响权重较大。

④寒冷地区平原城市中心区街区平均天空开阔度、绿地率与平均辐射温度呈显著正相关关系，且利用平均天空开阔度变化的一元线性回归方程可以实现对平均辐射温度变化的预测。绿地率越小（基于本书案例绿地率＜20%）时，平均辐射温度越有向更高 MRT 回归的趋势。

⑤寒冷地区平原城市中心区街区平均街道高宽比与平均辐射温度呈显著负相关关系。平均街道高宽比越大（基于本书案例平均街道高宽比＞0.6），平均辐射温度越有向更高 MRT 回归的趋势。

⑥寒冷地区平原城市中心区街区容积率、平均街道高宽比均与平均 PET 呈显著负相关关系。街区容积率越大（基于本书案例容积率＞4.0），平均 PET 越有向更高 PET 回归的趋势，且回归趋势显著。平均街道高宽比越大（基于本书案例平均街道高宽比＞0.6），平均 PET 越有向更高 PET 回归的趋势。

4.5　寒冷地区平原城市中心区街区形态与微气候的耦合机理分析

本书以寒冷地区平原城市中心区 13 种街区形态类型的典型模型为样本，利用城市微气候模拟软件 ENVI-met 对其风场和温度场进行模拟。以典型模型的街区形态量化指标为自变量，以 ENVI-met 模拟的典型模型的微气候指标为因变量，进行了一系列数值关系的统计学分析，为分析寒冷地区平原城市中心区街区形态与微气候的耦合机理提供了科学的数据支撑。

本节对寒冷地区平原城市中心区街区形态与微气候的耦合机理进行分析包括两个方面：一是街区形态对微气候的影响机理，二是为构建舒适微气候的街区形态设计。

4.5.1　街区形态对微气候的影响机理

街区形态对微气候的影响机理主要表现在受街区空间形态及其空间界面属性的综合影响，街区空间内部热平衡的各项热量所体现出的热平衡特征。正是维持街区空间内部热平衡而持续变化着的各项热量决定了街区空间将是增温还是降温。当街区空间内所获得的热量及时地代谢消失时，街区空间的微气候不会发生变化。当街区空间内所获得的热量增加，且无法及时地代谢消失时，街区空间的微气候表现出增温趋势（如热岛效应）。当街区空间内获得的热量减少，且代谢了更多的热量时，街区空间的微气候表现出降温趋势（如冷巷效应）。

依据前文寒冷地区平原城市中心区 1 km² 街区尺度的微气候指标与街区形态量化指标的相关关系，当街区形态特征有如下表征时，寒冷地区平原城市街区空间在夏季就会表现出增温的趋势：①街区中建筑功能混合度低，建筑功能单一，建筑形态类型均一化；②街区平均天空开阔度大；③街区建筑在城市夏季主导风向上的迎风面积大；④街区平均建筑高度低；⑤街区平均街道高宽比小；⑥街区绿地面积小。具备上述与街区形态相关量化指标特征的街区形态对微气候的增温影响机理主要表现在如下几个方面。

①当街区空间的形态特征表现为建筑功能混合度低、平均天空开阔度大及平均街道高宽比小时，照射到街区建筑上的阳光来回反射，导致街区空间接收了比一般水平面大得多的辐射得热。这种现象在中纬度地区的城市比较显著，正如寒冷地区平原城市在其所处的纬度上，夏季正午时的太阳高度角比较大，街区空间吸收了过量的辐射得热，表现出严重的夏季午后高温化问题。

②当街区空间的形态特征表现为平均建筑高度低，街区建筑在夏季主导风向上的迎风面积大时，街区空间通风不畅，在没有对流或对流热交换量很小的情况下，街区下垫面维持其能量平衡的过程中，没有储存下来的剩余能量就会加热附近的空气，导致街区空间的气温上升。

③当街区空间界面的特征表现为绿地面积小时，街区地表面除了有限的绿地以外几乎都是不透水地面，在街区下垫面维持其能量平衡的过程中，大量的剩余能量被储存下来，转化为热能的形式囤积在街道与建筑的外表面，再以传导的方式加热其表面附近的空气。由于空气中没有有效的湿度，所有的多余热量都将转化为显热通量，导致街区空间的气温升高。

依据前文中寒冷地区平原城市中心区 1 km² 街区尺度的微气候指标与街区形态量化指标的相关关系，当街区形态特征有如下表征时，寒冷地区平原城市街区空间在夏季就会表现出降温的趋势：①街区中建筑功能混合度高，建筑功能复杂，建筑形态类型多样化；②街区平均天空开阔度数值小；③街区建筑在城市夏季主导风向上的迎风面积小；④街区平均建筑高度高；⑤街区平均街道高宽比大（但不大于0.6）；⑥街区绿地面积大。 具备上述与街区形态相关量化指标特征的街区，其形态对微气候的降温影响机理主要表现在如下几个方面。

①当街区空间的形态特征表现为街区建筑功能混合度高、平均天空开阔度数值小、平均街道高宽比大时，建筑的遮挡使照射到街道水平面上的直接太阳辐射量减小，即增加了街区空间的阴影区面积，从而使街区空间对辐射得热的吸收量减小，对街区微气候起到一定程度的降温作用，如冷巷效应。

②当街区空间的形态特征表现为街区建筑功能混合度高、平均建筑高度高、街区建筑在城市夏季主导风向上的迎风面积小时，建筑体量大小和高低的差异，以及建筑对夏季主导风向来风的遮挡面积小，使街区空间保持较高的风速，且风速大小在不同区域存在一定差异性，街区空间内不同速度气流之间的剪应力生成涡旋，而这些涡旋通过机械型混合过程可以携带热空气上升，让冷空气下降，促进街区空间中的热量以对流方式进行交换，带走街区空间中的显热通量，在街区空间中起到一定的降温作用。

③当街区空间界面的特征表现为绿地面积大时，在街区缺少自然水体的情况下绿地能够在很大程度上增加街区空间的湿度，为街区空间提供足够的水分。 在街区下垫面以辐射、对流、传导和蒸发的方式进行热能移动的过程中，街区空间中有效的水分促进街区空间的一部分热交换以蒸发的方式进行，空气中的显热成分因蒸发了街区空间中的水分转变为潜热成分，借助植被的蒸腾作用增加街区空间的潜热通量，从而降低显热通量，对街区空间起到一定的降温作用。

4.5.2　构建舒适微气候的街区形态设计

寒冷地区平原城市中心区街区尺度的微气候在夏季表现出通风不良、热舒适度低的高温化问题。 为了应对这一微气候问题，为构建舒适微气候的街区形态设计需要满足增加街区通风，降低街区辐射得热吸收量的要求。

从前文中寒冷地区平原城市中心区 1 km² 街区尺度的微气候指标与街区形态量

化指标的相关关系可以获悉，寒冷地区平原城市中心区街区容积率、平均迎风面积比、平均建筑高度均与平均风速显著正相关，且利用平均建筑高度变化的一元线性回归方程可以实现对平均风速变化的预测。街区容积率越大（基于本书案例容积率＞4.0），平均风速越有向更低风速回归的趋势。因此，寒冷地区平原城市中心区增加街区通风的街区形态设计可以表现在如下几个方面。

①在街区形态设计中，控制街区地块容积率的大小，限定街区建筑容量（在 1 km² 大小地块内容积率不大于 4.0），防止街区建筑在高度上过于密集化，给空气流通留出足够的空间。

②在街区形态设计中，调整街区建筑单体的平面形状，使街区建筑在夏季城市主导风向上的迎风面积最小化。同时，在道路围合区内建筑群体的布局中，防止体量过大或高度较高的挡风楼位于夏季主导风向的上风处。

③在街区形态设计中，当街区建筑容量不变时，增加建筑高度可以留出更宽敞的室外空间。因此，适度增加街区平均建筑高度，有利于室外空间的空气流动。同时，在增加平均建筑高度时，要使建筑群顺应夏季主导风向呈现出前低后高、逐渐升高的趋势，这样道路围合区内建筑群体在面对夏季主导风向时，将呈现出开敞的状态，有利于引导气流进入。

从前文寒冷地区平原城市中心区 1 km² 大小街区尺度的微气候指标与街区形态量化指标的相关关系可以获悉，寒冷地区平原城市中心区街区建筑功能混合度与平均辐射温度负相关。街区平均天空开阔度、绿地率与平均辐射温度显著正相关，且利用平均天空开阔度变化的一元线性回归方程可以实现对平均辐射温度变化的预测。当绿地率越小（基于本书案例绿地率＜20%），平均辐射温度有向更高 MRT 数值回归的趋势。街区平均街道高宽比与平均辐射温度显著负相关。当平均街道高宽比越大（基于本书案例平均街道高宽比＞0.6），平均辐射温度有向更高 MRT 数值回归的趋势。因此，寒冷地区平原城市中心区降低街区辐射得热吸收量的街区形态设计可以表现在如下几个方面。

①在街区形态设计中，发展多功能混合布局的街区，提高街区建筑功能混合度，使街区建筑形态多样化，使街道与建筑构成的"内部空腔体"空间层次更丰富，这样可以将大量辐射得热反射回高空，从而减少街区地面行人高度区域的辐射得热吸收量。

②在街区形态设计中，适度降低平均天空开阔度，如将街区中的建筑东西向错

位布置，在街区空间内地面开阔处增加了一些遮挡，使平均天空开阔度指标的数值变小，则街区地面获得的辐射得热量也相应有所减小。

③在街区形态设计中，提高街区两侧建筑的高度，适度增大平均街道高宽比（但不大于 0.6），增加街道空间在夏季的阴影区面积，有助于降低街区辐射得热的吸收量。

④在街区形态设计中，建筑设计应秉承节地原则，有助于增加街区绿地面积，提高绿地率标准。 同时，在街道两侧种植高大乔木，借助大量绿地植被的蒸腾作用与树木的遮阳作用，降低街区地面行人高度区域的辐射得热吸收量。

5

城市中心区改善微气候的
街区形态优化调控方法

当前，我国城市的更新与发展导致新旧格局并存，城市街区空间表现出密集化、多元化的形态特征，进而导致了一系列城市微气候问题。面对城市建设与更新进程中的诸多问题，以及城市微气候问题亟待解决的需求，针对不同类型的城市街区形态如何通过有效的规划与建筑设计手段提升城市微气候品质，降低城市能耗，合理利用城市资源已成为刻不容缓的任务与课题。从调节城市微气候的角度出发，大量的研究表明通过有效的城市形态设计策略，能够明显提升城市微气候环境品质。如在城市建设过程中利用建筑群的组合关系以及外部空间形态优化等规划设计和建筑设计手段可以提高城市外部空间的通风能力，加速建筑室外空间的热代谢；通过绿化、水体及城市外部空间界面属性的优化能够明显降低城市下垫面的表面温度，减少城市外部空间的热释放，降低室外气温，提升外部空间热环境品质。本章基于寒冷地区平原城市中心区街区形态与微气候的耦合机理分析，归纳改善微气候的街区形态调控方法，利用 ENVI-met 模拟比较各种调控方法对改善城市微气候的贡献率，对改善城市微气候的寒冷地区平原城市中心区街区形态调控方法进行优化。

5.1 寒冷地区平原城市中心区改善微气候的 街区形态调控方法模拟

5.1.1 寒冷地区平原城市中心区改善微气候的街区形态调控方法

从街区形态对城市微气候的影响机理分析可以获悉，当街区空间内获得的热量和消散的热量无法达到平衡时，街区尺度的城市微气候就会发生相应的变化。街区形态既可以对微气候产生"增温"作用，也可以对微气候产生"降温"作用，这取决于街区设计与街区形态。寒冷地区平原城市中心区街区空间夏季高温产生的主要原因在于街区空间获得了大量的热，且多余热量囤积无法及时消散。因此，从缓解夏季高温的角度而言，街区形态的调控方法应从控制街区空间的"得热"和加速"散热"两个方面着手。

本书基于改善微气候的街区形态调控方法，主要为了应对寒冷地区平原城市中心区街区尺度微气候的夏季高温化问题，通过调控影响城市微气候的街区形态构成要素达到控制"得热"和加速"散热"的目标，实现对街区尺度城市微气候不同程度的调节与改善，进而缓解夏季高温化。本小节基于寒冷地区平原城市中心区街区形态与微气候的耦合机理分析，归纳出寒冷地区平原城市中心区改善夏季微气候的街区形态调控方法。

1. 控制"得热"的街区形态调控方法

方法一：利用改变街区建筑形态及其集聚方式的方法，减少街区下垫面接收太阳辐射的净辐射热通量，达到控制"得热"的目标。依据本书第4章对寒冷地区平原城市中心区街区形态与微气候的耦合关系分析，当街区空间的形态特征表现为平均天空开阔度大、平均街道高宽比小时，照射到街区建筑上的阳光来回反射，导致街区空间接收了比一般水平面大得多的辐射得热。因此，在改变街区建筑形态及其集聚方式的方法中，降低街区空间的平均天空开阔度，适度提高街区空间的平均街道高宽比，均能够有助于减少街区下垫面接收太阳辐射的净辐射热通量，达到控制"得热"的目标。

方法二：利用改变街区下垫面材质的物理属性，提高街区下垫面反照率的方法，减少街区下垫面接收太阳辐射的净辐射热通量，并降低街区下垫面的蓄热能力，达到控制"得热"的目标。不同的街区下垫面材质的光学性质与热学性质能够改变太阳辐射在街区空间中被反射与吸收的过程，影响街区空间所获取的太阳辐射得热量和下垫面的蓄热能力，从而影响改变街区尺度的城市微气候特征。在本书第2章与街区形态相关的量化指标筛选中，因考虑到城市中心区街区下垫面的地表面材质几乎相同，且下垫面粗糙度差异也不大，地表反照率指标在中心区不同街区形态类型中对比性不强，故在街区形态与微气候耦合机理分析的研究中并未选用地表反照率指标。但在改善微气候的街区形态调控方法中，运用人工手段使原有街区下垫面反照率发生变化，将可能对微气候的改善起到很大的作用。因此，此处使用反照率指标表征街区下垫面材质属性的变化，以便于探究适用的改善微气候的街区形态调控方法。依据寒冷地区平原城市中心区13种街区形态类型的特征，改变街区下垫面材质的物理属性，提高街区下垫面反照率可以通过改变街区建筑外立面及屋顶的材质属性（包括色彩、太阳辐射反射系数值以及导热系数值等），或改变街区地表面（道路和硬质铺地）材质属性（包括色彩、太阳辐射反射系数值、导热系数值以及透水性能等）的具体操作方法来实现。

2. 加速"散热"的街区形态调控方法

方法一：利用改变街区建筑形态及其集聚方式的方法，提高街区空间通风换气性能，达到加速"散热"的目标。 依据本书第 4 章对寒冷地区平原城市中心区街区形态与微气候的耦合机理分析，当街区空间的形态特征表现为街区平均建筑高度高，街区建筑在城市夏季主导风向上的迎风面积小时，建筑体量大小和高低的差异，以及建筑对夏季主导风向来风的遮挡面积小，使得街区空间保持较高的风速，有利于促进街区空间中的热量以对流方式进行交换，带走街区空间中的显热通量，对街区空间起到一定的降温作用。 因此，在改变街区建筑形态及其集聚方式的方法中，适度改变街区建筑的平面形状，使街区建筑群在城市主导风向上的总体迎风面积减小；或提高街区建筑的平均建筑高度，使街区建筑之间的间距增大，这些方法均能够有助于提高街区空间的通风换气性能，达到加速"散热"的目标。

方法二：利用增加街区下垫面绿化空间分布的方法，增大街区空间热交换的潜热通量，减少显热通量的热交换，借助植被的蒸腾作用，达到加速"散热"的目标。 在城市建设中，增加绿化空间能够提高人们的生活环境质量，且与解决城市过密而产生的室外高温问题是密不可分的。 随着城市建筑的高层化，绿化空间不仅包括地表面上的绿化，还包括立体空间的绿化。 在寒冷地区平原城市中心区，加强用地规划，尽可能多地增加绿地面积和加大树木种植，将成为缓和城市中心区过密环境中夏季高温化现况最实用的办法。 但值得注意的是，过量的或不合适的绿化也有可能会阻碍街区空间的通风换气，还有可能助长街区空间的闷热。 因此，需要适度利用增加绿化来加速街区空间的"散热"，且在不同类型街区中，绿化对改善微气候的作用也会存在差异。

5.1.2 13 种街区形态类型典型模型调控方法假设工况的设定

为了对寒冷地区平原城市街区形态调控方法进行优化，需要进一步分析每种街区形态调控方法对改善微气候的效果如何。 本书基于寒冷地区平原城市中心区 13 种街区形态类型的典型模型，按照街区形态调控方法设定出不同的假设工况，利用城市微气候模拟软件 ENVI-met 对不同假设工况条件下典型模型的风场和温度场进行模拟，通过不同假设工况条件下典型模型的温度场变化对比使用不同街区形态调控方法改善微气候的效果。

依据上述对改善微气候的寒冷地区平原城市中心区街区形态调控方法的归纳，

本小节基于寒冷地区平原城市中心区 13 种街区形态类型典型模型，设定了街区空间形态变化（工况 A 系列）和街区界面属性变化（工况 B 系列）的十种假设工况。

①工况 A 系列：该工况系列的设定是为了通过街区空间形态的各种变化方式，达到控制"得热"和加速"散热"目标，进而改善街区微气候，解决夏季高温问题。该工况系列总共设置了五种假设工况条件，包括一个基准工况和四个变化工况（表 5-1）。其中基准工况为参照标准，四个变化工况均与基准工况进行对比，用于评定四个变化工况所采用的街区空间形态变化方式对改善街区微气候的效果。为了更有效地对比街区空间形态各种变化方式对微气候的影响，简化多余影响因素对微气候变化的作用，在工况设定中去除了所有的绿化设置，只保留街道和建筑的形态。

表 5-1　街区空间形态变化（工况 A 系列）各假设工况条件设定情况统计表

工况	工况条件设定描述	工况条件设定说明	典型模型假设工况示意图
基准工况 A	建筑顶面与立面为混凝土材质，道路为沥青材质，其余为混凝土路面砖铺地	为了更有效地对比街区形态各种变化方式对微气候的影响，模型设定中去除了所有的绿化设置，只保留街道和建筑的形态	
变化工况 A1	水平向空间形态发生变化，建筑东西向错位排布	控制"得热"的街区形态调控方法，以降低平均天空开阔度指标为表征，达到降低街区平均辐射温度的目的，进而降低街区空间的空气温度	
变化工况 A2	水平向空间形态发生变化，建筑的南向面宽减小，并适度加大建筑进深	加速"散热"的街区形态调控方法，以减小街区建筑群在主导风向上的迎风面积为表征，达到提高街区平均风速的目的，促进街区内多余热量的及时消散，进而降低街区空间的空气温度	

Table continued.

工况	工况条件设定描述	工况条件设定说明	典型模型假设工况示意图
变化工况 A3	垂直向空间形态发生变化，提高道路围合区中最北向沿街一排建筑的高度	加速"散热"的街区形态调控方法，以提高街区建筑平均高度为表征，达到提高街区平均风速的目的，促进街区内多余热量的及时消散，进而降低街区空间的空气温度	
变化工况 A4	垂直向空间形态发生变化，提高道路围合区中最北向沿街一排建筑和东西向沿街建筑局部的高度	控制"得热"的街区形态调控方法，以提高平均街道高宽比为表征，达到降低街区平均辐射温度的目的，进而降低街区空间的空气温度	

表格来源:作者自绘。

基准工况 A：该工况的设定依据本书第 2 章中建立的寒冷地区平原城市中心区 13 种街区形态类型典型模型（表 2-28），去除了典型模型中绿地和树木的设置，建立 ENVI-met 模拟模型。 工况中的建筑与街道的参数设定如下：建筑顶面与立面为灰色混凝土材质[默认厚度为 30 mm；导热系数为 1.7 W/（m·K）；反射率为 0.2；吸收率为 0.8]，道路为灰色沥青材质[反照率为 0.1；导热系数为 1.1 W/（m·K）]，其余为灰色混凝土路面砖铺地[反照率为 0.2；导热系数为 1.7 W/（m·K）]。

变化工况 A1：该工况设定使街区空间形态在水平向发生变化，通过将基准工况 A 所有建筑进行东西向错位布置的方法，使街区空间形态的平均天空开阔度指标适度降低，而建筑与街道的参数依然按照基准工况 A 的条件设定。 在该工况条件的设定中，典型模型地块的建筑密度和容积率均不发生变化，因建筑东西向的错位布置，地面开阔处增加了一些遮挡，平均天空开阔度指标的数值变小，而平均建筑高度、平均街道高宽比等其他街区空间形态指标也未发生变化。 依据本书第 4 章中寒冷地区平原城市中心区街区形态量化指标与微气候指标的数值关系，平均天空开阔度与街区尺度微气候 1.5 m 高处的平均气温和平均辐射温度均显著正相关。 因此，该工况的设定属于控制"得热"的街区形态调控方法，以降低平均天空开阔度指标为表征，达到降低街区平均辐射温度的目的，进而降低街区空间的空气温度。

变化工况 A2：该工况设定使街区空间形态在水平向发生变化，通过将基准工况 A 所有建筑的南向面宽减小，并适度加大其建筑进深的做法，使街区建筑群在城市主导风向（以郑州夏季为例的东南风向）上的整体迎风面积相对基准工况 A 大大减小，而建筑与街道的参数依然按照基准工况 A 的条件设定。该工况条件的设定，在减小南向面宽，并适度加大其建筑进深时，秉承建筑单体面积变化最小化的原则。典型模型地块的建筑密度和容积率会发生很小的变化，但这个变化不允许超过典型模型分类中对建筑密度和容积率的限定范围。该工况条件下的平均建筑高度、平均街道高宽比指标不发生变化，平均天空开阔度发生极微小的变化。该工况的设定属于加速"散热"的街区形态调控方法，以减小街区建筑群在城市主导风向上的迎风面积大小为表征，达到提高街区平均风速的目的，促进街区多余热量及时消散，进而降低街区空间的空气温度。

变化工况 A3：该工况设定使街区空间形态在垂直向发生变化，通过提高基准工况 A 中每一个道路围合区最北向沿街一排建筑高度的做法，使街区空间形态的平均建筑高度提高，而建筑与街道的参数依然按照基准工况 A 的条件设定。在该工况条件的设定中，典型模型地块的建筑密度不变，由于道路围合区最北向一排建筑高度的提高，街区的容积率会有所提高（其变化幅度并不超出该类型街区容积率的限定范围，且符合寒冷地区对居住建筑日照标准的要求），平均建筑高度变化明显，而平均迎风面积比不变，平均天空开阔度、平均街道高宽比有轻微变化。依据本书第 4 章中寒冷地区平原城市中心区街区形态量化指标与微气候指标的数值关系，平均建筑高度与街区尺度微气候 1.5 m 高处的平均风速显著正相关。因此，该工况的设定属于加速"散热"的街区形态调控方法，以提高平均建筑高度指标为表征，达到提高街区平均风速的目的，促进街区多余热量及时消散，进而降低街区空间的空气温度。

变化工况 A4：该工况设定使街区空间形态在垂直向发生变化，通过提高基准工况 A 中每一个道路围合区最北向沿街一排的建筑和东西向沿街建筑局部的建筑高度，形成道路围合区外高内低的 U 形布局，使街区空间形态的平均街道高宽比提高，而建筑与街道的参数依然按照基准工况 A 的条件设定。在该工况条件的设定中，典型模型地块的建筑密度不变，由于道路围合区北向和东西向沿街建筑高度的提高，街区的容积率会有所提高（其变化幅度并不超出该类型街区容积率的限定范围，且符合寒冷地区对居住建筑日照标准的要求），平均街道高宽比指标的变化显著，而平均建筑高度、平均天空开阔度、平均迎风面积比等街区空间形态指标发生轻微变化。 依据本书第4章中寒冷地区平原城市中心区街区形态量化与微气候指标的数值关系，平均街道高宽比与街区尺度微气候1.5 m高处的平均辐射温度显著负相关。 因此，该工况的设定属于控制"得热"的街区形态调控方法，以提高平均街道高宽比为表征，达到降低街区平均辐射温度的目的，进而降低街区空间的空气温度。

②工况B系列：该工况系列的设定是为了通过街区界面属性的各种变化方式，达到控制"得热"和加速"散热"目标，进而改善街区微气候，解决夏季高温问题。 该工况系列总共设置了五种假设工况条件，包括一个基准工况和四个变化工况（表5-2）。 其中基准工况为参照标准，四个变化工况均与基准工况进行对比，用于评定四个变化工况所采用的街区界面属性变化方式对改善街区微气候的效果。 为了更有效地对比街区界面属性的各种变化方式对微气候的影响，在工况设定中保持最接近实例的典型模型设定，保留绿化和树木的基本配置。

表5-2　街区界面属性变化（工况B系列）各假设工况条件设定情况统计表

工况	工况条件设定描述	工况条件设定说明	典型模型假设工况示意图
基准工况B	建筑顶面与立面为混凝土，道路为沥青，其余为混凝土路面砖铺地；绿地率依据国家相关规定最低标准设置，树木沿街道两侧布置	为了更有效地对比街区界面属性材质的各种变化方式对微气候的影响，模型保持最接近实例的设定，保留了绿化和树木的基本配置	
变化工况B1	街区界面属性的反照率发生变化，道路和混凝土路面砖的材质设为白色，并提高道路和混凝土路面砖的反照率	控制"得热"的街区形态调控方法，以提高街区地表面反照率为表征，达到减少街区空间获得净辐射热通量的目的，进而降低街区空间的空气温度	

工况	工况条件设定描述	工况条件设定说明	典型模型假设工况示意图
变化工况 B2	街区界面属性的反照率发生变化，建筑立面和顶面的材质，道路和混凝土路面砖的材质均设置为白色，并提高这些材质的反照率	控制"得热"的街区形态调控方法，以提高街区地表面和建筑外表面反照率为表征，达到减少街区空间获得净辐射热通量的目的，进而降低街区空间的空气温度	
变化工况 B3	街区界面属性的"冷源"发生变化，除去道路以外的其他所有街区地面均设置为绿地	加速"散热"的街区形态调控方法，以绿地面积的最大化为表征，借助植被的蒸腾作用，达到增加潜热通量和降低显热通量的目的，进而降低街区空间的空气温度	
变化工况 B4	街区界面属性的"冷源"发生变化，除去道路以外的其他所有街区地面均设置为绿地，并在绿地区域将 10 m 高树木按 20 m 间距阵列布置	加速"散热"的街区形态调控方法，以绿地面积和树木种植的最大化为表征，借助植被的蒸腾作用，达到增加潜热通量和降低显热通量的目的，进而降低街区空间的空气温度	

表格来源：作者自绘。

基准工况 B：该工况的设定依据本书第 2 章中建立的寒冷地区平原城市中心区 13 种街区形态类型典型模型（表 2-28），保留典型模型中的绿地和树木的设置，建立 ENVI-met 模拟模型。工况中的建筑与街道的参数设定如下：建筑顶面与立面为灰色混凝土材质[默认厚度为 30 mm；导热系数为 1.7 W/（m·K）；反射率为 0.2；吸收率为 0.8]，道路为灰色沥青材质[反照率为 0.1；导热系数为 1.1 W/（m·K）]，其余为灰色混凝土路面砖铺地[反照率为 0.2；导热系数为 1.7 W/（m·K）]。工况中的绿地设置按照《城市用地分类与规划建设用地标准》（GB 50137—2011），《城市绿化规划建设指标的规定》《城市居住区规划设计标准》（GB 50180—2018）等规范标准的最低要求设定。工况中的树木设置为 10 m 高树木，按

20 m 间距沿街道（包括主干路、次干路和支路三级道路）的周边布置。

变化工况 B1：该工况的设定使街区界面属性的反照率发生变化，通过将基准工况 B 的道路设为白色沥青［反照率为 0.4；导热系数为 1.1 W/（m·K）］，混凝土路面砖设为白色混凝土路面砖［反照率为 0.5；导热系数为 1.5 W/（m·K）］的方法，使街区界面属性中地表面的反照率增大，而建筑、绿地和树木的参数依然按照基准工况 B 的条件设定。 在该工况条件的设定中，典型模型地块街区空间形态指标均不发生变化，只改变了街区地表面材质的颜色和反照率。 依据本书第 4 章对寒冷地区平原城市中心区街区形态与微气候耦合机理的分析，街区地表面因材质属性导致街区空间接收大量太阳辐射能量（即净辐射热通量），并将之转化为热能囤积在地表面，是引起街区空间气温升高的重要原因之一。 因此，该工况设定属于控制"得热"的街区形态调控方法，以提高街区地表面反照率为表征，达到减少街区空间获得净辐射热通量的目的，进而降低街区空间的空气温度。

变化工况 B2：该工况的设定使街区界面属性的反照率发生变化，通过将基准工况 B 的建筑顶面和立面设为高反射率的白色粉刷混凝土材质［默认厚度为 30 mm；导热系数为 1.7 W/（m·K）；反射率为 0.5；吸收率为 0.5］，道路设为白色沥青［反照率为 0.4；导热系数为 1.1 W/（m·K）］，混凝土路面砖设为白色混凝土路面砖［反照率为 0.5；导热系数为 1.5 W/（m·K）］的方法，使街区界面属性中下垫面的整体反照率增大，而绿地和树木的参数依然按照基准工况 B 的条件设定。 在该工况条件的设定中，典型模型地块街区空间形态指标均不发生变化，只改变了街区地表面材质、建筑立面和建筑顶面材质的颜色和反照率。 依据本书第 4 章对寒冷地区平原城市中心区街区形态与微气候耦合机理的分析，街区空间的多次反射和街区下垫面（包括街区地表面和建筑表面）材质属性导致街区空间接收了大量太阳辐射能量（即净辐射的热通量），并将之转化为热能囤积在建筑和街道的外表面，进而以传导的方式加热其表面周围的空气，使街区空间气温升高。 因此，该工况设定属于控制"得热"的街区形态调控方法，以提高街区下垫面反照率为表征，达到减少街区空间获得净辐射热通量的目的，进而降低街区空间的空气温度。

变化工况 B3：该工况的设定使街区界面属性的"冷源"发生变化，通过将基准工况 B 中除去道路以外的所有地表面设置为草地（草高 50 mm）的方法，使绿地率达到最大化，而建筑、街道和树木的参数依然按照基准工况 B 的条件设定。 在该工况条件的设定中，典型模型地块街区空间形态指标均不发生变化，建筑顶面和立面以及街道的材质属性不发生变化，树木设置也不发生变化，只把绿地面积最大化设定。依据本书第4章对寒冷地区平原城市中心区街区形态与微气候耦合机理的分析，街区下垫面以辐射、对流、传导以及蒸发等方式进行热交换过程中的显热与潜热通量决定了街区尺度微气候的空气温度变化，街区中植被的蒸腾作用有助于增加街区空间的潜热通量，减少显热通量。因此，该工况设定属于加速"散热"的街区形态调控方法，以绿地面积的最大化为表征，借助植被的蒸腾作用，达到增加街区空间内热交换过程中的潜热通量和降低显热通量的目的，进而降低街区空间的空气温度。

变化工况B4：该工况的设定使街区界面属性的"冷源"发生变化，通过将基准工况B中除去道路以外的所有地表面设置为草地（草高50 mm），并在草地区域布置10 m高树木，按20 m间距阵列布置，使绿地和树木达到最大化。在该工况条件的设定中，典型模型地块街区空间形态指标均不发生变化，建筑顶面和立面以及街道的材质属性不发生变化，只把绿地和树木设定到最大化。依据本书第4章对寒冷地区平原城市中心区街区形态与微气候耦合机理的分析，在街区下垫面以辐射、对流、传导和蒸发的方式进行热能移动的过程中，街区空间中有效的水分促进街区空间的一部分热交换以蒸发的方式进行，空气中的显热成分因蒸发了街区空间中的水分转变为潜热成分，借助植被的蒸腾作用增加街区空间的潜热通量，从而降低显热通量，对街区空间起到一定的降温作用。因此，该工况设定属于加速"散热"的街区形态调控方法，以绿地面积和树木种植的最大化为表征，借助植被的蒸腾作用及树木的遮阳作用，达到增加街区空间内热交换过程中的潜热通量和降低显热通量的目的，进而降低街区空间的空气温度。

5.1.3 采用不同街区形态调控方法改善微气候的 ENVI-met 模拟结果分析

本书利用城市微气候软件 ENVI-met，对寒冷地区平原城市中心区13种街区形态类型典型模型的上述10种调控方法假设工况条件下的温度场进行模拟，其中 ENVI-met 模拟的边界条件和背景气候条件（表3-3、表3-4）依据本书第3章中对软件进行验证时使用的郑州市夏季典型日2017年7月23日的气候条件进行设置。

本小节利用13种街区形态类型典型模型的10种调控方法假设工况在2017年7月23日14:00和21:00两个典型时间段的 ENVI-met 模拟温度场图（附录：图1～图

26)，通过温度场云图呈现出差异性，以及依据 ENVI-met 模拟温度场分布数据以及最低气温和最高气温的统计结果，将每种假设工况条件下街区微气候的变化情况与基准工况进行比对，以此来辨别出与街区形态调控方法相对应的假设工况条件下街区微气候改善程度的差别。为了更显著展示出各种假设工况条件下采用不同街区形态调控方法改善街区微气候的效果差异性，作者将工况 A 系列和工况 B 系列对微气候改善的情况按照星级（由四星级到一星级，从高到低）进行排序（附录：图 1 ～图 26），其中四星级为改善微气候效果最为显著的街区形态调控方法，一星级为改善微气候效果最不显著的街区形态调控方法。

本小节通过对 13 种街区形态类型典型模型的 10 种调控方法假设工况在 2017 年 7 月 23 日 14:00 和 21:00 两个典型时间段的 ENVI-met 模拟温度场云图的对比，可以发现某种街区形态调控方法对某一类型的街区微气候改善效果显著，对另一类型的街区微气候改善效果又不显著，且每种街区形态调控方法对不同类型的街区微气候改善效果具有很强的规律性特征。

街区空间形态变化的 4 种调控方法对 13 种街区形态类型微气候改善的效果呈现出如下特征。

①街区建筑东西向错位排布，改变街区空间水平向空间形态，以降低平均天空开阔度指标为表征的调控方法，对商务中密型街区下午微气候的改善效果显著。

②减小街区建筑的南向面宽，并适度加大建筑进深，改变街区空间水平向空间形态，以减小街区建筑群在主导风向上的迎风面积为表征的调控方法，能够提高街区平均风速，促进街区内多余热量的及时消散，对商住低密型街区下午微气候的改善效果显著，对居住型街区晚上微气候的改善效果显著。

③提高道路围合区中最北向沿街一排建筑的高度，改变街区空间垂直向空间形态，以提高街区建筑平均高度为表征的调控方法，对商住型街区晚上微气候的改善效果显著。

④提高道路围合区中最北向沿街一排建筑和东西向沿街建筑局部的高度，改变街区空间垂直向空间形态，以提高平均街道高宽比为表征的调控方法，对商住高密型、商住中密型和居住型街区下午微气候的改善效果显著，对商务型街区晚上微气候的改善效果显著。

街区界面属性变化的 4 种调控方法对 13 种街区形态类型微气候的改善效果呈现出如下特征。

①将街区道路和混凝土路面砖设置为白色，以提高街区地表面反照率为表征的调控方法，对商住中容型和商务中容型街区下午微气候的改善效果显著。

②将街区建筑立面和顶面，以及街区道路和混凝土均设置为白色，以提高街区地表面和建筑外表面反照率为表征的调控方法，对商住高容型和居住高密型街区下午微气候的改善效果显著。

③增加街区地表面的绿地面积，以街区绿地面积的最大化为表征的调控方法，对商住低密型、居住中密型、居住低密型以及商务高容型街区下午微气候的改善效果显著。

④增加街区地表面的绿地面积，并在绿地区域种植树木，以绿地面积和树木种植的最大化为表征的调控方法，对商住型、居住型和商务型街区晚上微气候的改善效果均显著。

5.2　寒冷地区平原城市中心区改善微气候的街区形态调控方法优化

在寒冷地区平原城市中心区，不同街区类型表现出微气候特征的差异性，最本质原因在于影响微气候的该街区类型的街区形态各构成要素综合表现出的差异性。因此，对不同的街区类型采取相同的街区形态调控方法，街区形态调控方法所产生的作用也会有一定的差异性。而哪一种街区形态调控方法对改善该类型街区微气候的作用最大，或者说，调控哪一个街区形态构成要素对该类型街区微气候可以起到最好的调节效果，且这种调控方法的实施又易于人工操控，具备经济性、便捷性等优点，那么该方法就是可行的。

5.2.1　街区形态调控方法对改善微气候的贡献率分析

"贡献率（contribution ratio）"一词是源自分析经济效益的一个指标，常被用于分析经济增长中各因素作用大小的程度。把贡献率的概念借用于微气候的研究，最初是被应用在室内热环境的解析中。室内热环境形成贡献率（contribution ratio of indoor climate，CRI）研究，由日本学者 Kato 等[1]在 1994 年首次提出，在进一步的研究中，CRI 被用来表征室内空间热环境所有影响因素中每一个因素对环境温度分布的贡献率。

室内热环境形成贡献率是一种根据室内的速度场、温度场、辐射场的耦合模拟，各个外部扰动和内部扰动、操作因素对室内温热环境形成的作用程度进行构造性评价的方法。 室内微气候的形成是由于室内存在着各种散热和外部扰动，如果能够知道这些热要素在室内各点的温度形成中发挥怎样的作用，就能进一步理解热环境形成的构造机理，使热环境的设计更进一步。 供冷或者供暖是针对使室内温度比设定的温度上升或下降的外部扰动（如贯流热负荷）和内部扰动（如内部发热）的冷热源而言，利用作为补偿操作因素的冷热源（例如送入冷风）使室温维持在设定温度的系统。 采用室内热环境形成贡献率是为了明确这些外部扰动和内部扰动以及操作因素对室内的热环境分布特性的影响程度，那么就有可能对外部扰动和内部扰动采用最合适的操作要素，高效地进行室内的热环境设计。

在街区尺度城市微气候的研究中，微气候的形成是由多种因素共同作用的结果，各种因素在街区尺度城市微气候形成的物理构造机理及其作用程度就是街区尺度城市微气候形成主要因素的贡献率。 如果能够分析出各种构成因素在室外微气候形成中作用程度的大小，就能进一步针对发挥重要作用的构成因素设置有效的优化调控方法。 对室外微气候产生影响的因素众多，且各因素之间的关系相对复杂。室外空间是完全开放的，对室外微气候形成主要因素贡献率的分析并不能像室内那样，可以在一个限定的空间内，分析各种外部扰动和内部扰动及操作因素与微气候环境分布特性的关系。

换个方式思考，对街区尺度城市微气候形成主要因素贡献率大小的分析，可以借助分析采用街区形态调控方法改善微气候的效果来实现。 依据影响城市微气候的街区形态主要构成要素分析和街区形态与城市微气候的耦合机理分析，而制定出的改善微气候的各种街区形态调控方法，在街区尺度城市微气候调节机理中将发挥何种程度的作用，实际上间接反映出街区微气候形成中某一主要因素的贡献率。 如果能够明确这些问题，那么就有可能获取改善微气候的街区形态优化调控方法，从而

[1] KATO S, MURAKAMI S, KOBAYASHI H. New scales for assessing contribution of heat sources and sinks to temperature distributions in room by means of numerical simulation [J]. Transactions of the Society of Heating Air Conditioning & Sanitary Engineers of Japan, 1994.

实现对街区尺度城市微气候的有效改善。基于改善微气候的街区形态调控方法的贡献率分析，可以借助计算机模拟技术，通过对不同调控方法下的街区尺度城市微气候这一复杂物理现象的数值模拟解析来求证其贡献率大小。

本书基于改善微气候的角度，将街区形态调控方法设置为不同条件的假设工况，利用城市微气候模拟软件 ENVI-met 对寒冷地区平原城市中心区 13 种街区形态典型模型的各种街区形态调控方法的假设工况进行模拟。对比 ENVI-met 模拟 10 种假设工况的温度场分布图（附录：图 1 ~ 图 26），可以发现在不同的街区形态类型中，不同街区形态调控方法假设工况所表现出的改善微气候的作用程度（即贡献率）存在很大差异性。作者依据每种工况条件下降低街区室外气温的效果，以及街区形态调控方法对改善微气候的作用程度（即贡献率）进行排序，排序的首要原则是以工况对降低街区室外气温的效果最好为优，其次，当出现两种工况条件下降低街区室外气温的效果相同或几乎相同的情况时，以对应工况的街区形态调控方法的实施最易于人工操作且最便捷的为优。

为了更有效地对比每种工况的街区形态调控方法对改善微气候的贡献率，作者将寒冷地区平原城市中心区 13 种街区形态类型典型模型的街区空间形态变化（工况A 系列）中的变化工况 A1、A2、A3、A4，以及街区界面属性变化（工况 B 系列）中的变化工况 B1、B2、B3、B4 对微气候的贡献率排序进行汇总统计（表 5-3、表 5-4）。从表 5-3 和表 5-4 的汇总统计结果可以发现，以变化工况为表征的街区形态调控方法在寒冷地区 13 种街区形态类型对改善微气候的贡献率排序中存在很强的规律性分布特征，可具体归纳如下。

表 5-3　寒冷地区平原城市中心区街区形态调控方法对改善微气候的贡献率排序表
（基于郑州市夏季 2017 年 7 月 23 日 14：00 的背景气候条件）

街区形态类型	工况 A 系列对改善微气候的贡献率排序	工况 B 系列对改善微气候的贡献率排序
BMT1-1 商住高密高容型街区	工况 A4→工况 A3→工况 A2→工况 A1	工况 B2→工况 B1→ 工况 B3→工况 B4
BMT1-2 商住高密中容型街区	工况 A4→工况 A3→工况 A2→工况 A1	工况 B1→工况 B2→ 工况 B3→工况 B4

街区形态类型	工况 A 系列对改善微气候的贡献率排序	工况 B 系列对改善微气候的贡献率排序
BMT1-3 商住中密高容型街区	工况 A4→工况 A3→工况 A2→工况 A1	工况 B2→工况 B1→ 工况 B3→工况 B4
BMT1-4 商住中密中容型街区	工况 A4→工况 A3→工况 A2→工况 A1	工况 B1→工况 B2→ 工况 B3→工况 B4
BMT1-5 商住型低密高容街区	工况 A2→工况 A1→工况 A4→工况 A3	工况 B3→工况 B2→ 工况 B1→工况 B4
BMT1-6 商住低密中容型街区	工况 A2→工况 A1→工况 A4→工况 A3	工况 B3→工况 B2→ 工况 B1→工况 B4
BMT2-1 居住高密中容型街区	工况 A4→工况 A3→工况 A1→工况 A2	工况 B2→工况 B1→ 工况 B3→工况 B4
BMT2-2 居住高密低容型街区	工况 A4→工况 A3→工况 A2→工况 A1	工况 B2→工况 B1→ 工况 B3→工况 B4
BMT2-3 居住中密中容型街区	工况 A4→工况 A3→工况 A2→工况 A1	工况 B3→工况 B2→ 工况 B1→工况 B4
BMT2-4 居住低密中容型街区	工况 A4→工况 A3→工况 A2→工况 A1	工况 B3→工况 B2→ 工况 B1→工况 B4
BMT3-1 商务中密高容型街区	工况 A1→工况 A3→工况 A2→工况 A4	工况 B3→工况 B2→ 工况 B1→工况 B4
BMT3-2 商务中密中容型街区	工况 A1→工况 A4→工况 A3→工况 A2	工况 B1→工况 B2→ 工况 B3→工况 B4
BMT3-3 商务中密低容型街区	工况 A4→工况 A1→工况 A3→工况 A2	工况 B3→工况 B2→ 工况 B1→工况 B4

表格来源:作者自绘。

表 5-4　寒冷地区平原城市中心区街区形态调控方法对改善微气候的贡献率排序表
（基于郑州市夏季 2017 年 7 月 23 日 21：00 的背景气候条件）

街区形态类型	工况 A 系列对改善微气候的贡献率排序	工况 B 系列对改善微气候的贡献率排序
BMT1-1 商住高密高容型街区	工况 A3→工况 A2→工况 A1→工况 A4	工况 B4→工况 B2→工况 B1→工况 B3
BMT1-2 商住高密中容型街区	工况 A3→工况 A2→工况 A1→工况 A4	工况 B4→工况 B2→工况 B1→工况 B3
BMT1-3 商住中密高容型街区	工况 A3→工况 A2→工况 A1→工况 A4	工况 B4→工况 B2→工况 B1→工况 B3
BMT1-4 商住中密中容型街区	工况 A3→工况 A2→工况 A1→工况 A4	工况 B4→工况 B2→工况 B1→工况 B3
BMT1-5 商住型低密高容街区	工况 A3→工况 A2→工况 A1→工况 A4	工况 B4→工况 B2→工况 B1→工况 B3
BMT1-6 商住低密中容型街区	工况 A3→工况 A2→工况 A1→工况 A4	工况 B4→工况 B2→工况 B1→工况 B3
BMT2-1 居住高密中容型街区	工况 A2→工况 A3→工况 A4→工况 A1	工况 B4→工况 B2→工况 B1→工况 B3
BMT2-2 居住高密低容型街区	工况 A2→工况 A3→工况 A4→工况 A1	工况 B4→工况 B2→工况 B1→工况 B3
BMT2-3 居住中密中容型街区	工况 A2→工况 A3→工况 A4→工况 A1	工况 B4→工况 B2→工况 B1→工况 B3
BMT2-4 居住低密中容型街区	工况 A2→工况 A3→工况 A4→工况 A1	工况 B4→工况 B2→工况 B1→工况 B3
BMT3-1 商务中密高容型街区	工况 A3→工况 A4→工况 A2→工况 A1	工况 B4→工况 B3→工况 B2→工况 B1
BMT3-2 商务中密中容型街区	工况 A4→工况 A3→工况 A2→工况 A1	工况 B4→工况 B3→工况 B1→工况 B2
BMT3-3 商务中密低容型街区	工况 A4→工况 A3→工况 A2→工况 A1	工况 B4→工况 B3→工况 B1→工况 B2

表格来源：作者自绘。

14:00 时工况 A 系列：①商住高密型、中密型与居住型街区的街区空间形态变化对改善微气候的贡献率排序趋于一致；②商住低密型街区的街区空间形态变化对改善微气候的贡献率排序一致。

14:00 时工况 B 系列：①商住高密高容型、中密高容型与居住高密型街区的街区界面属性变化对改善微气候的贡献率排序一致；②商住高密中容型、中密中容型与商务中密中容型街区的街区界面属性变化对改善微气候的贡献率排序一致；③商住低密型、居住中密型、低密型与商务中密高容型、中密低容型街区的街区界面属性变化对改善微气候的贡献率排序一致。

21:00 工况 A 系列：①商住型街区的街区空间形态变化对改善微气候的贡献率排序一致；②居住型街区的街区空间形态变化对改善微气候的贡献率排序一致；③商务中容型、低容型街区的街区空间形态变化对改善微气候的贡献率排序一致。

21:00 工况 B 系列：①商住型街区和居住型街区的街区界面属性变化对改善微气候的贡献率排序一致；②商务中容型、低容型街区的街区界面属性变化对改善微气候的贡献率排序一致。

5.2.2 基于贡献率的改善微气候的街区形态调控方法优化

从上述 ENVI-met 模拟的对比结果来看，每种工况条件下改善微气候的状况在不同的街区形态类型中表现出趋势化的差异性，且同一工况条件下改善微气候的状况在同一种街区形态类型的下午和晚上也表现出趋势化的差异性。由于街区形态调控方法对改善微气候的贡献率排序表现出显著的趋势化差异特征，基于贡献率排序的这些趋势化差异，就可以对改善微气候的街区形态调控方法进行优化，以便将对改善微气候有最优效果的每种街区形态调控方法运用在最适合的街区形态类型之中。

在街区空间形态变化的调控方法中，街区建筑东西向错位排布，降低平均天空开阔度的调控方法在商住型街区和居住型街区中对改善微气候的贡献率很小。但在商务型街区中，对较大体量的建筑采取错位排布的方法能够对街区室外空间起到一定的降温效果。缩小街区建筑面宽，使街区建筑群在城市主导风向上的迎风面积变小的调控方法在商住型街区和居住型街区中对改善微气候的贡献率大于建筑东西向错位的调控方法，但该方法在商务型街区中对改善微气候的贡献率却很小。增加道路围合区内建筑群最北一列建筑的高度，提高街区建筑平均高度的调控方法在商住型街区和居住型街区中能够对街区室外空间起到适度的降温效果，但在商务型街区中对改善微气候的贡献率很小。增加道路围合区内建筑群北向一列和东西向建筑局部的高度，提高街区平均街道高宽比的调控方法在商住型街区和居住型街区中对改善微气候的贡献率最大，该方法在下午时间对街区室外空间的降温效果较明显。但在晚上时，该方法使街区道路围合区形成外高内低的 U 形布局特征，结果导致街区室外空间的整体空气流动能力大大下降，使晚上的降温效果比其他的街区空间形态变化调控方法差一些。

在街区界面属性变化的调控方法中，提高地表面反照率的调控方法，在中容型（2.0≤容积率≤3.5）的商住和商务街区中对改善微气候的贡献率较大。提高地表面和建筑表面的反照率的调控方法，在高容型（容积率＞3.5）的商住街区或高密型（建筑密度＞30%）的居住街区中对改善微气候的贡献率较大，在中容型（2.0≤容积率≤3.5）的商住和商务街区中对改善微气候的贡献率比提高地表面反照率的调控方法小一些。最大化绿地面积的调控方法，在低密型（建筑密度＜20%）的商住和居住街区，或中密型（20%≤建筑密度≤30%）的居住和商务街区中，在夏季午后能够起到非常好的降温效果，但对于高密、中密型（建筑密度＞20%）商住街区和高密型（建筑密度＞30%）居住街区，在夏季午后的降温效果却不及提高下垫面反照率的调控方法。最大化绿地面积和树木种植的调控方法，在商住型、居住型和商务型街区中均表现出了显著的趋势化特征，该调控方法虽然对夏季午后的降温效果不是很显著（可能因为过量的植被助长了闷热），但该调控方法在晚上却显示了极强的降温效果。但是，基于寒冷地区平原城市中心区城市建设用地紧张的现况，在街区空间中是无法实现如此最大化绿地面积与树木种植的。事实上，在寒冷地区平原城市中心区自然水系不发达，可用的绿地面积极其有限的条件下，尽可能多地增加绿地和植被对城市微气候能够起到很好的降温作用。

综上所述，基于改善微气候的角度，依据寒冷地区平原城市中心区街区形态与城市微气候的耦合机理和调节机制的分析，针对寒冷平原城市中心区街区尺度城市微气候的现况问题，除去经济因素的影响，综合考虑街区形态调控方法对微气候改善的贡献率、适用性和可操作性等因素，对寒冷地区平原城市中心区不同街区形态类型微气候改善的街区形态调控方法进行优化，结果如下所示。

在街区空间形态变化的调控方法中：①采取街区建筑东西向错位布局的调控方

法能够对商住型街区室外空间起到一定的降温效果，但对商住型和居住型降温效果不明显；②采取减小街区建筑在夏季主导风向上迎风面积的调控方法能够对商住型与居住型街区夏季高温起到轻微的缓解作用，但对商务型街区降温效果不明显；③采取适度提高道路围合地块最北一排建筑高度的调控方法能够缓解商住型与居住型街区室外空间部分区域的夏季午后高温，但对商务型街区降温效果不明显；④采取适度提高街区平均街道高宽比的调控方法对商住型与居住型街区的夏季午后高温具有很好的缓解效果，但对商务型街区降温效果不显著。

在街区空间界面属性变化的调控方法中：①采取增加绿地面积和树木种植是对所有街区类型都适用的方法，该方法可以有效缓解夏季高温；②采取提高街区地表面和建筑外表面反照率的方法可以缓解夏季午后高温，该方法对容积率大于 3.5 或建筑密度大于 30% 的街区有显著的降低夏季午后室外气温的效果；③采取只提高街区地表面反照率的方法也可以缓解夏季午后高温，该方法对容积率不大于 3.5 的街区有显著的降低夏季午后室外气温的效果。

5.3 街区形态优化调控方法的案例应用
——郑州市中心区街区样本

5.3.1 商住型街区案例——二马路街区样本

郑州市中心区二马路街区样本位于郑州市中心老城的核心地段，紧邻二七商圈，郑州市老火车站位于该街区样本切片的西北角。郑州，一直被称作"火车拉来的城市"，所以很久以来，老城区火车站周边一直商业云集，寸土寸金。虽然郑州东火车站已建成使用多年，但老城区火车站的交通枢纽地位及周边商业的核心优势并未递减。二马路街区样本地块（图 5-1）内商业、办公、交通、娱乐、居住等多种类型建筑密集化布局，建筑形态类型多样，建筑体量大小不一，建筑高度差异大，街道网络密集且尺度较小，街区内绿化及植被非常少。依据 BIGEMAP 获取的街区矢量路网数据和矢量建筑楼块轮廓数据（含楼层数），对该街区样本地块进行建筑容量的计算，可以获悉其建筑密度为 34.1%，容积率为 4.2，属于典型的商住高密高容型街区类型。

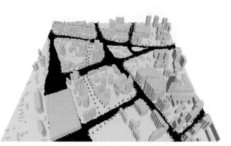

图 5-1　郑州市中心区二马路街区样本正射影像图与 ENVI-met 模型图

(图片来源：Google Earth© Right. 2018.04，ENVI-met 软件作者建模)

　　作者依据 BIGEMAP 获取的街区矢量路网数据和矢量建筑楼块轮廓数据（含楼层数），建立郑州市中心区二马路街区样本的 ENVI-met 模型，并利用本书第 3 章中 ENVI-met 软件模拟验证的气象背景数据和边界条件设定（表 4-12、表 4-13）对二马路街区样本 2017 年 7 月 23 日 00：00 至 7 月 24 日 00：00 的风场和温度场进行模拟。基于前文改善微气候的街区形态优化调控方法结果，作者模拟了二马路街区样本实际工况、提高平均建筑高度、提高平均街道高宽比、地表面使用高反射材料、地表面和建筑表面使用高反射材料、绿地面积最大化及绿地面积与树木种植最大化等 7 种不同工况条件，提取出该样本在 2017 年 7 月 23 日 14：00 时和 21：00 时不同工况条件下的温度场分布数据（图 5-2、图 5-3）。

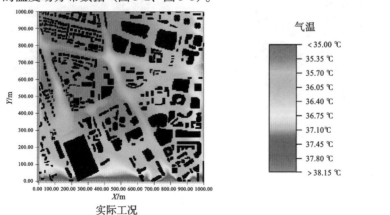

实际工况

图 5-2　郑州市中心区二马路街区样本 2017 年 7 月 23 日 14：00 时 ENVI-met 模拟温度场图

(图片来源：作者自绘)

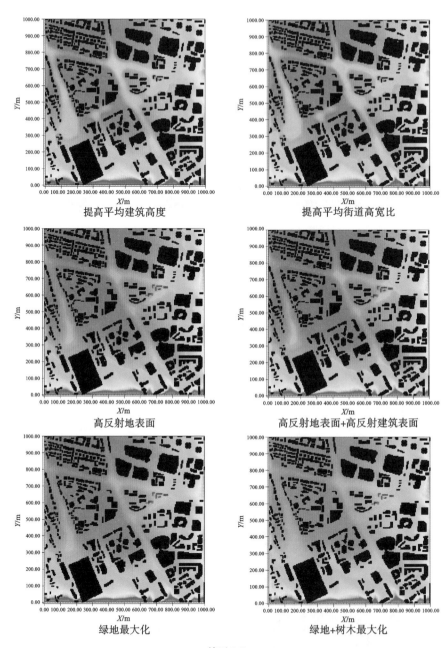

提高平均建筑高度 提高平均街道高宽比

高反射地表面 高反射地表面+高反射建筑表面

绿地最大化 绿地+树木最大化

续图 5-2

　　从图 5-2 和图 5-3 的温度场云图结果中可以发现，在郑州市中心区二马路街区样本中，采取提高平均街道高宽比的街区空间形态调控方法，在下午表现出一定的降温效果，但在晚上降温效果不明显。采取街区地表面和建筑表面使用高反射材料的街区界面属性调控方法，表现出的降温效果略优于仅在地表面使用高反射材料的街

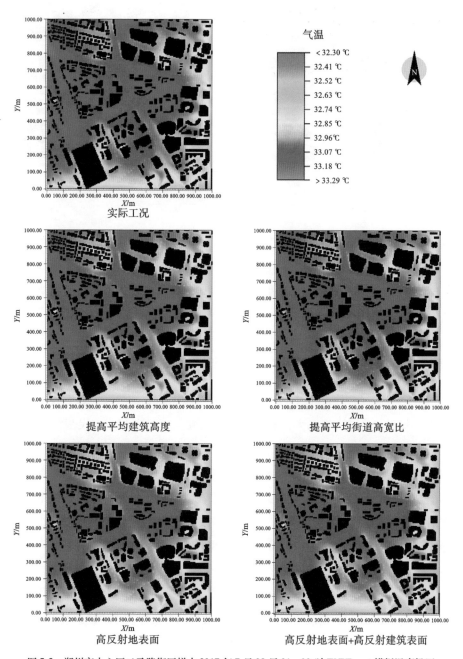

图 5-3　郑州市中心区二马路街区样本 2017 年 7 月 23 日 21：00 时 ENVI-met 模拟温度场图

（图片来源：作者自绘）

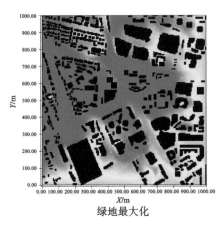
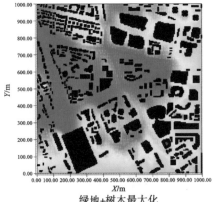

绿地最大化　　　　　　　　　　　　　　绿地+树木最大化

续图 5-3

区界面属性调控方法。采取绿地面积和树木种植最大化的街区界面属性调控方法，在下午表现出的降温效果不显著，但在晚上却表现出极强的降温效果。这些不同街区形态调控方法对商住高密高容型街区二马路切片样本所表现出的降温趋势性特征与前文对典型模型模拟的结果完全一致。

5.3.2　居住型街区案例——西大街社区样本

郑州市中心区西大街社区样本位于市中心老城区核心地块，紧邻老火车站与二七商圈。郑州市老城区的东大街和西大街历史悠久，是老郑州市民生活的核心区域。现如今，东大街和西大街都已陆续更新改造，东大街已然高楼林立，没有了昔日的模样，只有西大街还有一部分区域保留着传统居住街区的肌理。西大街社区样本地块内街道路网尺度小，大量多层居住建筑在满足最小日照间距的条件下密集化布局（图5-4），建筑形态类型单一，建筑体量大小较均等，建筑高度变化少，绿地量极少，植被量极少。依据 BIGEMAP 获取的街区矢量路网数据和矢量建筑楼块轮廓数据（含楼层数），对该街区样本地块进行建筑容量的计算，可以获悉其建筑密度为 39.8%，容积率为 1.95，属于典型的居住高密低容型街区。

作者依据 BIGEMAP 获取的街区矢量路网数据和矢量建筑楼块轮廓数据（含楼层数）建立郑州市中心区西大街社区样本的 ENVI-met 模型，并利用本书第 3 章中 ENVI-met 软件模拟验证的气象背景数据和边界条件设定（表4-12、表4-13），对西大街社区样本 2017 年 7 月 23 日 00：00—7 月 24 日 00：00 的风场和温度场进行了模拟。基于前文改善微气候的街区形态优化调控方法结果，作者模拟了西大街社区样

图5-4 郑州市中心区西大街社区样本正射影像图与 ENVI-met 模型图

（图片来源：Google Earth© Right. 2018.04，ENVI-met 软件作者建模）

本实际工况、建筑水平方向错位排布、提高平均街道高宽比、地表面使用高反射材料、地表面和建筑表面使用高反射材料、绿地面积最大化及绿地面积与树木种植最大化等 7 种不同工况条件，提取出该街区样本 2017 年 7 月 23 日 14:00 时和 21:00 时不同工况条件下的温度场分布数据（图5-5、图5-6）。

从图5-5 和图5-6 的温度场云图结果中可以发现，在郑州市西大街社区样本中，采取建筑水平向错位排布的方法，能够对街区室外空间起到轻微的降温效果，采用提高平均街道高宽比的调控方法，在下午表现出一定的降温效果，但在晚上降温效果不明显。在街区地表面和建筑表面使用高反射材料的调控方法，表现出的降温效果略优于在地表面使用高反射材料的调控方法。绿地面积和树木种植最大化的调控方法，在下午表现出的降温效果不显著，但在晚上却表现出极强的降温效果。这些不同街区形态调控方法对居住高密低容型街区西大街切片样本所表现出的降温趋势性特征也与前文对典型模型模拟的结果完全一致。

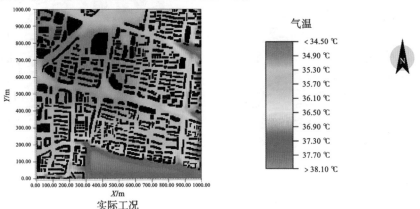

图5-5 郑州市中心区西大街社区样本 2017 年 7 月 23 日 14:00 时 ENVI-met 模拟温度场图

（图片来源：作者自绘）

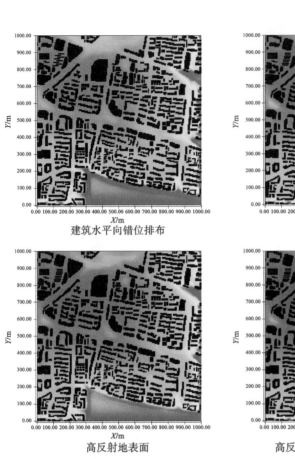

建筑水平向错位排布

提高平均街道高宽比

高反射地表面

高反射地表面+高反射建筑表面

绿地最大化

绿地+树木最大化

续图 5-5

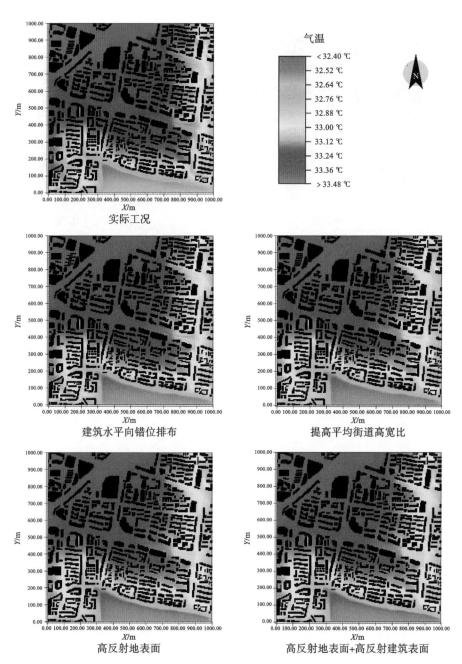

图5-6　郑州市中心区西大街社区样本 2017 年 7 月 23 日 21:00 时 ENVI-met 模拟温度场图
（图片来源：作者自绘）

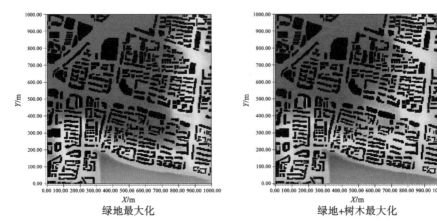

绿地最大化　　　　　　　　　　绿地+树木最大化

续图 5-6

6

结束语

6.1 本书研究的主要结论

1. 微气候视角下寒冷地区平原城市中心区街区形态的类型框架

本书将建筑类型学、城市形态学、形态类型学的相关研究理论与微气候研究相结合，从微气候研究的视角，采取街区建筑功能与建筑容量相结合的主题分类方式，依据石家庄、郑州和西安三个典型案例城市中心区 1000 m×1000 m 的街区切片研究单元样本，对寒冷地区平原城市中心区街区形态进行类型属性的划分研究，共归纳出 3 个大类（13 个小类）的街区形态类型。

商住型街区 BMT1：商住高密高容型街区 BMT1-1、商住高密中容型街区 BMT1-2、商住中密高容型街区 BMT1-3、商住中密中容型街区 BMT1-4、商住低密高容型街区 BMT1-5、商住低密中容型街区 BMT1-6。

居住型街区 BMT2：居住高密中容型街区 BMT2-1、居住高密低容型街区 BMT2-2、居住中密中容型街区 BMT2-3、居住低密中容型街区 BMT2-4。

商务型街区 BMT3：商务中密高容型街区 BMT3-1、商务中密中容型街区 BMT3-2、商务中密低容型街区 BMT3-3。

2. 寒冷地区平原城市中心区街区形态与微气候的量化数值关系

本书以寒冷地区平原城市中心区 13 种街区形态类型的典型模型为样本，利用城市微气候模拟软件 ENVI-met 解析街区形态与微气候的关联性表征，获得寒冷地区平原城市中心区 1 km² 街区尺度的微气候指标与街区形态量化指标之间的相关关系。

①街区建筑功能混合度与平均辐射温度负相关。

②街区容积率、平均迎风面积比、平均建筑高度均与平均风速显著正相关。

③街区平均天空开阔度与平均气温显著正相关。

④街区平均天空开阔度、绿地率与平均辐射温度显著正相关。

⑤街区平均街道高宽比与平均辐射温度显著负相关。

⑥街区容积率、平均街道高宽比均与平均辐射温度显著负相关。

⑦对城市微气候品质有重要影响的平均风速可以通过平均建筑高度变化的一元

线性回归方程进行预测；对城市微气候品质有重要影响的平均辐射温度可以通过平均天空开阔度变化的一元线性回归方程进行预测。

3. 寒冷地区平原城市中心区街区形态与微气候的耦合机理

寒冷地区平原城市中心区街区形态与微气候耦合机理包括两个方面：一是街区形态对微气候的影响机理，二是构建舒适微气候的街区形态设计。

街区形态对微气候的影响机理主要表现在受街区空间形态及其空间界面属性的综合影响，街区空间内部热平衡的各项热量所体现出的热平衡特征。当街区形态特征有如下表征时，街区空间内所获得的热量增加，且无法及时地代谢消失，街区空间的微气候就会表现出增温的趋势：①街区中建筑功能混合度低；②街区平均天空开阔度大；③街区建筑在城市夏季主导风向上的迎风面积大；④街区平均建筑高度低；⑤街区平均街道高宽比小；⑥街区绿地面积小。当街区形态特征有如下表征时，街区空间内获得的热量减少，且代谢了更多的热量，街区空间的微气候就会表现出降温的趋势：①街区中建筑功能混合度高；②街区平均天空开阔度数值小；③街区建筑在城市夏季主导风向上的迎风面积小；④街区平均建筑高度高；⑤街区平均街道高宽比大（但不大于0.6）；⑥街区绿地面积大。

为了应对寒冷地区平原城市中心区街区尺度的微气候夏季高温化问题，构建舒适微气候的街区形态设计要满足增加街区通风，降低街区辐射得热吸收量的要求。增加通风的街区形态设计主要有：①控制街区地块容积率的大小，防止街区建筑在高度上过于密集化；②调整街区建筑单体的平面形状，使街区建筑在夏季城市主导风向上的迎风面积最小化，防止体量过大或高度较高的挡风楼位于街区内夏季主导风向的上风处；③适度增加建筑高度，留出更宽敞的室外空间，同时使建筑群顺应夏季主导风向，呈现出前低后高、逐渐升高的趋势，利于引导气流进入。降低辐射得热吸收量的街区形态设计主要有：①发展多功能混合布局的街区，使街道与建筑构成的"内部空腔体"空间层次更丰富；②建筑东西向错位布置，使平均天空开阔度指标的数值变小；③提高街区两侧建筑的高度，适度加大平均街道高宽比（但不大于0.6）；④街区建筑设计秉承节地原则，尽量增加街区绿地面积，提高绿地率标准。

4. 寒冷地区平原城市中心区改善夏季微气候的街区形态优化调控方法

本书利用 ENVI-met 软件模拟比较各种调控方法对降低夏季室外气温的贡献率，针对寒冷地区平原城市中心区街区尺度城市微气候的现况问题，除去经济因素的影响，综合考虑街区形态调控方法对微气候改善的贡献率、适用性和可操作性等因素，获得有助于改善微气候的寒冷地区平原城市中心区街区形态优化调控方法。

①采取街区建筑东西向错位布局的调控方法，能够对商住型街区室外空间起到一定的降温效果，但对商住型和居住型街区室外空间降温效果不明显。

②采取减小街区建筑在夏季主导风向上迎风面积的调控方法，能够对商住型与居住型街区室外空间的夏季高温起到轻微的缓解作用，但对商务型街区的降温效果不明显。

③采取适度提高道路围合地块最北一排建筑高度的调控方法，能够缓解商住型与居住型街区室外空间部分区域的夏季午后高温，但对商务型街区降温效果不明显。

④采取适度提高街区平均街道高宽比的调控方法，对商住型与居住型街区室外空间的夏季午后高温具有很好的缓解效果，但对商务型街区降温效果不显著。

⑤采取增加街区空间绿地面积与树木数量的调控方法是对所有街区类型都适用的方法，该方法可以有效缓解夏季高温。

⑥采取提高街区地表面以及建筑外表面反照率的调控方法，可以缓解夏季午后高温，该方法对容积率大于 3.5 或建筑密度大于 30% 的街区有显著降低夏季午后室外气温的效果。

⑦采取只提高街区地表面反照率的调控方法，可以缓解夏季午后高温，该方法对容积率不大于 3.5 的街区有显著降低夏季午后室外气温的效果。

6.2 对未来研究的展望

1. 对不同气候条件下平原城市街区形态与微气候关系的研究有待深入

本书研究以平原的地理环境特征对城市街区形态形成的影响为切入点，基于寒冷地区平原城市夏季严重高温化的敏感问题，依据地理环境特征、气候条件因素、城市规模、人口密集度、城市形态特征的典型代表性和可类比性等原则选取了寒冷地区典型平原城市案例。所选取的案例城市在自然地理、气候类型、温度带和建筑气候区的划分上均相同。在研究街区尺度城市微气候时，背景气候条件为关键问题，构成城市街区形态的建筑形体及建筑布局的特征除了受到地理环境的影响，还和背景气候条件有很大关系。本书并未谈及其他气候条件下的平原城市，因此，本书的研究结果在其他气候条件下有待进一步考证。

2. 对不同季节条件下寒冷地区平原城市街区形态与微气候关系的研究有待深入

本书研究针对街区尺度城市微气候恶化现象，以解决寒冷地区平原城市中心区街区空间夏季高温化问题为主。对街区形态与微气候的耦合机理与优化调控方法的研究基于夏季工况条件，并未涉及冬季与过渡季。在寒冷地区平原城市中心区街区尺度微气候的研究中，虽然现阶段夏季的问题最为突出，但冬季室外微气候的舒适性也非常重要。综合考虑不同季节条件下的微气候特征，对街区形态设计将是更大的挑战。因此，本书的研究结果在寒冷地区平原城市中心区其他季节条件下的可适用性还有待进一步考证。

3. 对改善微气候的街区形态优化调控方法未来研究的展望

从本书研究成果的实践价值考虑，针对寒冷地区平原城市中心区街区尺度城市微气候问题的现况，改善微气候的街区形态优化调控方法不仅要解决城市中心区的夏季高温化问题，还要解决城市中心区在冬季可能存在的微气候问题。探究寒冷地区平原城市中心区街区形态与微气候的耦合机理与优化调控方法，最终要致力于通过街区形态设计满足不同季节条件的多种需求，构建舒适的街区室外微气候环境。当同时兼顾多种需求时，改善微气候的街区形态优化调控方法有时可能保持一致的贡献率，有时也有可能出现完全相悖的结果，这需要基于更多不同季节工况条件下的案例分析来进一步研究，这也正是作者未来研究的目标。

附录　实测数据表与ENVI-met模拟图

表1　2017年7月23日郑州市中心区福寿街街区样本移动观测的温湿度数据

早上时间	温度/℃	湿度/（%RH）	下午时间	温度/℃	湿度/（%RH）	晚上时间	温度/℃	湿度/（%RH）
5：28	29.1	82.5	13：30	37.6	59.1	21：00	32.7	73.3
5：28	29.1	82.3	13：30	37.6	58.6	21：00	32.7	73.3
5：28	29.1	82.4	13：30	37.6	58.5	21：00	32.8	73.2
5：28	29.1	82.3	13：30	37.6	58.6	21：00	32.8	72.9
5：28	29.1	82.4	13：30	37.7	58.4	21：00	32.9	72.8
5：28	29.1	82.3	13：30	37.7	58.5	21：00	32.9	72.8
5：29	29.1	82.3	13：31	37.7	58.5	21：01	32.9	72.6
5：29	29.1	82.2	13：31	37.7	58.6	21：01	33.0	72.6
5：29	29.1	82.3	13：31	37.7	58.8	21：01	33.0	72.6
5：29	29.1	82.2	13：31	37.7	58.6	21：01	33.0	72.4
5：29	29.1	82.2	13：31	37.7	58.4	21：01	33.0	72.4
5：29	29.1	82.2	13：31	37.7	57.6	21：01	33.1	72.5
5：30	29.1	82.1	13：32	37.7	57.4	21：02	33.1	72.3
5：30	29.1	82.1	13：32	37.7	57.6	21：02	33.2	72.2
5：30	29.1	82.1	13：32	37.7	57.5	21：02	33.2	71.9
5：30	29.1	82.1	13：32	37.7	57.5	21：02	33.2	71.8
5：30	29.1	82.1	13：32	37.7	57.6	21：02	33.2	71.8
5：30	29.1	81.9	13：32	37.8	57.5	21：02	33.3	71.8
5：31	29.1	82.1	13：33	37.8	57.9	21：03	33.3	71.7
5：31	29.0	82.1	13：33	37.8	57.9	21：03	33.3	71.5

早上 时间	温度 /℃	湿度 /（%RH）	下午 时间	温度 /℃	湿度 /（%RH）	晚上 时间	温度 /℃	湿度 /（%RH）
5:31	29.0	82.1	13:33	37.8	58.1	21:03	33.4	71.2
5:31	29.0	81.9	13:33	37.8	57.8	21:03	33.4	71.1
5:31	29.0	81.9	13:33	37.8	57.8	21:03	33.4	71.1
5:31	29.0	82.1	13:33	37.8	57.8	21:03	33.5	70.9
5:32	29.0	82.1	13:34	37.8	58.0	21:04	33.5	70.9
5:32	29.0	82.1	13:34	37.8	58.4	21:04	33.5	70.6
5:32	29.0	82.2	13:34	37.8	58.9	21:04	33.5	70.5
5:32	29.0	82.3	13:34	37.8	58.9	21:04	33.6	70.4
5:32	29.0	82.5	13:34	37.8	59.4	21:04	33.6	70.4
5:32	29.0	82.7	13:34	37.8	58.9	21:04	33.6	70.3
5:33	29.0	82.8	13:35	37.8	59.0	21:05	33.6	70.2
5:33	29.0	82.8	13:35	37.8	59.4	21:05	33.7	70.3
5:33	29.0	82.7	13:35	37.8	58.0	21:05	33.7	70.4
5:33	29.0	82.8	13:35	37.8	57.6	21:05	33.7	70.3
5:33	28.9	83.0	13:35	37.8	57.9	21:05	33.8	70.2
5:33	28.9	83.2	13:35	37.8	58.1	21:05	33.8	70.0
5:34	28.9	83.3	13:36	37.8	58.1	21:06	33.8	69.9
5:34	28.9	83.2	13:36	37.8	57.5	21:06	33.8	69.8
5:34	28.9	83.1	13:36	37.8	57.2	21:06	33.8	70.0
5:34	28.9	83.3	13:36	37.8	58.0	21:06	33.8	69.9
5:34	28.9	83.3	13:36	37.8	58.6	21:06	33.9	70.0
5:34	28.9	83.3	13:36	37.8	57.4	21:06	33.9	70.3
5:35	28.9	83.3	13:37	37.8	57.9	21:07	33.9	70.6
5:35	28.8	83.3	13:37	37.8	59.1	21:07	33.9	70.0
5:35	28.8	83.2	13:37	37.8	58.9	21:07	33.9	69.7
5:35	28.8	83.2	13:37	37.8	57.9	21:07	33.9	69.8
5:35	28.8	83.1	13:37	37.8	58.3	21:07	34.0	69.8

早上时间	温度/℃	湿度/（%RH）	下午时间	温度/℃	湿度/（%RH）	晚上时间	温度/℃	湿度/（%RH）
5:35	28.8	83.1	13:37	37.8	59.0	21:07	34.0	69.4
5:36	28.8	83.2	13:38	37.8	58.5	21:08	34.0	69.7
5:36	28.8	83.3	13:38	37.7	58.8	21:08	34.0	70.0
5:36	28.8	83.4	13:38	37.7	58.5	21:08	34.0	70.1
5:36	28.8	83.7	13:38	37.7	58.4	21:08	34.1	69.6
5:36	28.8	83.9	13:38	37.7	58.0	21:08	34.1	69.8
5:36	28.7	83.8	13:38	37.7	58.3	21:08	34.1	70.1
5:37	28.7	83.7	13:39	37.7	58.6	21:09	34.1	70.3
5:37	28.7	83.8	13:39	37.8	59.0	21:09	34.1	70.2
5:37	28.7	83.9	13:39	37.8	59.1	21:09	34.1	70.0
5:37	28.7	84.1	13:39	37.8	58.6	21:09	34.1	70.1
5:37	28.7	84.1	13:39	37.8	58.4	21:09	34.1	69.6
5:37	28.7	84.1	13:39	37.8	58.9	21:09	34.2	69.5
5:38	28.7	84.3	13:40	37.8	59.1	21:10	34.2	69.7
5:38	28.6	84.4	13:40	37.8	58.5	21:10	34.2	69.8
5:38	28.6	84.3	13:40	37.8	57.9	21:10	34.2	69.8
5:38	28.6	84.5	13:40	37.8	57.4	21:10	34.2	69.5
5:38	28.6	84.5	13:40	37.8	58.3	21:10	34.2	69.4
5:38	28.6	84.5	13:40	37.8	58.6	21:10	34.2	69.3
5:39	28.6	84.6	13:41	37.9	60.7	21:11	34.3	69.1
5:39	28.6	84.9	13:41	37.9	62.1	21:11	34.3	69.1
5:39	28.6	84.7	13:41	37.9	61.3	21:11	34.3	69.4
5:39	28.6	84.7	13:41	37.9	60.1	21:11	34.3	69.8
5:39	28.6	84.6	13:41	37.9	60.7	21:11	34.3	69.8
5:39	28.6	84.5	13:41	37.9	60.0	21:11	34.3	69.7
5:40	28.5	84.4	13:42	37.9	59.0	21:12	34.3	69.4
5:40	28.5	84.4	13:42	37.9	59.6	21:12	34.3	69.4

早上时间	温度/℃	湿度/（%RH）	下午时间	温度/℃	湿度/（%RH）	晚上时间	温度/℃	湿度/（%RH）
5:40	28.5	84.5	13:42	37.9	59.5	21:12	34.3	69.0
5:40	28.5	84.7	13:42	37.9	60.8	21:12	34.3	68.9
5:40	28.5	84.9	13:42	37.9	60.9	21:12	34.3	69.3
5:40	28.5	85.1	13:42	37.9	60.4	21:12	34.4	69.4
5:41	28.5	85.1	13:43	37.9	59.0	21:13	34.4	69.4
5:41	28.5	84.9	13:43	37.9	59.1	21:13	34.4	69.4
5:41	28.5	84.9	13:43	37.9	59.2	21:13	34.4	69.1
5:41	28.5	84.9	13:43	37.9	59.8	21:13	34.4	68.7
5:41	28.4	84.8	13:43	37.9	60.0	21:13	34.4	69.1
5:41	28.4	84.9	13:43	37.9	61.4	21:13	34.4	69.5
5:42	28.4	85.1	13:44	37.9	59.9	21:14	34.4	69.8
5:42	28.4	85.2	13:44	37.9	58.4	21:14	34.4	69.6
5:42	28.4	84.9	13:44	37.9	58.4	21:14	34.4	69.0
5:42	28.4	84.9	13:44	37.9	58.6	21:14	34.4	68.9
5:42	28.4	85.1	13:44	37.9	58.6	21:14	34.4	69.4
5:42	28.4	85.1	13:44	37.9	58.6	21:14	34.4	69.4
5:43	28.4	85.3	13:45	37.9	58.6	21:15	34.4	69.0
5:43	28.4	85.4	13:45	37.9	59.1	21:15	34.5	68.9
5:43	28.4	85.4	13:45	37.9	59.0	21:15	34.5	69.0
5:43	28.4	85.2	13:45	38.0	59.0	21:15	34.5	68.9
5:43	28.4	85.2	13:45	38.0	59.1	21:15	34.5	68.9
5:43	28.3	85.1	13:45	38.0	59.4	21:15	34.5	68.7
5:44	28.3	84.9	13:46	38.0	59.4	21:16	34.5	68.7
5:44	28.3	85.0	13:46	38.0	59.0	21:16	34.5	68.7
5:44	28.3	85.2	13:46	38.0	58.1	21:16	34.5	68.8
5:44	28.3	85.2	13:46	38.0	58.4	21:16	34.5	69.0
5:44	28.3	85.5	13:46	38.1	58.2	21:16	34.5	69.0

早上时间	温度/℃	湿度/（%RH）	下午时间	温度/℃	湿度/（%RH）	晚上时间	温度/℃	湿度/（%RH）
5:44	28.3	85.7	13:46	38.1	58.1	21:16	34.5	69.0
5:45	28.3	85.6	13:47	38.1	58.0	21:17	34.5	69.0
5:45	28.3	85.5	13:47	38.1	57.9	21:17	34.5	69.3
5:45	28.3	85.5	13:47	38.1	58.0	21:17	34.5	69.3
5:45	28.3	85.5	13:47	38.1	58.1	21:17	34.5	69.0
5:45	28.3	85.5	13:47	38.1	57.9	21:17	34.5	68.8
5:45	28.3	85.4	13:47	38.1	57.8	21:17	34.5	68.7
5:46	28.3	85.4	13:48	38.1	58.2	21:18	34.5	68.7
5:46	28.2	85.6	13:48	38.2	58.4	21:18	34.5	68.8
5:46	28.2	85.7	13:48	38.2	57.4	21:18	34.5	68.8
5:46	28.2	86.0	13:48	38.2	56.9	21:18	34.5	68.8
5:46	28.2	85.8	13:48	38.2	56.5	21:18	34.5	68.8
5:46	28.2	85.7	13:48	38.2	56.5	21:18	34.5	68.8
5:47	28.2	85.7	13:49	38.2	56.5	21:19	34.5	68.8
5:47	28.2	85.7	13:49	38.2	56.4	21:19	34.5	68.8
5:47	28.2	85.6	13:49	38.2	56.4	21:19	34.5	68.8
5:47	28.2	85.7	13:49	38.3	56.4	21:19	34.5	68.8
5:47	28.2	85.8	13:49	38.3	56.2	21:19	34.5	68.8
5:47	28.2	86.0	13:49	38.3	56.5	21:19	34.5	68.8
5:48	28.2	86.2	13:50	38.3	56.7	21:20	34.5	68.8
5:48	28.2	86.2	13:50	38.3	56.7	21:20	34.5	68.7
5:48	28.1	86.5	13:50	38.3	56.7	21:20	34.5	68.7
5:48	28.1	86.6	13:50	38.3	56.5	21:20	34.5	68.7
5:48	28.1	86.4	13:50	38.3	56.7	21:20	34.5	68.9
5:48	28.1	86.4	13:50	38.3	57.1	21:20	34.5	69.0
5:49	28.1	86.3	13:51	38.3	57.1	21:21	34.5	69.0
5:49	28.1	86.3	13:51	38.3	57.0	21:21	34.5	69.0

早上时间	温度/℃	湿度/（%RH）	下午时间	温度/℃	湿度/（%RH）	晚上时间	温度/℃	湿度/（%RH）
5:49	28.1	86.4	13:51	38.3	56.9	21:21	34.5	69.0
5:49	28.1	86.3	13:51	38.3	57.0	21:21	34.5	69.0
5:49	28.1	86.3	13:51	38.3	57.0	21:21	34.5	69.4
5:49	28.1	86.3	13:51	38.3	56.7	21:21	34.5	69.5
5:50	28.1	86.4	13:52	38.3	57.2	21:22	34.5	69
5:50	28.1	86.4	13:52	38.3	57.0	21:22	34.5	68.8
5:50	28.1	86.3	13:52	38.3	56.7	21:22	34.5	68.8
5:50	28.1	86.2	13:52	38.3	56.7	21:22	34.5	68.7
5:50	28.1	86.2	13:52	38.3	56.5	21:22	34.5	68.7
5:50	28.1	86.2	13:52	38.2	56.5	21:22	34.6	68.6
5:51	28.1	86.2	13:53	38.2	56.2	21:23	34.6	68.7
5:51	28.1	86.2	13:53	38.2	56.2	21:23	34.6	68.8
5:51	28.1	86.3	13:53	38.2	56.4	21:23	34.6	68.8
5:51	28.1	86.3	13:53	38.2	56.2	21:23	34.6	68.8
5:51	28.1	86.4	13:53	38.2	56.2	21:23	34.6	68.9
5:51	28.1	86.8	13:53	38.2	56.0	21:23	34.6	69.5
5:52	28.1	86.8	13:54	38.2	55.9	21:24	34.6	70.0
5:52	28.1	86.9	13:54	38.2	56.0	21:24	34.6	70.1
5:52	28.1	86.9	13:54	38.2	55.9	21:24	34.6	70.1
5:52	28.1	86.9	13:54	38.2	56.0	21:24	34.6	69.6
5:52	28.1	87.0	13:54	38.2	56.2	21:24	34.6	69.5
5:52	28.1	87.1	13:54	38.2	56.1	21:24	34.6	69.8
5:53	28.1	87.1	13:55	38.2	55.9	21:25	34.6	69.6
5:53	28.1	87.0	13:55	38.2	56.0	21:25	34.6	69.9
5:53	28.0	86.9	13:55	38.2	56.2	21:25	34.6	69.9
5:53	28.0	87.0	13:55	38.2	56.4	21:25	34.6	69.6
5:53	28.0	87.2	13:55	38.2	56.4	21:25	34.6	69.4

早上时间	温度/℃	湿度/（%RH）	下午时间	温度/℃	湿度/（%RH）	晚上时间	温度/℃	湿度/（%RH）
5:53	28.0	87.2	13:55	38.2	56.4	21:25	34.6	69.8
5:54	28.0	87.1	13:56	38.2	56.2	21:26	34.5	70.0
5:54	28.0	86.9	13:56	38.2	56.2	21:26	34.5	70.1
5:54	28.0	86.8	13:56	38.2	56.4	21:26	34.5	70.2
5:54	28.0	86.8	13:56	38.2	56.5	21:26	34.5	70.4
5:54	28.0	86.8	13:56	38.1	56.5	21:26	34.5	70.1
5:54	28.0	86.8	13:56	38.1	56.2	21:26	34.5	69.5
5:55	28.0	86.6	13:57	38.1	56.4	21:27	34.5	69.0
5:55	28.0	86.6	13:57	38.1	56.2	21:27	34.5	68.8
5:55	28.0	86.6	13:57	38.1	56.4	21:27	34.5	68.8
5:55	28.0	86.6	13:57	38.1	56.7	21:27	34.5	68.8
5:55	28.0	86.6	13:57	38.1	57.2	21:27	34.5	68.8
5:55	28.0	86.6	13:57	38.1	57.8	21:27	34.5	68.7
5:56	28.0	86.6	13:58	38.1	58.0	21:28	34.5	68.7
5:56	28.0	86.6	13:58	38.1	58.0	21:28	34.5	68.7
5:56	28.0	86.6	13:58	38.1	57.8	21:28	34.5	68.5
5:56	28.0	86.8	13:58	38.1	57.0	21:28	34.5	68.3
5:56	28.0	86.8	13:58	38.1	56.9	21:28	34.5	68.3
5:56	28.0	86.8	13:58	38.1	56.9	21:28	34.5	68.1
5:57	28.0	86.6	13:59	38.1	56.7	21:29	34.5	68.3
5:57	28.0	86.8	13:59	38.1	56.1	21:29	34.5	68.3
5:57	28.0	86.9	13:59	38.1	56.2	21:29	34.5	68.3
5:57	28.0	86.9	13:59	38.1	56.4	21:29	34.5	68.3
5:57	28.0	86.9	13:59	38.1	56.4	21:29	34.5	68.3
5:57	28.0	86.6	13:59	38.1	56.1	21:29	34.5	68.3
5:58	28.0	86.6	14:00	38.0	56.4	21:30	34.5	68.5
5:58	28.0	86.6	14:00	38.1	56.5	21:30	34.5	68.6

早上时间	温度/℃	湿度/（% RH）	下午时间	温度/℃	湿度/（% RH）	晚上时间	温度/℃	湿度/（% RH）
5:58	28.0	86.6	14:00	38.1	56.6	21:30	34.5	68.6
5:58	28.0	86.8	14:00	38.1	56.6	21:30	34.5	68.7
5:58	28.0	86.8	14:00	38.1	56.9	21:30	34.5	68.6
5:58	28.0	86.6	14:00	38.1	57.0	21:30	34.5	68.6
5:59	28.0	86.6	14:01	38.1	57.0	21:31	34.5	68.5
5:59	28.0	86.8	14:01	38.1	56.7	21:31	34.5	67.7
5:59	28.0	86.8	14:01	38.1	56.7	21:31	34.5	67.6
5:59	28.0	86.8	14:01	38.1	56.7	21:31	34.5	67.9
5:59	28.0	86.9	14:01	38.1	56.7	21:31	34.5	68.1
5:59	28.0	86.8	14:01	38.1	56.7	21:31	34.5	68.3
6:00	28.0	86.8	14:02	38.1	56.7	21:32	34.5	68.2
6:00	28.0	87.0	14:02	38.1	56.7	21:32	34.5	68.3
6:00	28.0	87.1	14:02	38.1	56.7	21:32	34.5	68.6
6:00	28.0	86.9	14:02	38.1	56.7	21:32	34.5	68.7
6:00	28.0	86.9	14:02	38.1	56.9	21:32	34.5	68.8
6:00	28.0	86.9	14:02	38.1	56.5	21:32	34.5	68.8
6:01	28.0	86.9	14:03	38.1	56.6	21:33	34.5	68.8
6:01	28.0	86.9	14:03	38.1	56.7	21:33	34.5	68.8
6:01	28.0	86.9	14:03	38.1	56.7	21:33	34.5	68.8
6:01	28.0	86.6	14:03	38.2	56.2	21:33	34.5	68.8
6:01	28.0	86.6	14:03	38.2	56.1	21:33	34.5	68.8
6:01	28.0	86.5	14:03	38.2	56.0	21:33	34.5	68.9
6:02	28.0	86.5	14:04	38.2	55.7	21:34	34.5	68.9
6:02	28.0	86.5	14:04	38.2	56.2	21:34	34.5	68.8
6:02	28.0	86.5	14:04	38.2	56.5	21:34	34.5	68.7
6:02	28.0	86.6	14:04	38.2	56.6	21:34	34.5	68.7
6:02	28.0	86.6	14:04	38.3	56.6	21:34	34.5	68.6

早上 时间	温度 /℃	湿度 /（% RH）	下午 时间	温度 /℃	湿度 /（% RH）	晚上 时间	温度 /℃	湿度 /（% RH）
6:02	28.0	86.5	14:04	38.3	56.2	21:34	34.5	68.6
6:03	28.0	86.5	14:05	38.3	55.7	21:35	34.5	68.6
6:03	28.0	86.5	14:05	38.3	55.6	21:35	34.5	68.3
6:03	28.0	86.5	14:05	38.3	55.9	21:35	34.5	68.0
6:03	28.0	86.5	14:05	38.3	55.7	21:35	34.5	68.2
6:03	28.0	86.5	14:05	38.4	55.7	21:35	34.5	68.1
6:03	28.0	86.6	14:05	38.4	55.7	21:35	34.5	68.2
6:04	28.0	86.6	14:06	38.4	55.9	21:36	34.5	68.3
6:04	28.0	86.6	14:06	38.4	56.0	21:36	34.6	68.3
6:04	28.0	86.5	14:06	38.4	55.6	21:36	34.6	68.3

表2　2017年7月23日郑州市中心区碧沙岗公园内定点观测的温湿度部分数据

早上 时间	温度 /℃	湿度 /（% RH）	下午 时间	温度 /℃	湿度 /（% RH）	晚上 时间	温度 /℃	湿度 /（% RH）
5:26	26.6	98.5	13:30	34.9	66.3	21:00	30.1	86.0
5:26	26.7	98.9	13:30	34.9	66.3	21:00	30.1	86.1
5:26	26.7	99.3	13:30	34.8	66.4	21:00	30.1	86.2
5:26	26.9	99.4	13:30	34.8	66.6	21:00	30.2	85.5
5:26	27.1	98.8	13:30	34.8	66.8	21:00	30.3	85.4
5:26	27.4	98.2	13:30	34.8	66.5	21:00	30.3	85.4
5:27	28.3	95.4	13:31	34.7	66.3	21:01	30.3	85.3
5:27	28.4	92.8	13:31	34.7	66.4	21:01	30.3	85.3
5:27	28.3	92.6	13:31	34.7	66.3	21:01	30.3	85.1
5:27	28.3	92.6	13:31	34.7	66.5	21:01	30.3	85.1
5:27	28.3	93.1	13:31	34.7	66.3	21:01	30.3	85.1
5:27	28.9	93.0	13:31	34.7	66.6	21:01	30.3	85.3

早上 时间	温度 /℃	湿度 /（%RH）	下午 时间	温度 /℃	湿度 /（%RH）	晚上 时间	温度 /℃	湿度 /（%RH）
5:28	29.1	90.6	13:32	34.7	66.5	21:02	30.3	85.4
5:28	29.0	90.5	13:32	34.7	66.8	21:02	30.3	85.3
5:28	28.8	90.8	13:32	34.7	66.3	21:02	30.3	85.3
5:28	28.6	91.4	13:32	34.7	66.6	21:02	30.3	85.2
5:28	28.4	91.9	13:32	34.6	66.6	21:02	30.3	85.1
5:28	28.3	92.4	13:32	34.6	66.8	21:02	30.3	85.2
5:29	28.2	93.0	13:33	34.6	66.8	21:03	30.3	85.3
5:29	28.1	93.4	13:33	34.6	67.0	21:03	30.3	85.2
5:29	28.0	93.8	13:33	34.6	67.3	21:03	30.4	84.5
5:29	27.9	94.1	13:33	34.6	67.0	21:03	30.5	84.8
5:29	27.8	94.5	13:33	34.6	67.1	21:03	30.6	84.5
5:29	27.8	94.8	13:33	34.6	67.0	21:03	30.8	84.2
5:30	27.7	95.1	13:34	34.6	66.6	21:04	30.8	83.8
5:30	27.7	95.5	13:34	34.6	66.1	21:04	30.9	83.4
5:30	27.6	95.7	13:34	34.6	66.2	21:04	31.0	82.9
5:30	27.5	96.0	13:34	34.6	66.4	21:04	31.0	82.5
5:30	27.5	96.3	13:34	34.6	66.6	21:04	31.0	82.4
5:30	27.5	96.6	13:34	34.7	67.3	21:04	31.0	82.6
5:31	27.4	96.8	13:35	34.8	65.7	21:05	31.0	82.7
5:31	27.4	97.0	13:35	34.9	65.0	21:05	31.0	82.6
5:31	27.3	97.3	13:35	34.9	65.2	21:05	31.0	82.6
5:31	27.3	97.5	13:35	35.0	65.4	21:05	31.0	82.6
5:31	27.3	98.0	13:35	35.1	65.3	21:05	31.1	82.6
5:31	27.3	98.3	13:35	35.1	64.7	21:05	31.0	82.6
5:32	27.3	98.3	13:36	35.1	65.0	21:06	31.0	82.7
5:32	27.3	98.2	13:36	35.1	64.9	21:06	31.0	82.6
5:32	27.3	98.3	13:36	35.1	64.9	21:06	31.0	82.6

早上时间	温度/℃	湿度/（%RH）	下午时间	温度/℃	湿度/（%RH）	晚上时间	温度/℃	湿度/（%RH）
5：32	27.3	98.2	13：36	35.1	65.1	21：06	31.0	82.6
5：32	27.3	98.3	13：36	35.1	64.6	21：06	31.1	82.6
5：32	27.2	98.4	13：36	35.1	64.4	21：06	31.1	82.2
5：33	27.2	98.5	13：37	35.1	65.3	21：07	31.1	81.0
5：33	27.2	98.6	13：37	35.2	64.1	21：07	31.1	81.9
5：33	27.2	98.7	13：37	35.2	64.1	21：07	31.2	82.4
5：33	27.2	98.8	13：37	35.2	64.1	21：07	31.2	82.2
5：33	27.2	99.1	13：37	35.2	64.3	21：07	31.3	81.8
5：33	27.2	99.1	13：37	35.3	64.7	21：07	31.3	81.7
5：34	27.3	98.8	13：38	35.2	64.6	21：08	31.4	81.5
5：34	27.3	98.7	13：38	35.2	64.2	21：08	31.4	81.0
5：34	27.3	98.5	13：38	35.2	64.4	21：08	31.5	80.7
5：34	27.3	98.4	13：38	35.2	64.7	21：08	31.5	80.8
5：34	27.3	98.4	13：38	35.3	64.0	21：08	31.5	80.8
5：34	27.3	98.4	13：38	35.4	63.6	21：08	31.5	80.8
5：35	27.3	98.5	13：39	35.6	63.1	21：09	31.6	80.1
5：35	27.4	98.7	13：39	35.6	63.0	21：09	31.7	80.4
5：35	27.4	98.7	13：39	35.6	62.7	21：09	31.7	80.0
5：35	27.4	98.6	13：39	35.6	62.3	21：09	31.8	79.5
5：35	27.4	98.3	13：39	35.6	62.7	21：09	31.9	79.2
5：35	27.5	97.9	13：39	35.6	62.9	21：09	32.0	79.1
5：36	27.5	97.7	13：40	35.6	62.9	21：10	32.0	79.0
5：36	27.5	97.6	13：40	35.6	62.9	21：10	32.0	78.8
5：36	27.5	97.4	13：40	35.6	62.6	21：10	32.0	78.7
5：36	27.6	97.1	13：40	35.6	62.7	21：10	32.0	78.7
5：36	27.6	96.8	13：40	35.6	62.9	21：10	32.0	79.0
5：36	27.6	96.8	13：40	35.6	63.4	21：10	32.0	79.0

早上时间	温度/℃	湿度/（%RH）	下午时间	温度/℃	湿度/（%RH）	晚上时间	温度/℃	湿度/（%RH）
5:37	27.6	96.8	13:41	35.6	63.2	21:11	32.0	78.8
5:37	27.6	96.8	13:41	35.6	62.7	21:11	32.0	78.8
5:37	27.6	96.8	13:41	35.7	62.7	21:11	32.0	78.8
5:37	27.6	96.8	13:41	35.7	62.4	21:11	32.0	78.6
5:37	27.6	96.8	13:41	35.7	62.3	21:11	32.0	78.8
5:37	27.6	96.8	13:41	35.8	62.3	21:11	32.0	78.8
5:38	27.6	97.0	13:42	35.8	62.3	21:12	32.0	78.7
5:38	27.6	97.1	13:42	35.8	62.3	21:12	32.0	78.8
5:38	27.5	97.1	13:42	35.9	61.5	21:12	32.0	78.8
5:38	27.5	97.1	13:42	35.9	61.3	21:12	32.0	78.9
5:38	27.5	97.2	13:42	35.9	61.3	21:12	32.0	78.9
5:38	27.6	97.2	13:42	35.9	62.4	21:12	32.0	78.9
5:39	27.6	97.2	13:43	35.9	62.2	21:13	32.0	78.9
5:39	27.7	97.2	13:43	35.9	62.1	21:13	32.0	78.8
5:39	27.7	96.8	13:43	35.9	62.2	21:13	32.0	78.5
5:39	27.7	96.6	13:43	35.9	62.4	21:13	32.1	78.4
5:39	27.7	96.4	13:43	35.8	62.7	21:13	32.1	78.5
5:39	27.7	96.2	13:43	35.8	64.5	21:13	32.1	78.7
5:40	27.8	96.1	13:44	35.8	63.8	21:14	32.1	78.8
5:40	27.8	95.9	13:44	35.8	63.8	21:14	32.2	78.6
5:40	27.9	95.8	13:44	35.7	63.6	21:14	32.3	78.2
5:40	27.9	95.8	13:44	35.7	63.7	21:14	32.3	78.0
5:40	27.9	95.3	13:44	35.7	63.9	21:14	32.3	77.9
5:40	27.9	95.0	13:44	35.7	63.9	21:14	32.3	77.8
5:41	27.9	94.9	13:45	35.7	64.6	21:15	32.4	77.8
5:41	28.0	94.9	13:45	35.7	64.4	21:15	32.4	77.6
5:41	28.0	94.9	13:45	35.7	64.4	21:15	32.4	77.4

早上 时间	温度 /℃	湿度 /（%RH）	下午 时间	温度 /℃	湿度 /（%RH）	晚上 时间	温度 /℃	湿度 /（%RH）
5:41	28.0	94.8	13:45	35.7	64.3	21:15	32.4	77.4
5:41	28.0	94.7	13:45	35.7	64.0	21:15	32.4	77.5
5:41	28.0	94.7	13:45	35.7	64.2	21:15	32.4	77.3
5:42	28.0	94.6	13:46	35.7	64.5	21:16	32.5	77.2
5:42	28.0	94.5	13:46	35.7	64.4	21:16	32.5	77.3
5:42	28.0	94.4	13:46	35.7	64.4	21:16	32.5	77.4
5:42	28.0	94.3	13:46	35.7	64.3	21:16	32.5	77.4
5:42	28.0	94.3	13:46	35.7	62.9	21:16	32.5	77.4
5:42	28.0	94.3	13:46	35.7	62.7	21:16	32.5	77.2
5:43	28.0	94.2	13:47	35.8	62.1	21:17	32.6	77.0
5:43	28.0	94.2	13:47	35.9	62.3	21:17	32.6	75.9
5:43	28.0	94.2	13:47	35.9	63.0	21:17	32.6	75.5
5:43	28.0	94.2	13:47	35.9	62.6	21:17	32.7	76.1
5:43	28.0	94.2	13:47	35.9	62.5	21:17	32.7	76.2
5:43	28.0	94.2	13:47	35.9	62.9	21:17	32.7	76.3
5:44	28.0	94.3	13:48	35.9	62.7	21:18	32.8	76.2
5:44	28.0	94.4	13:48	36.0	61.5	21:18	32.8	76.2
5:44	28.0	94.4	13:48	36.0	61.3	21:18	32.9	76.4
5:44	28.0	94.5	13:48	36.1	61.3	21:18	32.9	76.1
5:44	28.0	94.5	13:48	36.1	61.9	21:18	33.0	75.9
5:44	28.0	94.5	13:48	36.1	62.1	21:18	32.9	75.9
5:45	28.0	94.5	13:49	36.1	62.1	21:19	33.0	76.0
5:45	28.0	94.5	13:49	36.1	61.8	21:19	33.0	76.0
5:45	28.0	94.5	13:49	36.1	61.9	21:19	33.0	75.8
5:45	28.0	94.6	13:49	36.1	62.0	21:19	33.0	75.7
5:45	28.0	94.7	13:49	36.1	62.1	21:19	33.1	75.5
5:45	28.0	94.8	13:49	36.1	61.8	21:19	33.1	75.4

早上时间	温度/℃	湿度/（%RH）	下午时间	温度/℃	湿度/（%RH）	晚上时间	温度/℃	湿度/（%RH）
5:46	28.0	94.8	13:50	36.1	62.2	21:20	33.1	75.4
5:46	28.0	94.8	13:50	36.1	61.9	21:20	33.1	75.4
5:46	28.0	94.7	13:50	36.1	62.3	21:20	33.1	75.4
5:46	28.0	94.7	13:50	36.1	62.5	21:20	33.1	75.5
5:46	28.0	94.6	13:50	36.1	62.6	21:20	33.1	75.3
5:46	28.0	94.6	13:50	36.1	62.2	21:20	33.1	75.3
5:47	28.0	94.6	13:51	36.1	61.8	21:21	33.1	75.5
5:47	28.0	94.6	13:51	36.1	61.6	21:21	33.1	75.5
5:47	28.0	94.6	13:51	36.1	61.7	21:21	33.1	75.5
5:47	28.0	94.6	13:51	36.1	61.5	21:21	33.1	75.5
5:47	28.0	94.6	13:51	36.0	61.3	21:21	33.1	75.5
5:47	28.0	94.5	13:51	36.0	61.4	21:21	33.1	75.5
5:48	28.0	94.6	13:52	36.0	61.6	21:22	33.1	75.5
5:48	28.0	94.6	13:52	36.2	60.7	21:22	33.1	75.5
5:48	28.0	94.6	13:52	36.3	60.4	21:22	33.1	75.3
5:48	28.0	94.6	13:52	36.3	60.6	21:22	33.1	74.3
5:48	28.0	94.6	13:52	36.4	60.1	21:22	33.1	74.6
5:48	28.0	94.7	13:52	36.5	59.8	21:22	33.2	75.1
5:49	28.0	94.7	13:53	36.5	59.7	21:23	33.2	75.3
5:49	28.0	94.8	13:53	36.6	59.6	21:23	33.1	75.3
5:49	28.0	94.8	13:53	36.6	59.5	21:23	33.1	75.4
5:49	28.0	94.7	13:53	36.6	59.2	21:23	33.1	75.4
5:49	28.0	94.9	13:53	36.6	59.3	21:23	33.1	75.4
5:49	28.1	94.9	13:53	36.6	59.3	21:23	33.1	75.5
5:50	28.1	94.8	13:54	36.6	59.3	21:24	33.1	75.8
5:50	28.1	94.7	13:54	36.6	59.4	21:24	33.1	75.6
5:50	28.1	94.6	13:54	36.6	59.7	21:24	33.2	75.5

早上时间	温度/℃	湿度/（%RH）	下午时间	温度/℃	湿度/（%RH）	晚上时间	温度/℃	湿度/（%RH）
5:50	28.1	94.4	13:54	36.6	59.4	21:24	33.2	75.5
5:50	28.1	94.1	13:54	36.6	59.3	21:24	33.2	75.5
5:50	28.1	94.0	13:54	36.6	59.5	21:24	33.2	75.5
5:51	28.1	93.9	13:55	36.7	60.1	21:25	33.2	75.4
5:51	28.1	93.9	13:55	36.7	60.9	21:25	33.2	75.1
5:51	28.1	93.9	13:55	36.7	59.7	21:25	33.2	75.0
5:51	28.1	93.9	13:55	36.7	60.0	21:25	33.3	75.0
5:51	28.2	93.9	13:55	36.7	60.2	21:25	33.3	75.0
5:51	28.2	94.0	13:55	36.7	59.8	21:25	33.3	75.1
5:52	28.2	94.3	13:56	36.7	60.3	21:26	33.4	74.9
5:52	28.2	94.1	13:56	36.7	60.6	21:26	33.4	74.7
5:52	28.2	93.7	13:56	36.6	60.7	21:26	33.4	74.7
5:52	28.2	93.7	13:56	36.6	60.9	21:26	33.4	74.7
5:52	28.2	93.5	13:56	36.6	60.9	21:26	33.4	74.6
5:52	28.2	93.5	13:56	36.5	61.0	21:26	33.4	74.6
5:53	28.2	93.6	13:57	36.5	61.1	21:27	33.4	74.6
5:53	28.2	93.6	13:57	36.5	61.1	21:27	33.4	74.6
5:53	28.2	93.5	13:57	36.5	61.4	21:27	33.4	74.2
5:53	28.2	93.3	13:57	36.5	61.6	21:27	33.4	74.4
5:53	28.2	93.6	13:57	36.5	61.1	21:27	33.4	74.7
5:53	28.1	93.5	13:57	36.5	60.9	21:27	33.4	74.7
5:54	28.1	93.5	13:58	36.4	61.3	21:28	33.4	74.7
5:54	28.1	93.7	13:58	36.4	60.5	21:28	33.4	74.0
5:54	28.1	93.8	13:58	36.4	60.7	21:28	33.4	73.9
5:54	28.1	93.8	13:58	36.4	60.6	21:28	33.4	74.0
5:54	28.1	93.8	13:58	36.4	60.1	21:28	33.4	74.4
5:54	28.1	93.9	13:58	36.4	60.5	21:28	33.4	74.8

早上 时间	温度 /℃	湿度 /（%RH）	下午 时间	温度 /℃	湿度 /（%RH）	晚上 时间	温度 /℃	湿度 /（%RH）
5：55	28.1	94.1	13：59	36.4	60.6	21：29	33.4	74.9
5：55	28.1	94.6	13：59	36.4	60.3	21：29	33.4	74.7
5：55	28.1	94.4	13：59	36.4	60.2	21：29	33.4	74.7
5：55	28.1	94.0	13：59	36.4	60.0	21：29	33.4	74.6
5：55	28.1	93.9	13：59	36.4	60.0	21：29	33.5	74.5
5：55	28.1	94.0	13：59	36.4	60.4	21：29	33.4	74.6
5：56	28.1	94.0	14：00	36.4	60.2	21：30	33.4	74.7
5：56	28.1	94.1	14：00	36.4	60.3	21：30	33.4	74.7
5：56	28.0	94.1	14：00	36.4	61.4	21：30	33.4	74.8
5：56	28.0	94.2	14：00	36.4	61.2	21：30	33.4	74.8
5：56	28.0	94.2	14：00	36.4	60.8	21：30	33.4	74.6
5：56	28.0	94.2	14：00	36.4	61.0	21：30	33.4	74.9
5：57	28.0	94.2	14：01	36.4	61.1	21：31	33.4	74.7
5：57	28.0	94.2	14：01	36.3	61.6	21：31	33.4	74.2
5：57	28.0	94.3	14：01	36.3	61.3	21：31	33.4	74.3
5：57	28.0	94.4	14：01	36.3	61.1	21：31	33.4	74.5
5：57	28.1	94.4	14：01	36.3	60.6	21：31	33.4	74.6
5：57	28.0	94.2	14：01	36.4	60.5	21：31	33.4	74.6
5：58	28.0	94.2	14：02	36.4	60.1	21：32	33.4	74.5
5：58	28.0	94.2	14：02	36.4	59.9	21：32	33.4	74.6
5：58	28.0	94.2	14：02	36.4	60.3	21：32	33.4	74.8
5：58	28.0	94.1	14：02	36.5	60.8	21：32	33.4	74.8
5：58	28.0	94.1	14：02	36.5	59.3	21：32	33.4	75.0
5：58	28.0	94.1	14：02	36.5	59.4	21：32	33.4	75.0
5：59	28.0	94.1	14：03	36.5	59.6	21：33	33.4	75.0
5：59	28.1	94.1	14：03	36.5	61.3	21：33	33.4	75.1
5：59	28.1	94.2	14：03	36.5	61.0	21：33	33.4	75.1

早上时间	温度/℃	湿度/（% RH）	下午时间	温度/℃	湿度/（% RH）	晚上时间	温度/℃	湿度/（% RH）
5:59	28.1	94.3	14:03	36.5	60.5	21:33	33.4	75.1
5:59	28.1	94.3	14:03	36.5	60.3	21:33	33.4	74.2
5:59	28.1	94.3	14:03	36.4	60.1	21:33	33.4	74.1
6:00	28.1	94.2	14:04	36.4	60.9	21:34	33.4	74.5
6:00	28.1	94.1	14:04	36.4	61.1	21:34	33.4	74.7
6:00	28.1	94.1	14:04	36.3	61.2	21:34	33.4	74.7
6:00	28.1	94	14:04	36.3	61.5	21:34	33.4	74.7
6:00	28.1	94.1	14:04	36.3	61.1	21:34	33.4	74.6
6:00	28.0	94.1	14:04	36.3	60.5	21:34	33.4	74.9
6:01	28.0	94.1	14:05	36.2	60.5	21:35	33.4	73.8
6:01	28.1	94.1	14:05	36.2	60.1	21:35	33.4	74.0
6:01	28.1	94.2	14:05	36.2	60.4	21:35	33.4	74.1
6:01	28.1	94.3	14:05	36.2	60.8	21:35	33.4	74.2
6:01	28.0	94.2	14:05	36.2	60.9	21:35	33.4	74.2
6:01	28.0	94.2	14:05	36.2	61.1	21:35	33.4	74.3
6:02	28.0	94.3	14:06	36.1	60.5	21:36	33.4	74.5
6:02	28.0	94.3	14:06	36.1	60.7	21:36	33.4	74.6
6:02	28.0	94.4	14:06	36.1	60.9	21:36	33.4	74.5
6:02	28.1	94.4	14:06	36.1	61.1	21:36	33.4	74.0
6:02	28.1	94.3	14:06	36.1	61.5	21:36	33.4	73.9
6:02	28.1	94.2	14:06	36.1	61.5	21:36	33.4	73.8
6:03	28.1	94.2	14:07	36.1	61.5	21:37	33.4	73.9
6:03	28.1	94.3	14:07	36.1	61.4	21:37	33.4	74.7
6:03	28.1	94.1	14:07	36.1	61.9	21:37	33.4	74.5
6:03	28.1	93.9	14:07	36.1	61.4	21:37	33.4	74.1
6:03	28.1	93.9	14:07	36.1	61.4	21:37	33.4	74.3
6:03	28.1	93.8	14:07	36.0	61.9	21:37	33.4	74.9

早上 时间	温度 /℃	湿度 /（%RH）	下午 时间	温度 /℃	湿度 /（%RH）	晚上 时间	温度 /℃	湿度 /（%RH）
6:04	28.1	93.8	14:08	36.0	61.8	21:38	33.4	74.8
6:04	28.1	93.8	14:08	36.0	61.8	21:38	33.4	74.7
6:04	28.1	93.7	14:08	36.0	61.8	21:38	33.4	74.5
6:04	28.1	93.8	14:08	36.0	62.1	21:38	33.4	74.3
6:04	28.1	93.8	14:08	36.0	61.8	21:38	33.4	74.3
6:04	28.1	93.7	14:08	36.0	61.0	21:38	33.4	74.4
6:05	28.1	93.8	14:09	36.1	60.6	21:39	33.4	74.6
6:05	28.1	93.9	14:09	36.2	60.5	21:39	33.4	74.7
6:05	28.1	93.9	14:09	36.2	60.4	21:39	33.4	74.7
6:05	28.1	93.9	14:09	36.2	60.3	21:39	33.4	74.3
6:05	28.1	94.1	14:09	36.3	60.5	21:39	33.4	74.4
6:05	28.1	94.2	14:09	36.3	61.3	21:39	33.4	74.7

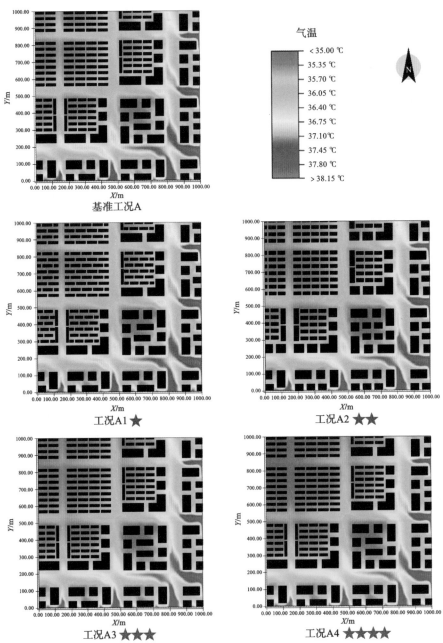

图1 寒冷地区平原城市中心区 BMT1-1 商住高密高容型街区形态调控方法假设工况 2017 年 7 月 23 日 14:00 时的 ENVI-met 模拟温度场对比图

（图片来源：作者自绘）

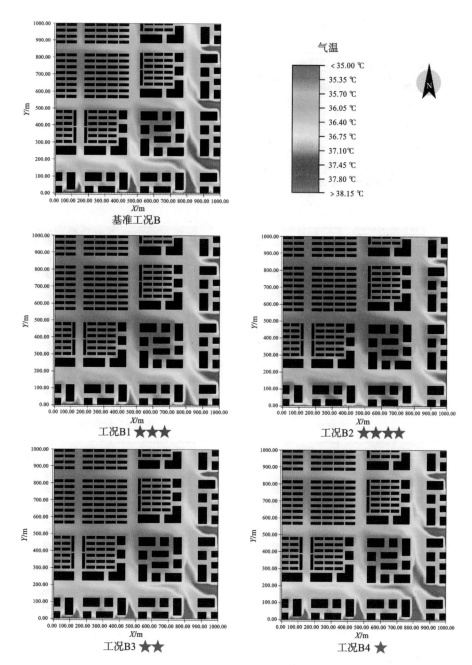

续图1

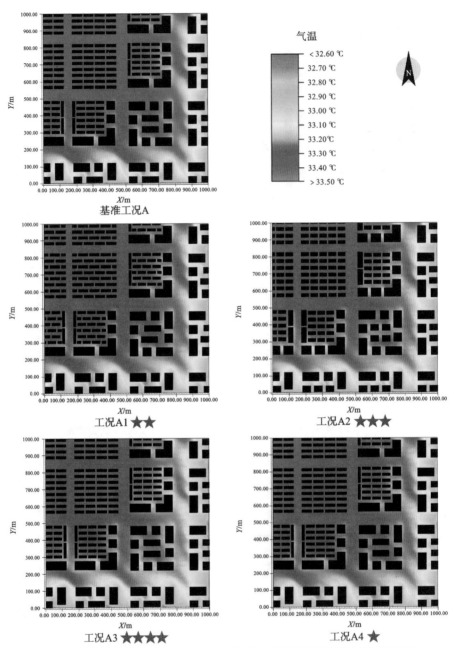

图2　寒冷地区平原城市中心区 BMT1-1 商住高密高容型街区形态调控方法假设工况
2017 年 7 月 23 日 21：00 时的 ENVI-met 模拟温度场对比图

(图片来源：作者自绘)

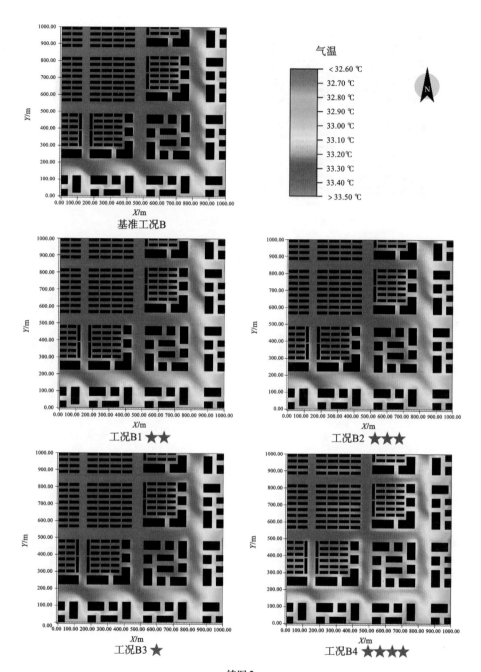

续图 2

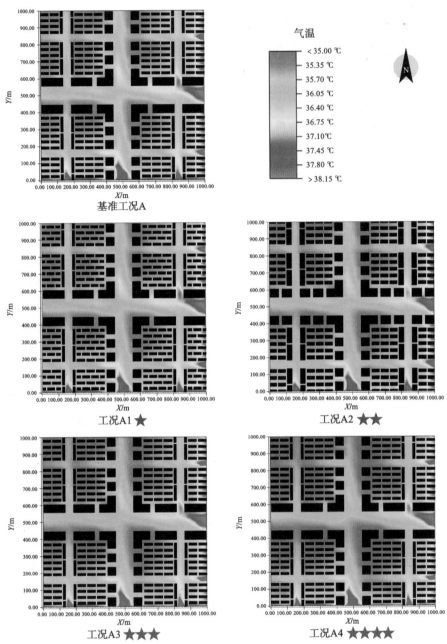

**图3　寒冷地区平原城市中心区 BMT1-2 商住高密中容型街区形态调控方法假设工况
2017 年 7 月 23 日 14∶00 时的 ENVI-met 模拟温度场对比图**

（图片来源：作者自绘）

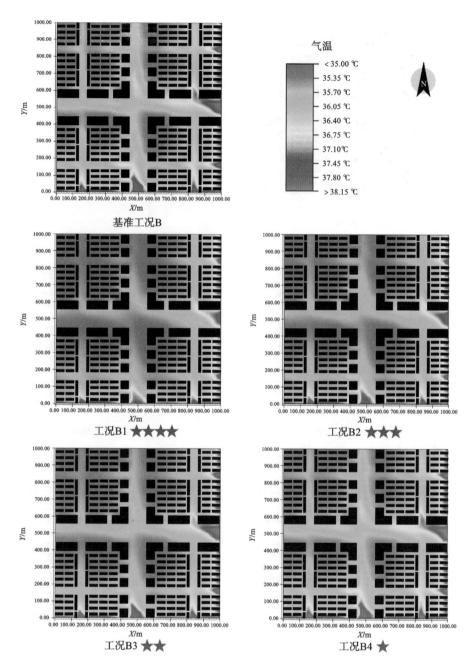

续图3

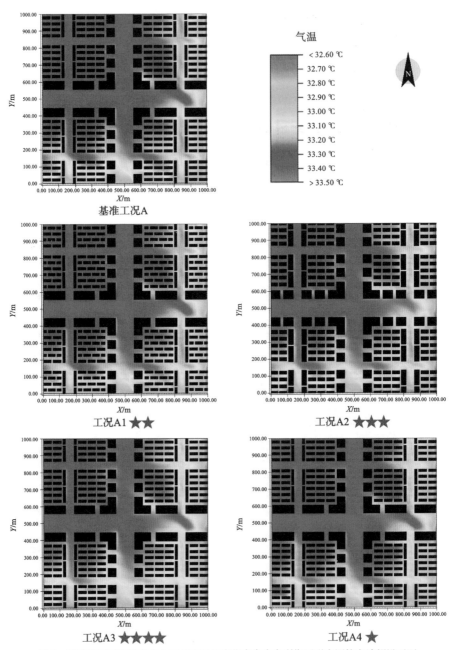

图 4 寒冷地区平原城市中心区 BMT1-2 商住高密中容型街区形态调控方法假设工况 2017 年 7 月 23 日 21:00 时的 ENVI-met 模拟温度场对比图

（图片来源：作者自绘）

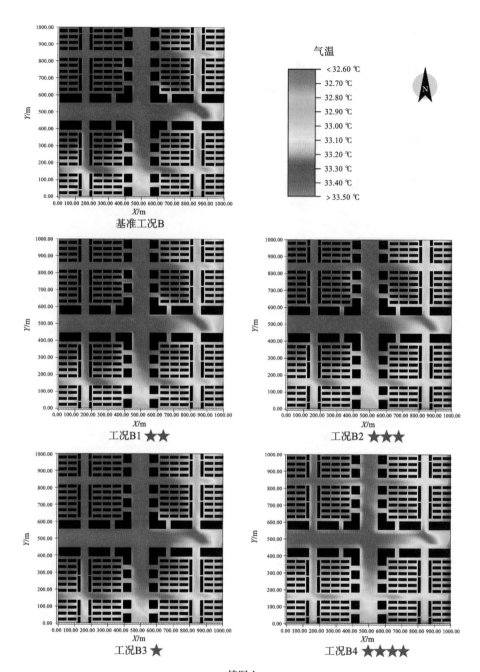

气温

< 32.60 ℃
32.70 ℃
32.80 ℃
32.90 ℃
33.00 ℃
33.10 ℃
33.20 ℃
33.30 ℃
33.40 ℃
> 33.50 ℃

N

基准工况B

工况B1 ★★

工况B2 ★★★

工况B3 ★

工况B4 ★★★★

续图4

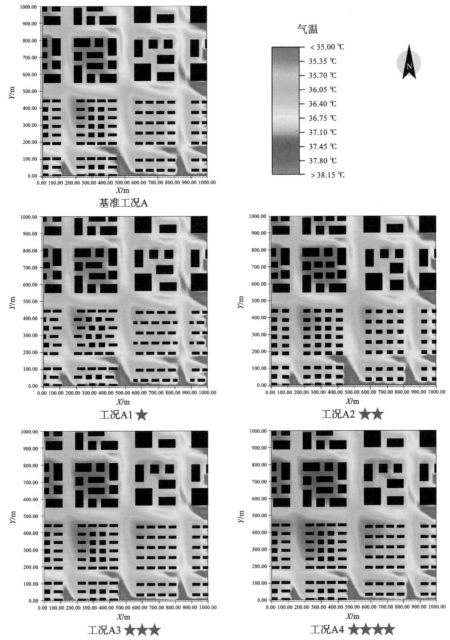

气温

< 35.00 ℃
35.35 ℃
35.70 ℃
36.05 ℃
36.40 ℃
36.75 ℃
37.10 ℃
37.45 ℃
37.80 ℃
> 38.15 ℃

N

基准工况A

工况A1 ★

工况A2 ★★

工况A3 ★★★

工况A4 ★★★★

图5 寒冷地区平原城市中心区BMT1-3商住中密高容型街区形态调控方法假设工况 2017 年 7 月 23 日 14：00 时的 ENVI-met 模拟温度场对比图

（图片来源：作者自绘）

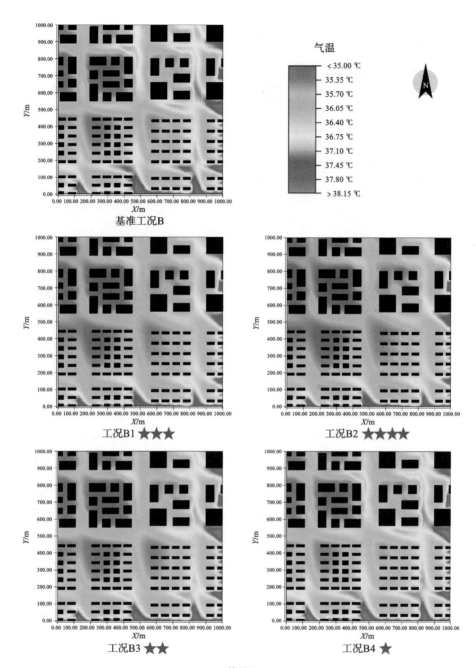

气温

< 35.00 ℃
35.35 ℃
35.70 ℃
36.05 ℃
36.40 ℃
36.75 ℃
37.10 ℃
37.45 ℃
37.80 ℃
> 38.15 ℃

基准工况B

工况B1 ★★★

工况B2 ★★★★

工况B3 ★★

工况B4 ★

续图5

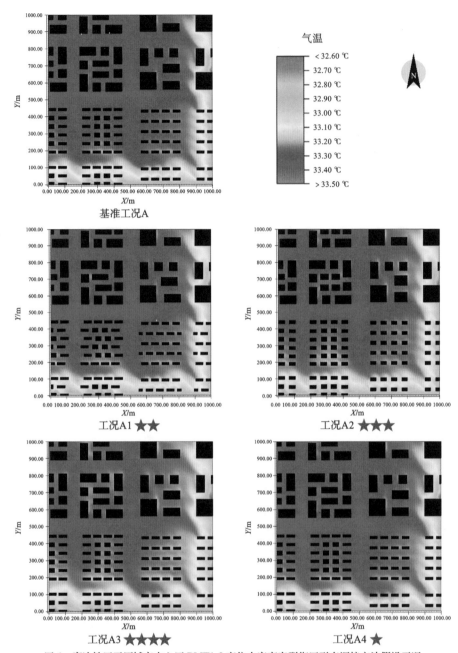

图6　寒冷地区平原城市中心区 BMT1-3 商住中密高容型街区形态调控方法假设工况
2017 年 7 月 23 日 21：00 时的 ENVI-met 模拟温度场对比图

（图片来源：作者自绘）

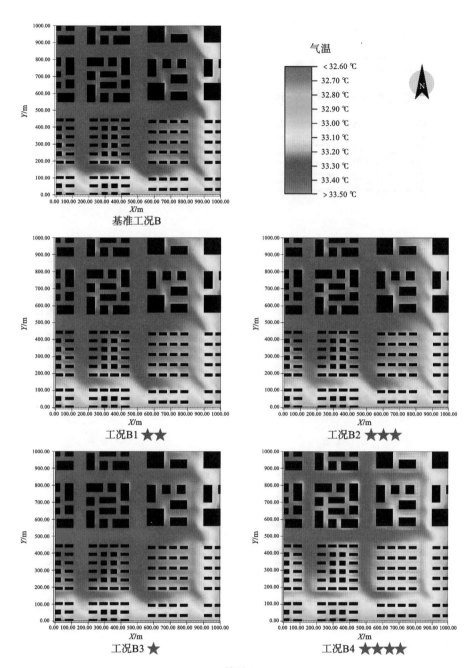

续图6

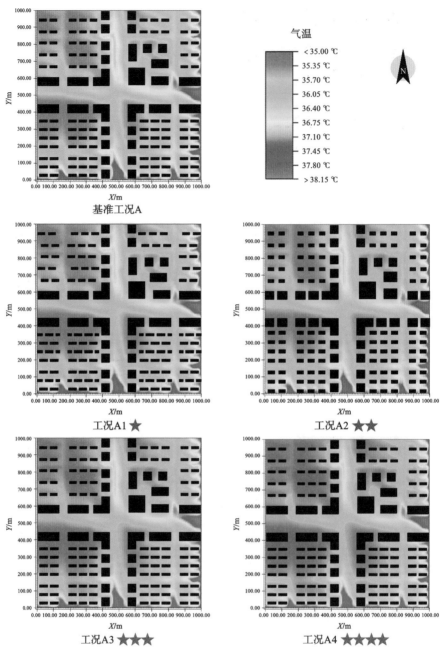

气温
< 35.00 ℃
35.35 ℃
35.70 ℃
36.05 ℃
36.40 ℃
36.75 ℃
37.10 ℃
37.45 ℃
37.80 ℃
> 38.15 ℃

基准工况A

工况A1 ★

工况A2 ★★

工况A3 ★★★

工况A4 ★★★★

图7 寒冷地区平原城市中心区 BMT1-4 商住中密中容型街区形态调控方法假设工况
2017 年 7 月 23 日 14:00 时的 ENVI-met 模拟温度场对比图

（图片来源：作者自绘）

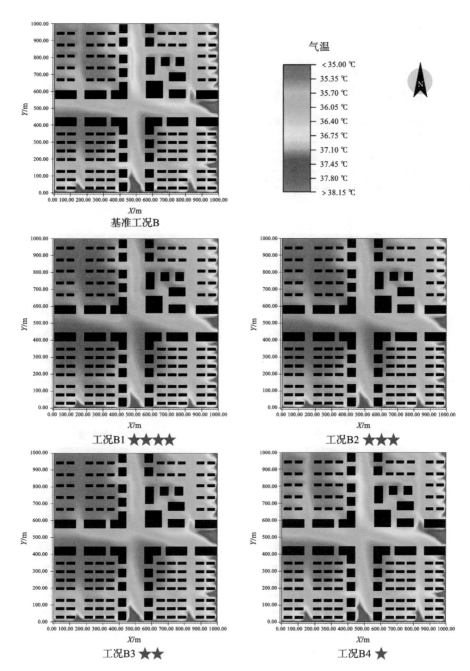

气温

< 35.00 ℃
35.35 ℃
35.70 ℃
36.05 ℃
36.40 ℃
36.75 ℃
37.10 ℃
37.45 ℃
37.80 ℃
> 38.15 ℃

N

基准工况B

工况B1 ★★★★

工况B2 ★★★

工况B3 ★★

工况B4 ★

续图7

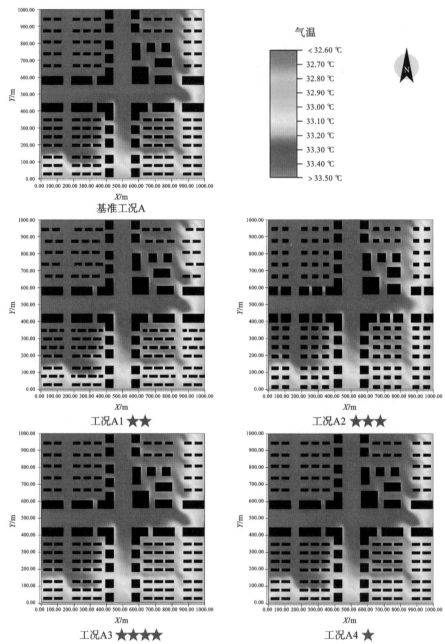

图 8　寒冷地区平原城市中心区 BMT1-4 商住中密中容型街区形态调控方法假设工况 2017 年 7 月 23 日 21:00 时的 ENVI-met 模拟温度场对比图

（图片来源：作者自绘）

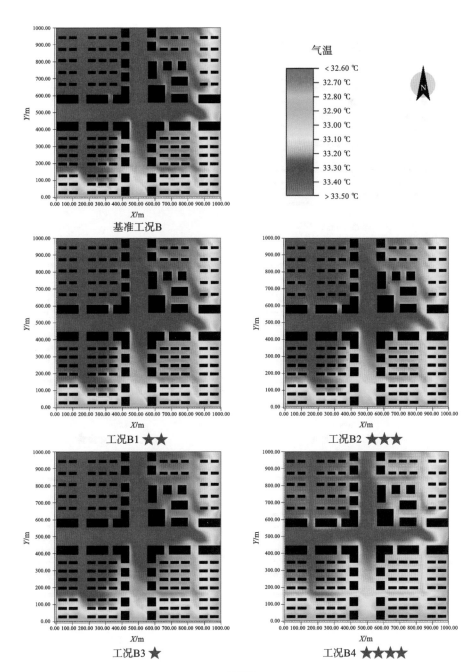

续图8

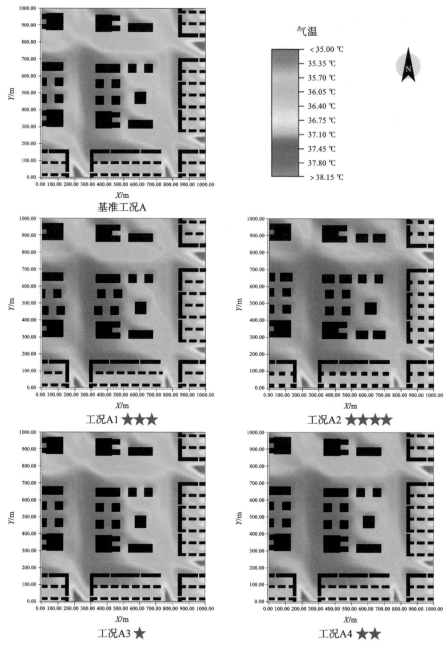

图 9　寒冷地区平原城市中心区 BMT1-5 商住低密高容型街区形态调控方法假设工况 2017 年 7 月 23 日 14：00 时的 ENVI-met 模拟温度场对比图

（图片来源：作者自绘）

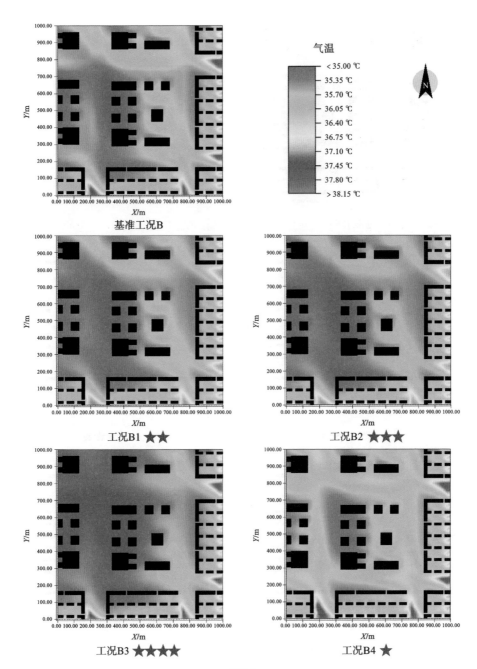

气温

< 35.00 ℃
35.35 ℃
35.70 ℃
36.05 ℃
36.40 ℃
36.75 ℃
37.10 ℃
37.45 ℃
37.80 ℃
> 38.15 ℃

基准工况B

工况B1 ★★

工况B2 ★★★

工况B3 ★★★★

工况B4 ★

续图9

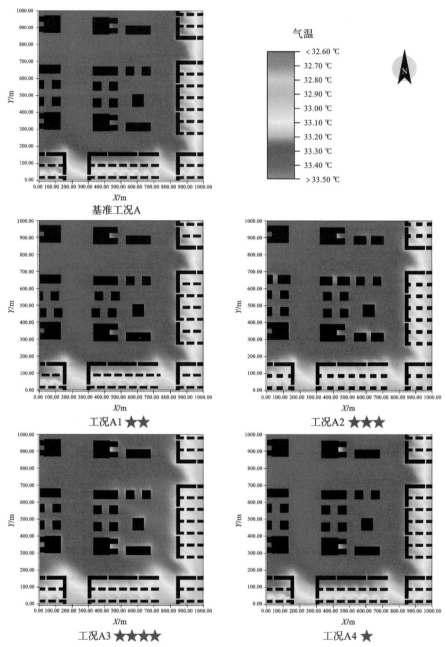

图10 寒冷地区平原城市中心区 BMT1-5 商住低密高容型街区形态调控方法假设工况
2017 年 7 月 23 日 21:00 时的 ENVI-met 模拟温度场对比图

(图片来源:作者自绘)

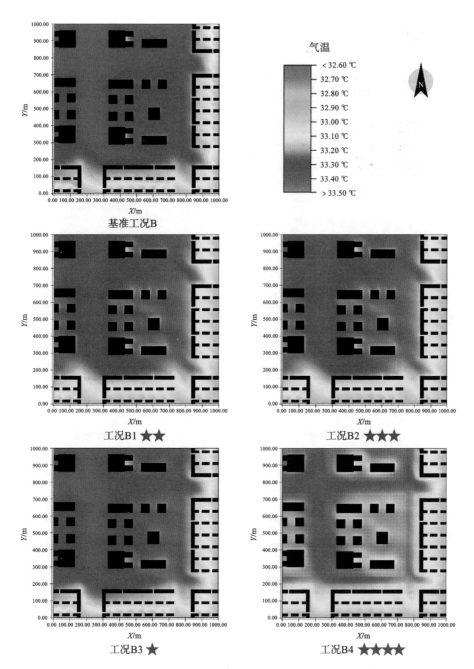

气温

< 32.60 ℃
32.70 ℃
32.80 ℃
32.90 ℃
33.00 ℃
33.10 ℃
33.20 ℃
33.30 ℃
33.40 ℃
> 33.50 ℃

基准工况B

工况B1 ★★

工况B2 ★★★

工况B3 ★

工况B4 ★★★★

续图10

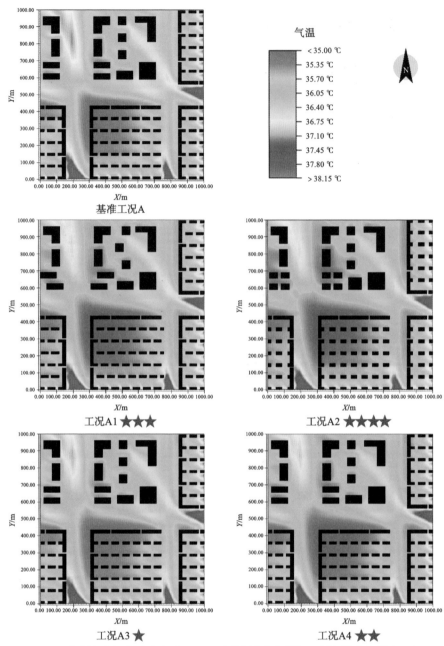

图 11　寒冷地区平原城市中心区 BMT1-6 商住低密中容型街区形态调控方法假设工况 2017 年 7 月 23 日 14∶00 时的 ENVI-met 模拟温度场对比图

（图片来源：作者自绘）

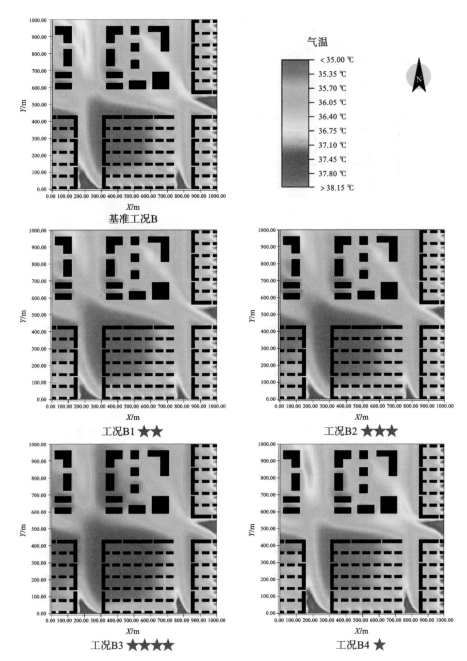

气温

< 35.00 ℃
35.35 ℃
35.70 ℃
36.05 ℃
36.40 ℃
36.75 ℃
37.10 ℃
37.45 ℃
37.80 ℃
> 38.15 ℃

基准工况B

工况B1 ★★

工况B2 ★★★

工况B3 ★★★★

工况B4 ★

续图11

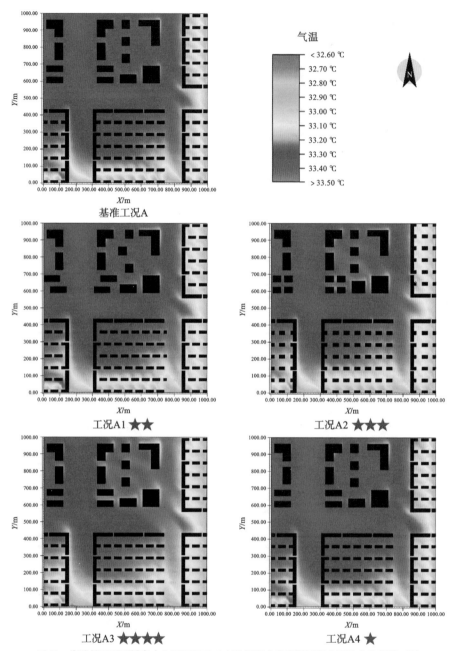

图 12　寒冷地区平原城市中心区 BMT1-6 商住低密中容型街区形态调控方法假设工况 2017 年 7 月 23 日 21:00 时的 ENVI-met 模拟温度场对比图

（图片来源：作者自绘）

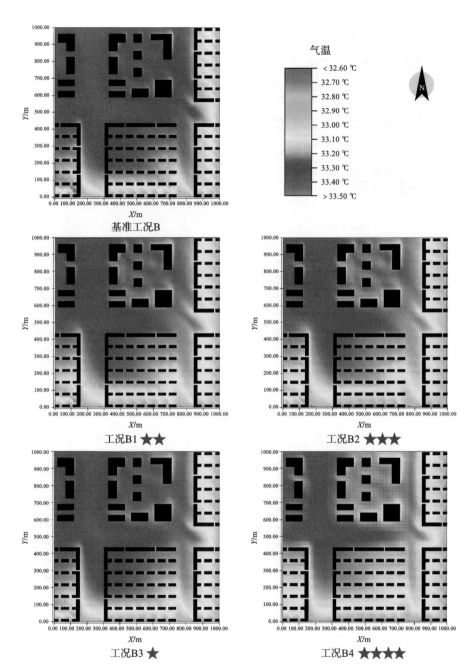

气温

< 32.60 ℃
32.70 ℃
32.80 ℃
32.90 ℃
33.00 ℃
33.10 ℃
33.20 ℃
33.30 ℃
33.40 ℃
> 33.50 ℃

N

基准工况B

工况B1 ★★

工况B2 ★★★

工况B3 ★

工况B4 ★★★★

续图12

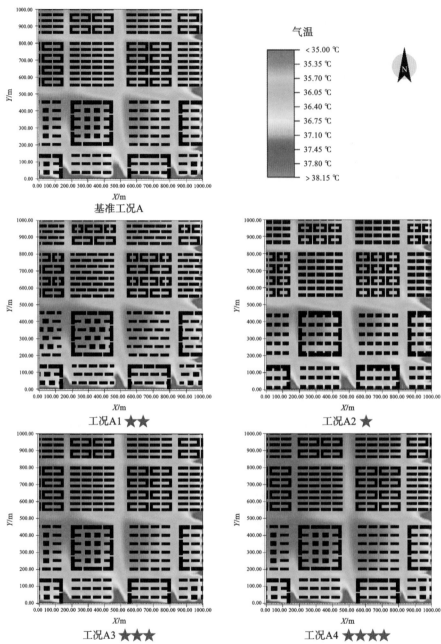

图 13 寒冷地区平原城市中心区 BMT2-1 居住高密中容型街区形态调控方法假设工况 2017 年 7 月 23 日 14：00 时的 ENVI-met 模拟温度场对比图

（图片来源：作者自绘）

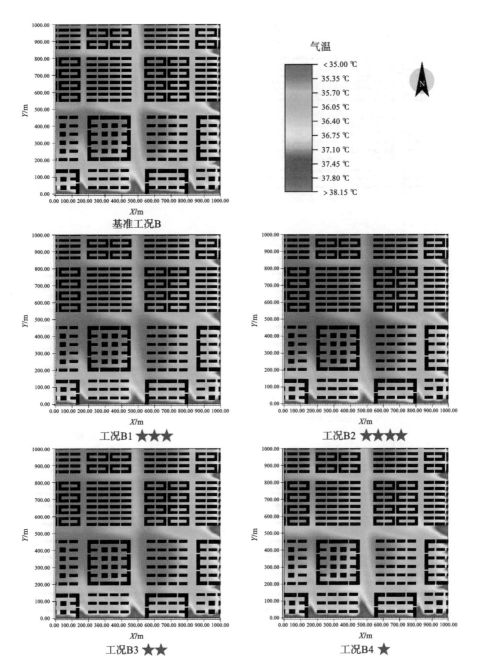

续图13

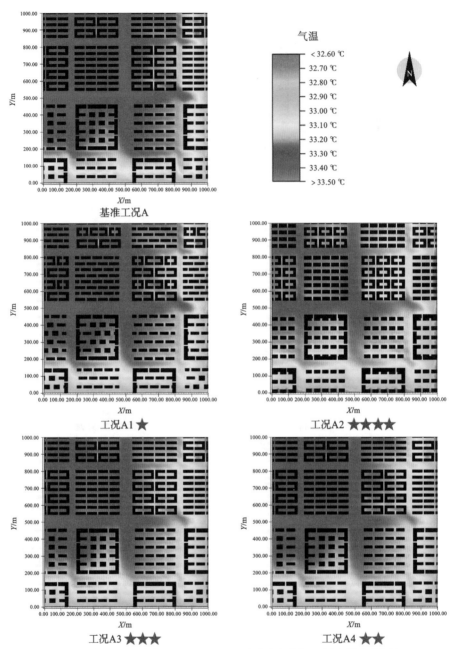

图 14 寒冷地区平原城市中心区 BMT2-1 居住高密中容型街区形态调控方法假设工况 2017 年 7 月 23 日 21:00 时的 ENVI-met 模拟温度场对比图

（图片来源：作者自绘）

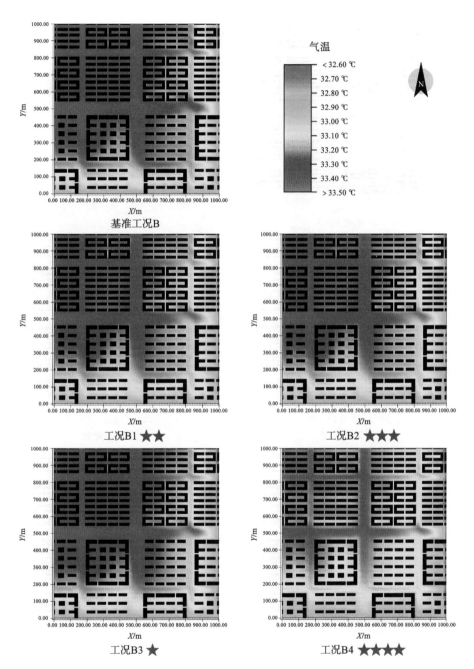

续图14

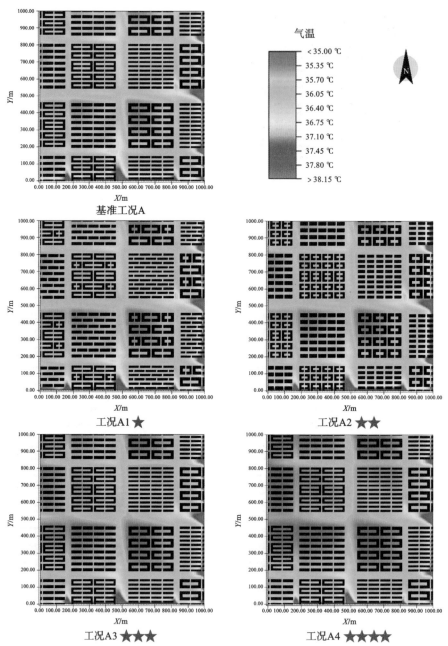

图15　寒冷地区平原城市中心区 BMT2-2 居住高密低容型街区形态调控方法假设工况 2017 年 7 月 23 日 14:00 时的 ENVI-met 模拟温度场对比图

（图片来源：作者自绘）

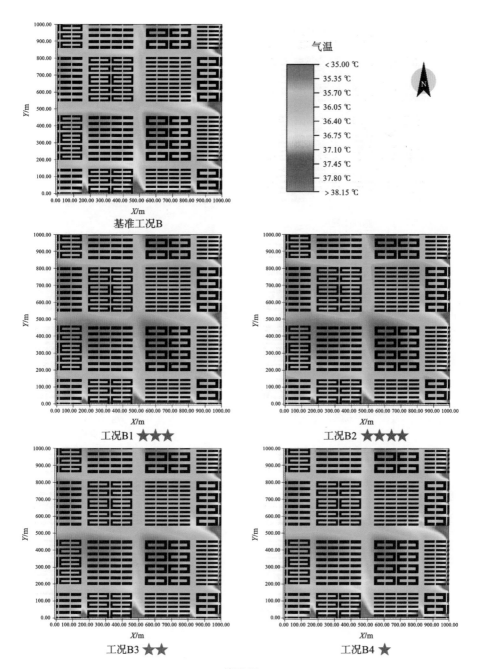

气温

< 35.00 ℃
35.35 ℃
35.70 ℃
36.05 ℃
36.40 ℃
36.75 ℃
37.10 ℃
37.45 ℃
37.80 ℃
> 38.15 ℃

基准工况B

工况B1 ★★★

工况B2 ★★★★

工况B3 ★★

工况B4 ★

续图15

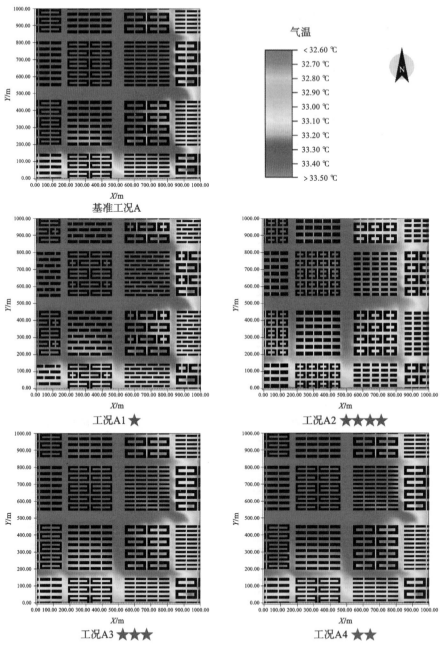

气温
< 32.60 ℃
32.70 ℃
32.80 ℃
32.90 ℃
33.00 ℃
33.10 ℃
33.20 ℃
33.30 ℃
33.40 ℃
> 33.50 ℃

基准工况A

工况A1 ★

工况A2 ★★★★

工况A3 ★★★

工况A4 ★★

图16　寒冷地区平原城市中心区 BMT2-2 居住高密低容型街区形态调控方法假设工况
2017 年 7 月 23 日 21：00 时的 ENVI-met 模拟温度场对比图

（图片来源：作者自绘）

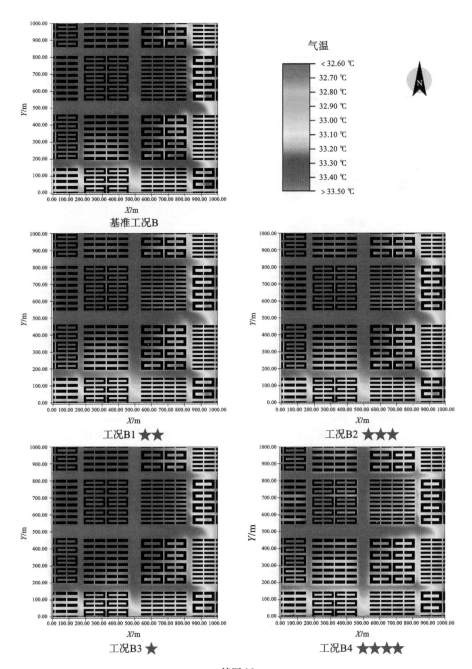

气温

< 32.60 ℃
32.70 ℃
32.80 ℃
32.90 ℃
33.00 ℃
33.10 ℃
33.20 ℃
33.30 ℃
33.40 ℃
> 33.50 ℃

基准工况B

工况B1 ★★

工况B2 ★★★

工况B3 ★

工况B4 ★★★★

续图16

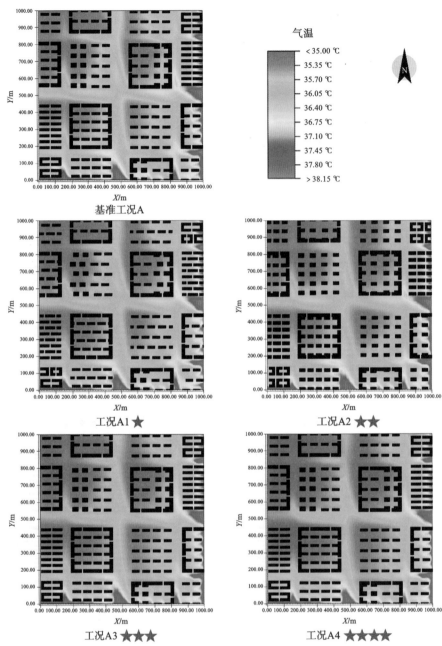

**图 17　寒冷地区平原城市中心区 BMT2-3 居住中密中容型街区形态调控方法假设工况
2017 年 7 月 23 日 14 : 00 时的 ENVI-met 模拟温度场对比图**

（图片来源：作者自绘）

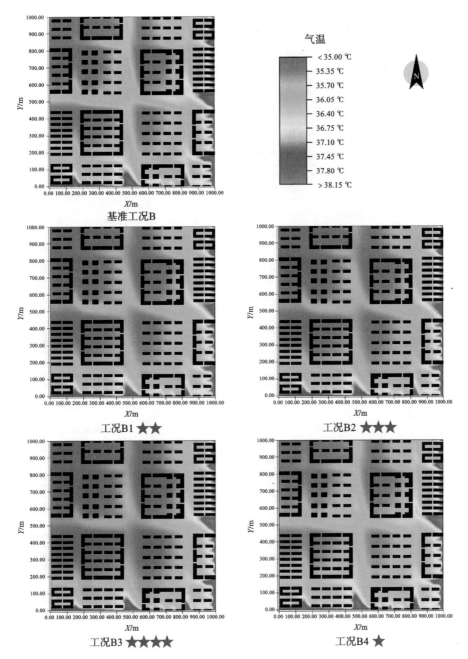

续图17

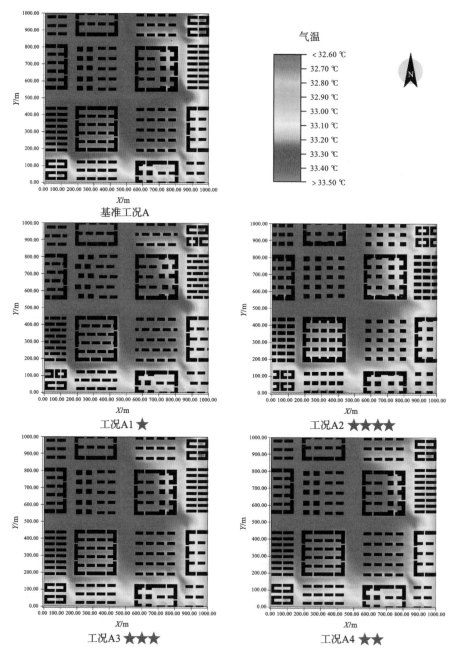

**图 18　寒冷地区平原城市中心区 BMT2-3 居住中密中容型街区形态调控方法假设工况
2017 年 7 月 23 日 21:00 时的 ENVI-met 模拟温度场对比图**

（图片来源：作者自绘）

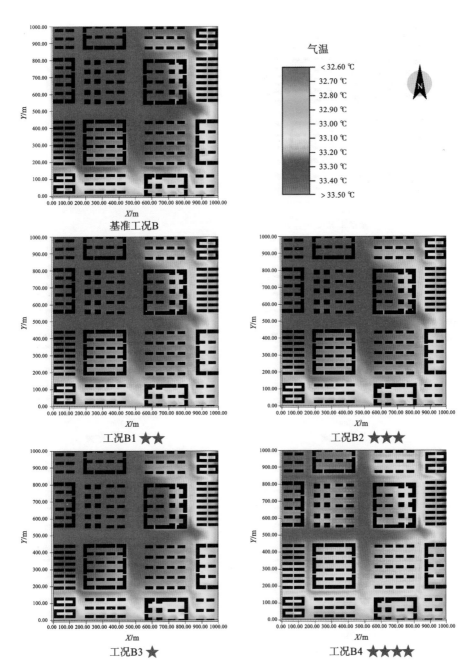

气温

< 32.60 ℃
32.70 ℃
32.80 ℃
32.90 ℃
33.00 ℃
33.10 ℃
33.20 ℃
33.30 ℃
33.40 ℃
> 33.50 ℃

基准工况B

工况B1 ★★

工况B2 ★★★

工况B3 ★

工况B4 ★★★★

续图18

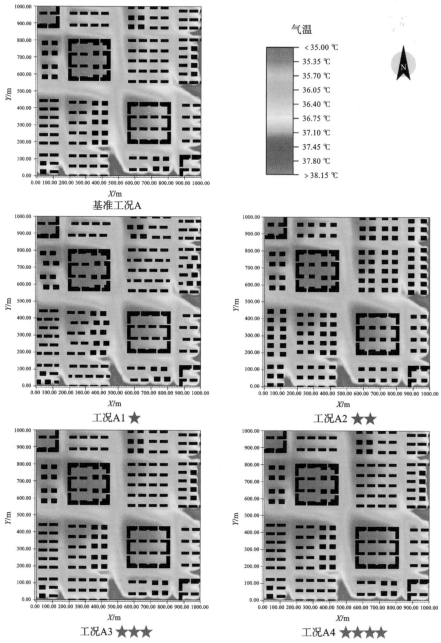

图19 寒冷地区平原城市中心区 BMT2-4 居住低密中容型街区形态调控方法假设工况 2017 年 7 月 23 日 14：00 时的 ENVI-met 模拟温度场对比图

（图片来源：作者自绘）

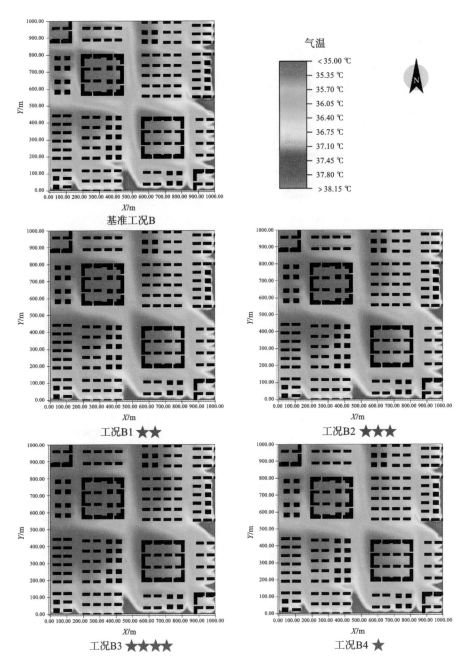

气温

< 35.00 ℃
35.35 ℃
35.70 ℃
36.05 ℃
36.40 ℃
36.75 ℃
37.10 ℃
37.45 ℃
37.80 ℃
> 38.15 ℃

基准工况B

工况B1 ★★

工况B2 ★★★

工况B3 ★★★★

工况B4 ★

续图19

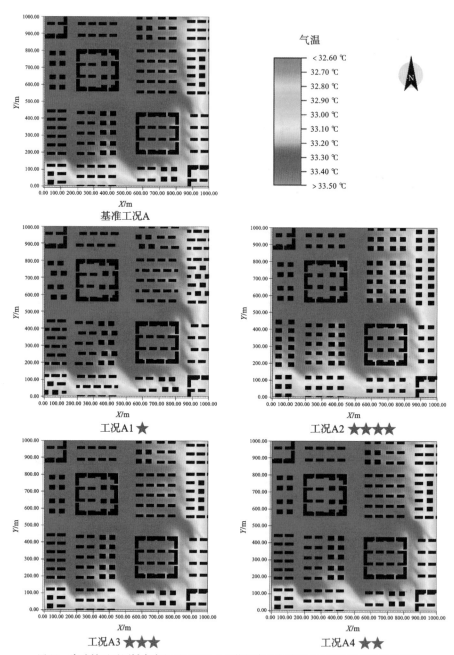

图 20 寒冷地区平原城市中心区 BMT2-4 居住低密中容型街区形态调控方法假设工况

2017 年 7 月 23 日 21：00 时的 ENVI-met 模拟温度场对比图

（图片来源：作者自绘）

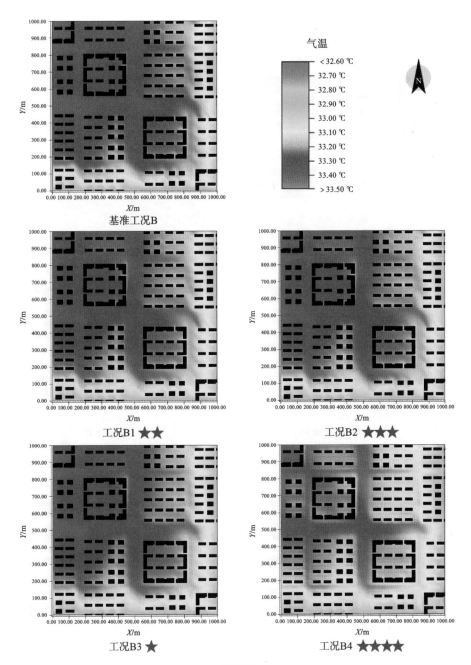

续图20

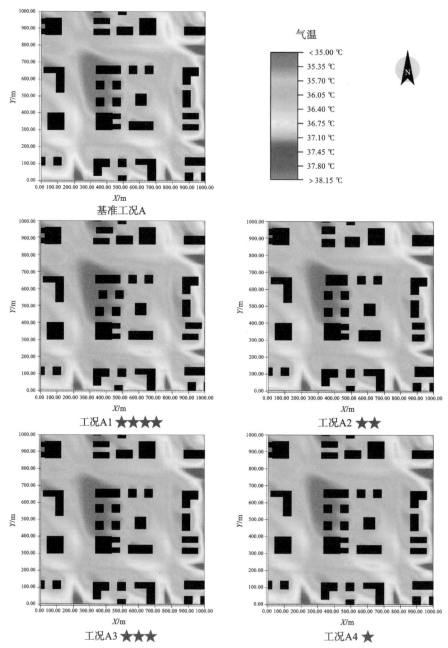

图 21　寒冷地区平原城市中心区 BMT3-1 商务中密高容型街区形态调控方法假设工况
2017 年 7 月 23 日 14：00 时的 ENVI-met 模拟温度场对比图

（图片来源：作者自绘）

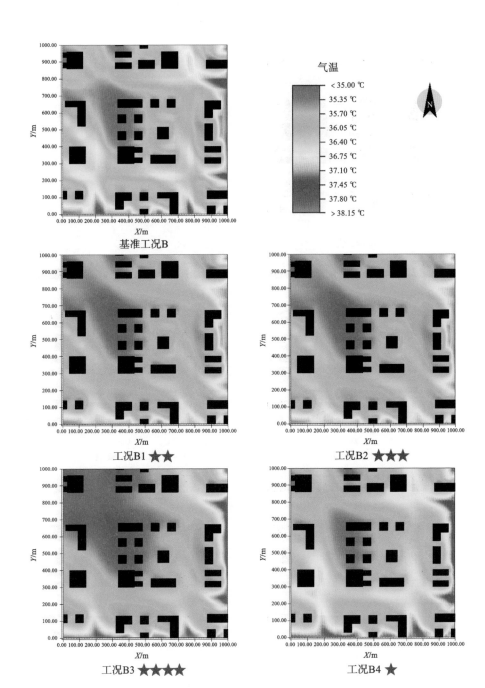

续图 21

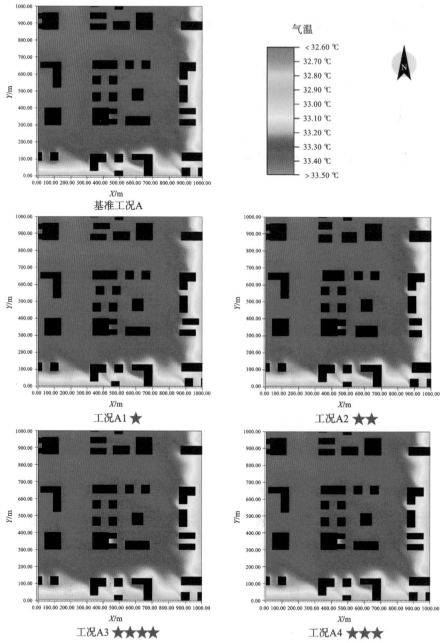

图22 寒冷地区平原城市中心区 BMT3-1 商务中密高容型街区形态调控方法假设工况 2017 年 7 月 23 日 21:00 时的 ENVI-met 模拟温度场对比图

（图片来源：作者自绘）

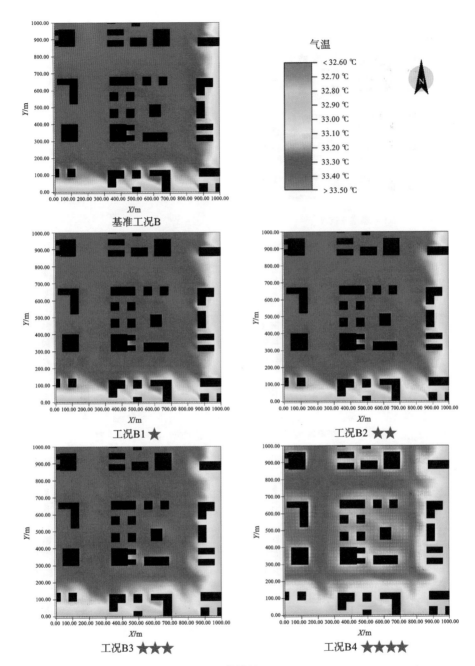

续图 22

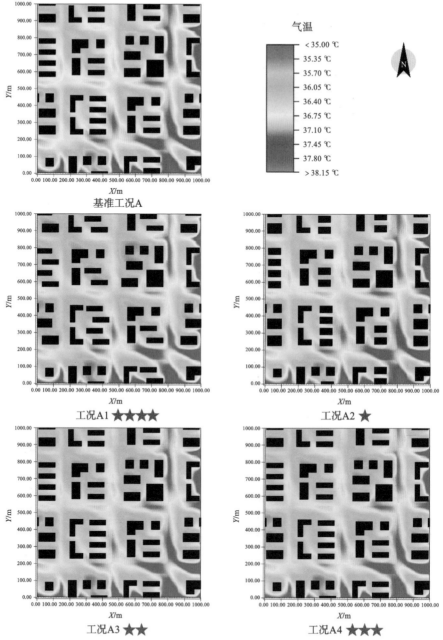

图 23 寒冷地区平原城市中心区 BMT3-2 商务中密中容型街区形态调控方法假设工况 2017 年 7 月 23 日 14：00 时的 ENVI-met 模拟温度场对比图

（图片来源：作者自绘）

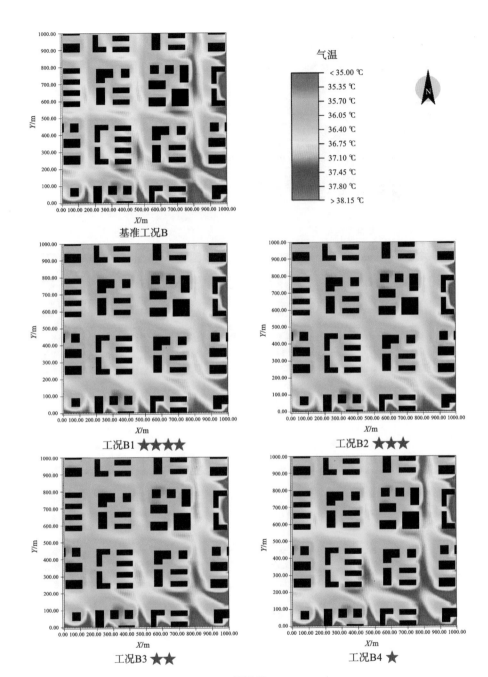

气温

< 35.00 ℃
35.35 ℃
35.70 ℃
36.05 ℃
36.40 ℃
36.75 ℃
37.10 ℃
37.45 ℃
37.80 ℃
> 38.15 ℃

基准工况B

工况B1 ★★★★

工况B2 ★★★

工况B3 ★★

工况B4 ★

续图23

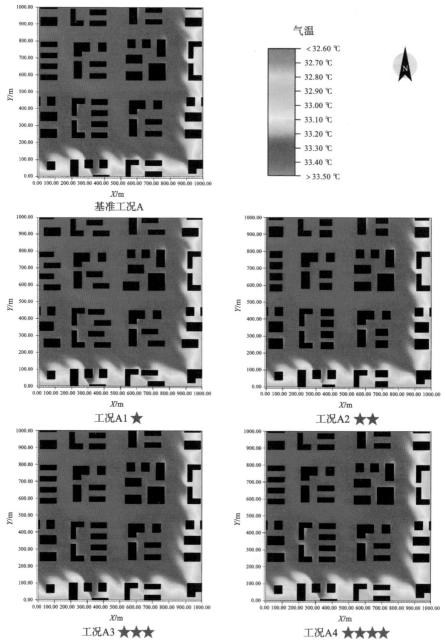

气温

< 32.60 ℃
32.70 ℃
32.80 ℃
32.90 ℃
33.00 ℃
33.10 ℃
33.20 ℃
33.30 ℃
33.40 ℃
> 33.50 ℃

N

基准工况A

工况A1 ★

工况A2 ★★

工况A3 ★★★

工况A4 ★★★★

图 24 寒冷地区平原城市中心区 BMT3-2 商务中密中容型街区形态调控方法假设工况
2017 年 7 月 23 日 21:00 时的 ENVI-met 模拟温度场对比图

（图片来源：作者自绘）

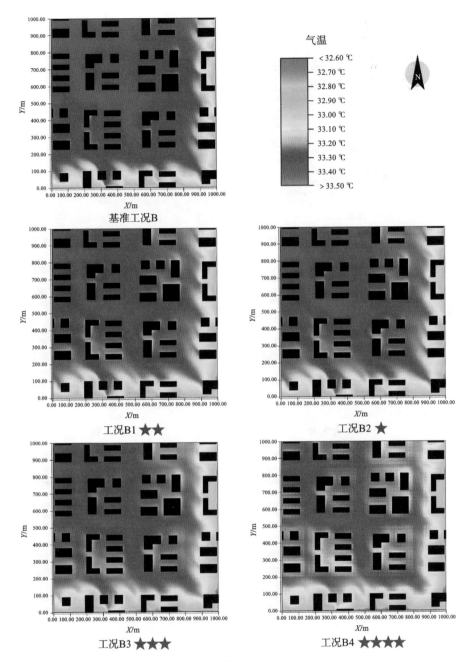

气温

< 32.60 ℃
32.70 ℃
32.80 ℃
32.90 ℃
33.00 ℃
33.10 ℃
33.20 ℃
33.30 ℃
33.40 ℃
> 33.50 ℃

基准工况B

工况B1 ★★

工况B2 ★

工况B3 ★★★

工况B4 ★★★★

续图24

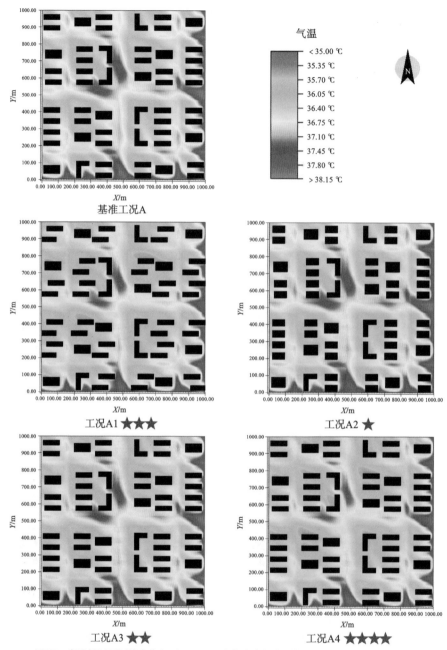

気温

< 35.00 ℃
35.35 ℃
35.70 ℃
36.05 ℃
36.40 ℃
36.75 ℃
37.10 ℃
37.45 ℃
37.80 ℃
> 38.15 ℃

基准工况A

工况A1 ★★★

工况A2 ★

工况A3 ★★

工况A4 ★★★★

图 25   寒冷地区平原城市中心区 BMT3-3 商务中密低容型街区形态调控方法假设工况
2017 年 7 月 23 日 14∶00 时的 ENVI-met 模拟温度场对比图

(图片来源:作者自绘)

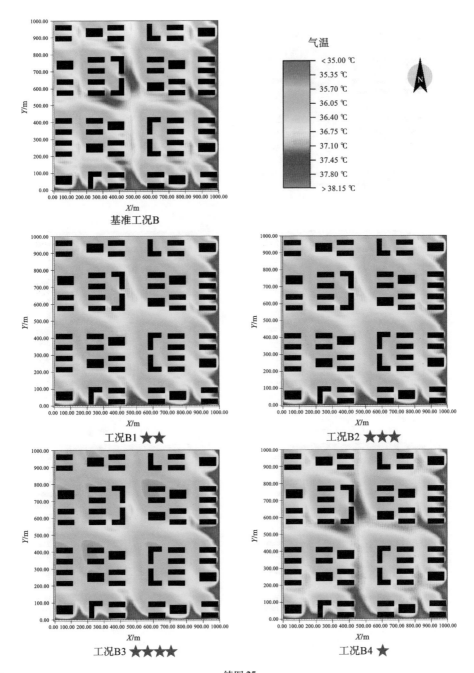

续图 25

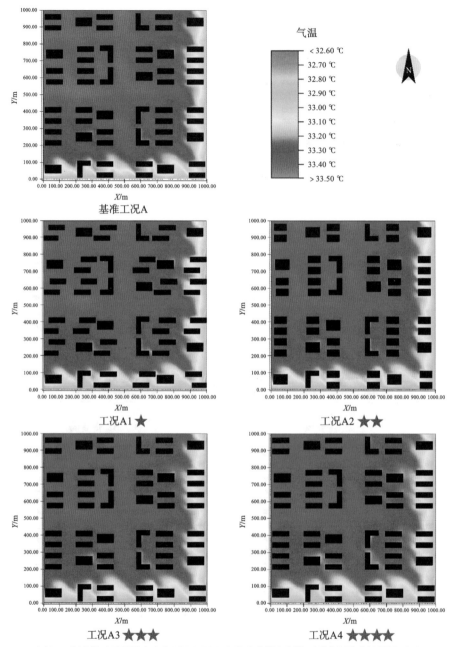

图 26　寒冷地区平原城市中心区 BMT3-3 商务中密低容型街区形态调控方法假设工况
2017 年 7 月 23 日 21 : 00 时的 ENVI-met 模拟温度场对比图

（图片来源：作者自绘）

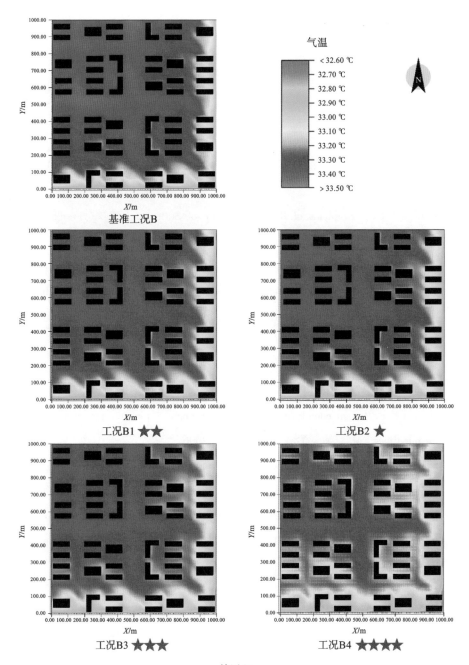

续图26

参 考 文 献

外文参考书：

[1] KRATZER P A. Das stadtklima [M]. 2nd ed. Braunschweig: Friedr, Vieweg & Sohn, 1956: 130-137.

[2] HOFFMAN U. Problems of the city climate of Stuttgard [M]// Franke E. City climate: data and aspects for city planning. Stuttgart: Karl Kramer, 1976.

[3] OKE T R. Boundary layer climates [M]. 2nd ed. New York: Routledge, 1987.

[4] KRESS R. Regional air exchange processes and their importance for the urban planning [M]. Dortmund: Institute of Environmental Protection of the University of Dortmund, 1979.

[5] VDI. Environmental meteorology: climate and air pollution maps for cities and regions: VDI 3787 BLATT 1-1997 [S]. Berlin: Beuth Verlag, 1997.

[6] HEALEY P. Urban complexity and spatial strategies: towards a relational planning for our times [M]. New York: Routledge, 2006.

[7] STEWART I D, OKE T R. Local climate zones for urban temperature studies [J]. Bulletin of the American Meteorological Society, 2012, 93 (12): 1879-1900.

[8] EMPA. New wind tunnel will evaluate wind effects and thermal situations to improve urban climate [EB/OL]. [2011-03-31]. www. sciencedaily. com/releases/2011/03/110323103926. htm.

[9] LANG J. Urban Design: a typology of procedures and products [M]. 2nd ed. New York: Architectural Press, 2017.

[10] BULKELEY H. Cities and climate change [M]. New York: Routledge, 2013.

[11] OLIVEIRA V. Urban morphology: an introduction to the study of the physical form of cities [M]. [S. l.]: Springer, 2016.

中文译著：

[1] 约瑟夫·罗姆. 气候变化[M]. 黄刚, 熊伊雪, 田群, 等译. 武汉: 华中科技大

学出版社，2020.

［2］ 村上周三. CFD 与建筑环境设计［M］. 朱清宇，等译. 北京：中国建筑工业出版社，2007.

［3］ 斯蒂芬·马歇尔. 街道与形态［M］. 苑思楠，译. 北京：中国建筑工业出版社，2011.

［4］ SALAT S. 城市与形态：关于可持续城市化的研究［M］. 北京：中国建筑工业出版社，2012.

［5］ 埃维特·埃雷尔，戴维·珀尔穆特，特里·威廉森. 城市小气候：建筑之间的空间设计［M］. 叶齐茂，倪晓晖，译. 北京：中国建筑工业出版社，2014.

［6］ 都市环境学教材编辑委员会. 城市环境学［M］. 林荫超，等，译. 北京：机械工业出版社，2005.

［7］ 菲利普·斯特德曼. 建筑类型与建筑形式［M］. 杨春景，马加欣，译. 北京：电子工业出版社，2017.

［8］ 哈莉特·巴尔克利. 城市与气候变化［M］. 陈卫卫，译. 北京：商务印书馆，2020.

［9］ 蕾切尔·卡森. 寂静的春天［M］. 马绍博，译. 天津：天津人民出版社，2017.

［10］ 查尔斯·瓦尔德海姆. 景观都市主义［M］. 刘海龙，刘东云，孙璐，译. 北京：中国建筑工业出版社，2011.

中文参考书：

［1］ 周淑贞，束炯. 城市气候学［M］. 北京：气象出版社，1994.

［2］ 任超，吴恩融. 城市环境气候图——可持续城市规划辅助信息系统工具［M］. 北京：中国建筑工业出版社，2012.

［3］ 汪丽君. 建筑类型学［M］. 3 版. 北京：中国建筑工业出版社，2019.

［4］ 陈苏柳. 城市形态的设计、发展与演化——城市形态的双向组织研究［M］. 北京：中国建筑工业出版社，2010.

［5］ 段进，邱国潮. 空间研究 5：国外城市形态学概论［M］. 南京：东南大学出版社，2009.

［6］ 田银生，谷凯. 城市形态研究的理论与实践［M］. 广州：华南理工大学出版社，2010.

［7］ 田银生，谷凯，陶伟. 城市形态学、建筑类型学与转型中的城市［M］. 北京：

科学出版社, 2014.

[8] 杨鑫, 段佳佳. 微气候适应性城市: 北京城市街区绿地格局优化方法[M]. 北京: 中国建筑工业出版社, 2018.

[9] 储金龙. 城市空间形态定量分析研究[M]. 南京: 东南大学出版社, 2007.

[10] 王振. 绿色城市街区: 基于城市微气候的街区层峡设计研究[M]. 南京: 东南大学出版社, 2010.

中文期刊:

[1] 秦大河. 气候变化科学与人类可持续发展[J]. 地理科学进展, 2014, 33 (7): 874-883.

[2] 沈永平, 王国亚. IPCC 第一工作组第五次评估报告对全球气候变化认知的最新科学要点[J]. 冰川冻土, 2013, 35 (5): 1068-1076.

[3] 郑艳, 潘家华, 郑祚芳, 等. 城市化与北京增温的协整分析[J]. 中国人口·资源与环境, 2006, 16 (2): 63-69.

[4] 丁沃沃, 胡友培, 窦平平. 城市形态与城市微气候的关联性研究[J]. 建筑学报, 2012 (7): 16-21.

[5] 郭佳星. 城市形态与空气质量关联性研究框架[J]. 建设科技, 2015 (18): 58-60, 65.

[6] 王频, 孟庆林. 城市人为热及其影响城市热环境的研究综述[J]. 建筑科学, 2013, 29 (8): 99-106.

[7] 陈飞. 一个新的研究框架: 城市形态类型学在中国的应用[J]. 建筑学报, 2010 (4): 85-90.

[8] 陈宏, 李保峰, 张卫宁. 城市微气候调节与街区形态要素的相关性研究[J]. 城市建筑, 2015 (31): 41-43.

[9] 柳孝图, 陈恩水, 余德敏, 等. 城市热环境及其微热环境的改善[J]. 环境科学, 1997, 18 (1): 55-59.

[10] 钟珂, 亢燕铭. 城市街谷中的物理微环境[J]. 西北建筑工程学院学报: 自然科学版, 1998 (4): 15-19.

[11] 赵敬源, 刘加平. 城市街谷热环境数值模拟及规划设计对策[J]. 建筑学报, 2007 (3): 37-39.

[12] 苗世光, 王晓云, 蒋维楣, 等. 城市小区规划对大气环境影响的评估研究

［J］. 高原气象, 2007, 26（1）: 92-97.

［13］ 史源, 任超, 吴恩融. 基于室外风环境与热舒适度的城市设计改进策略: 以北京西单商业街为例［J］. 城市规划学刊, 2012（5）: 92-98.

［14］ 王频, 孟庆林. 多尺度城市气候研究综述［J］. 建筑科学, 2013, 29（6）: 107-114.

［15］ 刘滨谊, 张德顺, 张琳, 等. 上海城市开敞空间小气候适应性设计基础调查研究［J］. 中国园林, 2014（12）: 17-22.

［16］ 任斌斌, 李薇, 谢军飞, 等. 北京居住区绿地规模与结构对环境微气候的影响［J］. 西北林学院学报, 2017（6）: 289-295.

［17］ 王频, 孟庆林. STEVE 气温预测模型的普适性检验: 以广州地区为例［J］. 土木建筑与环境工程, 2013, 35（4）: 151-160.

［18］ 曾志辉, 陆琦, 郭鹏飞. 佛山东华里民居热环境实测分析［J］. 广东工业大学学报, 2009, 26（4）: 70-74.

［19］ 陈宏, 李保峰, 周雪帆. 水体与城市微气候调节作用研究: 以武汉为例［J］. 建设科技, 2011（22）: 72-73, 77.

［20］ 蒋明卓, 曾穗平, 曾坚. 天津城市扩张及其微气候特征演化研究: 基于城市热环境的角度［J］. 干旱区资源与环境, 2015, 29（9）: 159-164.

［21］ 郑庆红, 白龙坤, 皮李. 西安某住宅小区风环境数值模拟分析［J］. 四川建筑科学研究, 2015, 41（3）: 219-222.

［22］ 赵敬源, 刘加平. 数字街谷及其热环境模拟［J］. 西安建筑科技大学学报: 自然科学版, 2007, 39（2）: 219-223.

［23］ 杨峰. 城市形态与微气候环境: 性能化模拟途径综述［J］. 城市建筑, 2015（28）: 92-95.

［24］ 水滔滔, 刘京, 肖荣波, 等. 底部架空住区风环境风洞试验研究［J］. 建筑科学, 2017（2）: 20-26.

［25］ 李敏, 曹彬, 欧阳沁, 等. 北京地区大学教室热舒适长期调查研究［J］. 暖通空调, 2014, 44（12）: 67-70.

［26］ 李魁山, 王峰, 李波, 等. 城市微气候优化策略数值模拟技术研究［J］. 绿色建筑, 2012（5）: 13-15.

［27］ 王菲, 肖勇全. 应用 PHOENICS 软件对建筑群风环境的模拟和评价［J］. 山东

建筑工程学院学报，2005，20（5）：39-42.

[28] 李磊，张立杰，张宁，等. FLUENT 在复杂地形风场精细模拟中的应用研究[J]. 高原气象，2010，29（3）：621-628.

[29] 朱颖心. 热舒适的"度"，多少算合适？[J]. 世界环境，2016，162（5）：26-29.

[30] 纪文杰，罗茂辉，曹彬，等. 长期热经历对热舒适评价的影响研究及热适应性探讨[J]. 暖通空调，2018，48（1）：78-82.

[31] 刘大龙，刘加平，杨柳. 气候变化下我国建筑能耗演化规律研究[J]. 太阳能学报，2013，34（3）：439-444.

[32] 刘大龙，刘加平，侯立强，等. 气象要素对建筑能耗的效用差异性[J]. 太阳能学报，2017，38（7）：1794-1800.

[33] 任超，吴恩融，叶颂文，等. 高密度城市气候空间规划与设计：香港空气流通评估实践与经验[J]. 城市建筑，2017（1）：20-23.

[34] 郑颖生，史源，任超，等. 改善高密度城市区域通风的城市形态优化策略研究：以香港新界大埔墟为例[J]. 国际城市规划，2016，31（5）：68-75.

[35] 孟庆林，李琼. 基于集总参数法的中尺度城市热环境评价设计：以厦门科技创新园为例[J]. 南方建筑，2015（6）：70-73.

[36] 杨峰，钱锋，刘少瑜. 高层居住区规划设计策略的室外热环境效应实测和数值模拟评估[J]. 建筑科学，2013（12）：28-34，92.

[37] 金虹，王博. 城市微气候及热舒适性评价研究综述[J]. 建筑科学，2017（8）：1-8.

[38] 金雨蒙，颜廷凯，金虹. 严寒地区围合住区街道风环境模拟研究[J]. 城市建筑，2017（26）：9-12.

[39] 冷红，马彦红. 应用微气候热舒适分区的街道空间形态初探[J]. 哈尔滨工业大学学报，2015，47（6）：63-68.

[40] 冷红，袁青. 城市微气候环境控制及优化的国际经验及启示[J]. 国际城市规划，2014，29（6）：114-119.

[41] 丁沃沃. 基于城市设计的城市形态数据化浅析[J]. 江苏建筑，2018（1）：3-7.

[42] 张伟，郜志，丁沃沃. 室外热舒适性指标的研究进展[J]. 环境与健康杂志，

2015, 32 (9): 836-841.

[43] 郭飞, 祝培生, 王时原. 高密度城市形态与风环境的关联性: 大连案例研究 [J]. 建筑学报, 2017 (S1): 14-17.

[44] 郭飞, 祝培生, 段栋文, 等. 高密度城市气候评估方法与应用[J]. 西部人居环境学刊, 2015, 30 (6): 19-23.

[45] 刘滨谊, 司润泽. 基于数据实测与 CFD 模拟的住区风环境景观适应性策略: 以同济大学彰武路宿舍区为例[J]. 中国园林, 2018, 34 (2): 24-28.

[46] 梅欹, 刘滨谊. 上海住区风景园林空间冬季微气候感受分析[J]. 中国园林, 2017, 33 (4): 12-17.

[47] 董芦笛, 李孟柯, 樊亚妮. 基于 "生物气候场效应" 的城市户外生活空间气候适应性设计方法[J]. 中国园林, 2014 (12): 23-26.

[48] 董芦笛, 樊亚妮, 李冬至, 等. 西安城市街道单拱封闭型林荫空间夏季小气候测试分析[J]. 中国园林, 2016 (1): 10-17.

[49] 冯娴慧, 高克昌, 钟水新. 基于 GRAPES 数值模拟的城市绿地空间布局对局地微气候影响研究: 以广州为例[J]. 南方建筑, 2014 (3): 10-16.

[50] 冯娴慧, 褚燕燕. 基于空气动力学模拟的城市绿地局地微气候效应研究[J]. 中国园林, 2017, 33 (4): 29-34.

[51] 梁颢严, 肖荣波, 孟庆林. 城市开敞空间热环境调控规划方法研究: 以广东南海为例[J]. 中国园林, 2016, 32 (12): 86-91.

[52] 孟庆林, 王频, 李琼. 城市热环境评价方法[J]. 中国园林, 2014, 30 (12): 13-16.

[53] 戚冬瑾, 周剑云. 基于形态的条例: 美国区划改革新趋势的启示[J]. 城市规划, 2013, 37 (9): 67-75.

[54] 朱岳梅, 刘京, 姚杨, 等. 建筑物排热对城市区域热气候影响的长期动态模拟及分析[J]. 暖通空调, 2010, 40 (1): 85-88.

[55] 蒋维楣, 王咏薇, 刘罡, 等. 多尺度城市边界层数值模式系统[J]. 南京大学学报: 自然科学, 2007, 43 (3): 221-237.

[56] 武文涛, 刘京, 朱隽夫, 等. 多尺度区域气候模拟技术在较大尺度城市区域热气候评价中的应用: 以中国南方某沿海城市一中心商业区设计为例[J]. 建筑科学, 2008, 24 (10): 105-109.

[57] 任超，吴恩融，LUTZ K，等. 城市环境气候图的发展及其应用现状[J]. 应用气象学报，2012，23（5）：593-603.

[58] 张晓钰，郝日明，张明娟. 城市通风道规划的基础性研究[J]. 环境科学与技术，2014，37（S2）：257-261.

[59] 任超，袁超，何正军，等. 城市通风廊道研究及其规划应用[J]. 城市规划学刊，2014，216（3）：52-60.

[60] 冯娴慧. 城市的风环境效应与通风改善的规划途径分析[J]. 风景园林，2014（5）：97-102.

[61] 刘姝宇，沈济黄. 基于局地环流的城市通风道规划方法：以德国斯图加特市为例[J]. 浙江大学学报：工学版，2010，44（10）：1985-1991.

[62] 杨跃华，魏春雨. 建筑类型学的研究与实践[J]. 中外建筑，2008（6）：85-88.

[63] 陈飞，谷凯. 西方建筑类型学和城市形态学：整合与应用[J]. 建筑师，2009（2）：53-58.

[64] 朱永春. 建筑类型学本体论基础[J]. 新建筑，1999（2）：32-34.

[65] 郭鹏宇，丁沃沃. 走向综合的类型学：第三类型学和形态类型学比较分析[J]. 建筑师，2017，185（1）：36-44.

[66] 敬东. 阿尔多·罗西的城市建筑理论与城市特色建设[J]. 规划师，1999，15（2）：102-106.

[67] 段进，邱国潮. 国外城市形态学研究的兴起与发展[J]. 城市规划学刊，2008（5）：34-42.

[68] 郑莘，林琳. 1990年以来国内城市形态研究述评[J]. 城市规划，2002，26（7）：59-64，92.

[69] 邓浩，朱佩怡，韩冬青. 可操作的城市历史：阅读意大利建筑师萨维利奥·穆拉托里的类型形态学思想及其设计实践[J]. 建筑师，2016，179（1）：52-61.

[70] TRISCIUOGLIO M，董亦楠. 可置换的类型：意大利形态类型学研究方法与中国城市[J]. 建筑师，2017，190（6）：22-30.

[71] 陈锦棠，姚圣，田银生. 形态类型学理论以及本土化的探明[J]. 国际城市规划，2017，32（2）：57-64.

学位论文:

[1]　周星. 我国区域碳排放差异性及初始碳配额测度研究 [D]. 徐州: 中国矿业大学, 2017.

[2]　陆莎. 基于集总参数法的室外热环境设计方法研究[D]. 广州: 华南理工大学, 2012.

[3]　陈佳明. 基于集总参数法的居住区热环境计算程序开发[D]. 广州: 华南理工大学, 2010.

[4]　刘姝宇. 城市气候研究在中德城市规划中的整合途径比较研究[D]. 杭州: 浙江大学, 2012.

[5]　林欣. 基于数值模拟的城市多尺度通风廊道识别研究[D]. 哈尔滨: 哈尔滨工业大学, 2014.

[6]　汪丽君. 广义建筑类型学研究[D]. 天津: 天津大学, 2003.

[7]　裴知. 阿尔多·罗西的思想体系研究[D]. 哈尔滨: 哈尔滨工业大学, 2007.

[8]　胡春景. 城市居住小区室外微环境模拟研究[D]. 天津: 河北工业大学, 2017.

[9]　李炬. 西安市明城区街区形态的类型化基础研究[D]. 西安: 西安建筑科技大学, 2013.

[10]　管玥. 西安老城区街道形态的类型化基础研究[D]. 西安: 西安建筑科技大学, 2012.

[11]　齐文举. 从房屋类型到城市形态: 阅读吉安弗里科·卡尼吉亚的类型形态学思想[D]. 南京: 东南大学, 2017.

[12]　刘晨. 高密度非均质肌理切片的形态指标和天空开阔度的相关性研究[D]. 南京: 南京大学, 2017.

[13]　甘月朗. 城市空间形态指标对于街区通风研究的适用性分析[D]. 武汉: 华中科技大学, 2014.

[14]　辛威. 武汉地区基于自然通风优化的街区空间形态设计策略研究[D]. 武汉: 华中科技大学, 2012.

[15]　曾穗平. 基于"源—流—汇"理论的城市风环境优化与 CFD 分析方法[D]. 天津: 天津大学, 2016.

[16]　李招成. 城市街廓形态指标体系研究[D]. 南京: 南京大学, 2016.

[17]　杨小山. 室外微气候对建筑空调能耗影响的模拟方法研究[D]. 广州: 华南理

工大学, 2012.

外文期刊:

［1］ OKE T R. The distinction between canopy and boundary-layer urban heat islands ［J］. Atmosphere, 1976, 14 （4）: 268-277.

［2］ CHEN H, OOKA R, HUANG H. Study on mitigation measures for outdoor thermal environment on present urban blocks in Tokyo using coupled simulation ［J］. Building and Environment, 2009, 44 （11）: 2290-2299.

［3］ HOSOI A, SAWACHI T, SUNAGA N. Simple prediction method of available time of cross-ventilation and energy conservation effect by probabilistic model: measurement survey on natural ventilation part 4 ［J］. Journal of Environmental Engineering, 2006, 71 （605）: 79-85.

［4］ AKITA T, YOSHIDA S. Urban form which attracts relaxation effect on thermal environment of Tree Planting Using CFD Analysis ［J］. Architectural Institute of Japan, 2003 （46）: 189-192.

［5］ OKE T R. The energetic basis of the urban heat island ［J］. Quarterly Journal of the Royal Meteorological Society, 1982, 108 （455）: 1-24.

［6］ CHEN H, OOKA R, HUANG H, et al. Study on the impact of buildings on the outdoor thermal environment based on a coupled simulation of convection, radiation, and conduction ［J］. ASHRAE Transactions, 2007, 113: 478-485.

［7］ OKE T R. Street design and urban canopy layer climate ［J］. Energy and Buildings, 1988, 11 （1-3）: 103-113.

［8］ BLOCKEN B. Computational fluid dynamics for urban physics: importance, scales, possibilities, limitations and ten tips and tricks towards accurate and reliable simulations ［J］. Building and Environment, 2015, 91: 219-245.

［9］ TSOKA S, TSIKALOUDAKI A, THEODOSIOU T. Analyzing the ENVI-met microclimate model's performance and assessing cool materials and urban vegetation applications – a review ［J］. Sustainable Cities and Society, 2018, 43: 55-76.

［10］ YANG F, LAU S S Y, QIAN F. Cooling performance of residential greenery in localized urban climates: a case study in Shanghai China ［J］. International Journal of Environmental Technology and Management, 2015, 18 （5-6）: 478-503.

[11] CHEN H, OOKA R, HARAYAMA K, et al. Study on outdoor thermal environment of apartment block in Shenzhen, China with coupled simulation of convection, radiation and conduction [J]. Energy and Buildings, 2004, 36 (12): 1247-1258.

[12] CHEN H, OOKA R, KATO S. Study on optimum design method for pleasant outdoor thermal environment using genetic algorithms (GA) and coupled simulation of convection, radiation and conduction [J]. Building and Environment, 2008, 43 (1): 18-30.

[13] YANG F, LAU S S Y, QIAN F. Thermal comfort effects of urban design strategies in high-rise urban environments in a sub-tropical climate [J]. Architectural Science Review, 2011, 54 (4): 285-304.

[14] KNOCH K. Uber das wesen einer landesklimaaufnahme [J]. Meteorologische Zeitschrift, 1951, 5: 173.

[15] CHANDLER T J. London's urban climate [J]. The Geographical Journal, 1962, 128 (3): 279-298.

[16] KUTTLER W, D Ü TEMEYER D, Barlag A. Influence of regional and local winds on urban ventilation in Cologne, Germany [J]. Meteorologische Zeitschrift, 1998, 7 (2): 77-83.

[17] GHIAUS C, ALLARD F, SANTAMOURIS M. Urban environment influence on natural ventilation potential [J]. Building and Environment, 2006, 41 (4): 395-406.

[18] OOKA R, CHEN H, KATO S. Study on optimum arrangement of trees for design of pleasant outdoor environment using multi-objective genetic algorithm and coupled simulation of convection, radiation and conduction [J]. Journal of Wind Engineering and Industrial Aerodynamics, 2008, 96 (10-11): 1733-1748.

[19] SMITH C, LINDLEY S, LEVERMORE G. Estimating spatial and temporal patterns of urban anthropogenic heat fluxes for UK cities: the case of Manchester [J]. Theoretical and Applied Climatology, 2009, 98 (1-2): 19-35.

[20] REN C, NG E Y, KATZSCHNER L. Urban climatic map studies: a review [J]. International Journal of Climatology, 2011, 31 (15): 2213-2233.

[21] MIDDEL A, HÄB K, BRAZEL A J, et al. Impact of urban form and design on mid-afternoon microclimate in Phoenix Local Climate Zones [J]. Landscape and Urban Planning, 2014, 122: 16-28.

[22] ADACHI S A, KIMURA F, KUSAKA H, et al. Moderation of summertime heat island phenomena via modification of the urban form in the Tokyo metropolitan area [J]. Journal of Applied Meteorology and Climatology, 2014, 53 (8): 1886-1900.

[23] KETTERER C, MATZARAKIS A. Human-biometeorological assessment of heat stress reduction by replanning measures in Stuttgart, Germany [J]. Landscape and Urban Planning, 2014, 122: 78-88.

[24] KETTERER C, MATZARAKIS A. Comparison of different methods for the assessment of the urban heat island in Stuttgart, Germany [J]. International Journal of Biometeorology, 2015, 59 (9): 1299-1309.

[25] MONSTADTC J, WOLFF A. Energy transition or incremental change? Green policy agendas and the adaptability of the urban energy regime in Los Angeles [J]. Energy Policy, 2015, 78 (3): 213-224.

[26] BAIOCCHI G, CREUTZIG F, MINX J, et al. A spatial typology of human settlements and their CO2 emissions in England [J]. Global Environmental Change, 2015, 9 (34): 13-21.

[27] TAYLOR J, WILKINSON P, DAVIES M, et al. Mapping the effects of urban heat island, housing, and age on excess heat-related mortality in London [J]. Urban Climate, 2015, 14 (12): 517-528.

[28] VAHMANI P, BAN-WEISS G A. Impact of remotely sensed albedo and vegetation fraction on simulation of urban climate in WRF-urban canopy model: a case study of the urban heat island in Los Angeles [J]. Journal of Geophysical Research: Atmospheres, 2016, 121 (4): 1511-1531.

[29] FRANTZESKAKI N, KABISCH N. Designing a knowledge co-production operating space for urban environmental governance – lessons from Rotterdam, Netherlands and Berlin, Germany [J]. Environmental Science & Policy, 2016, 62 (8): 90-98.

[30] TALEGHANI M, SAILOR D, BAN-WEISS G A. Micro-meteorological simulations to predict the impacts of heat mitigation strategies on pedestrian thermal comfort in a Los Angeles neighborhood [J]. Environmental Research Letters, 2016, 11 (2): 1-12.

[31] RABE S-E, KOELLNER T, MARZELLI S, et al. National ecosystem services mapping at multiple scales – The German exemplar [J]. Ecological Indicators, 2016, 70 (11): 357-372.

[32] MATSUMOTO J, FUJIBE F, TAKAHASHI H. Urban climate in the Tokyo metropolitan area in Japan [J]. Journal of Environmental Sciences, 2017, 59 (9): 54-62.

[33] BROTO V C. Urban governance and the politics of climate change [J]. World Development, 2017, 93 (5): 1-15.

[34] WIEDENHOFER D, SMETSCHKA B, AKENJI L, et al. Household time use, carbon footprints, and urban form: a review of the potential contributions of everyday living to the 1.5℃ climate target [J]. Current Opinion in Environmental Sustainability, 2018, 30 (2): 7-17.

[35] TAKEBAYASHIV H, SENOO M. Analysis of the relationship between urban size and heat island intensity using WRF model [J]. Urban Climate, 2018, 24: 287-298.

[36] ZHANG J, MOHEGH A, LI Y, et al. Systematic comparison of the influence of cool wall versus cool roof adoption on urban climate in the Los Angeles Basin [J]. Environmental Science & Technology, 2018, 52 (19): 11188-11197.

[37] LENZHOLZER S. Engrained experience – a comparison of microclimate perception schemata and microclimate measurements in Dutch urban squares [J]. International Journal of Biometeorology, 2010, 54: 141-150.

[38] KATO S, MURAKAMI S, KOBAYASHI H. New scales for assessing contribution of heat sources and sinks to temperature distributions in room by means of numerical simulation [J]. Transactions of the Society of Heating Air Conditioning & Sanitary Engineers of Japan, 1998, 69: 39-47.

[39] ZHANG W, HIYAMA K, KATO S, et al. Building energy simulation considering

spatial temperature distribution for nonuniform indoor environment [J]. Building and Environment, 2013, 63: 89-96.

[40] HUANG H, KATO S, HU R, et al. Development of new indices to assess the contribution of moisture sources to indoor humidity and application to optimization design: Proposal of CRI (h) and a transient simulation for the prediction of indoor humidity [J]. Building and Environment, 2011, 9: 1817-1826.

[41] DUANY A, TALEN E. Making the good easy: the Smart Code alternative [J]. Fordham Urban Law Journal, 2002, 29 (4): 1445-1468.

[42] DUANY A, TALEN E. Transect planning [J]. Journal of the American Planning Association, 2002, 68 (3): 245-266.

[43] TAHA H. Urban climates and heat islands: albedo, evapotranspiration, and anthropogenic heat [J]. Energy and Buildings, 1997, 25 (2): 99-103.

[44] OOKA R, SATO T, MURAKAMI S. Numerical simulation of sea breeze over the Kanto plane and analysis of the interruptive factors for the sea breeze based on mean kinetic energy balance [J]. Journal of environmental engineering, 2008, 73 (632): 1201-1207.

[45] SATO T, OOKA R, MURAKAMI S. Analysis of sensible heat, latent heat and mean kinetic energy balance of moving control volume along sea breeze based on meso-scale climate simulation[J]. Journal of environmental engineering, 2008, 73 (630): 1029-1035.

[46] MIDDEL A, HÄB K, BRAZEL A, et al. Impact of urban form and design on mid-afternoon microclimate in Phoenix Local Climate Zones [J]. Landscape and Urban Planning, 2014, 122: 16-28.

[47] WHITEHAND J W R. British urban morphology: the Conzenian tradition [J]. Urban Morphology, 2001, 5 (2): 103-109.

[48] MIUDON A V. Urban morphology as an emerging interdisciplinary field [J]. Urban Morphology, 1997, 1 (1): 3-10.

[49] GIL J, BEIR Ã O J N, MONTENEGRO N, et al. On the discovery of urban typologies: data mining the many dimensions of urban form [J]. Urban Morphology, 2012, 16 (1): 27-40.

［50］ YE Y, VAN NES A. Quantitative tools in urban morphology: combining space syntax, spacematrix and mixed-use index in a GIS framework ［J］. Urban Morphology, 2014, 18 （2）: 97-118.

［51］ RATTI C, DI SABATINO S, BRITTER R, et al. Analysis of 3-D urban databases with respect to pollution dispersion for a number of European and American cities ［J］. Water, Air, & Soil Pollution: Focus, 2002, 2 （5）: 459-469.

［52］ SIMON H, LIND É N J, HOFFMANN D, et al. Modeling transpiration and leaf temperature of urban trees: a case study evaluating the microclimate model ENVI-met against measurement data ［J］. Landscape and Urban Planning, 2018, 174: 33-40.

［53］ SALATA F, GOLASI I, VOLLARO R L, et al. Urban microclimate and outdoor thermal comfort. A proper procedure to fit ENVI-met simulation outputs to experimental data ［J］. Sustainable Cities and Society, 2016, 26: 318-343.

［54］ GUSSON C S, DUARTE D H S. Effects of built density and urban morphology on urban microclimate-calibration of the Model ENVI-met V4 for the subtropical Sao Paulo, Brazil ［J］. Procedia Engineering, 2016, 169 （10）: 2-10.

［55］ ELWY I, IBRAHIM Y, FAHMY M, et al. Outdoor microclimatic validation for hybrid simulation workflow in hot arid climates against ENVI-met and field measurements ［J］. Energy Procedia, 2018, 153 （10）: 29-34.

其他文献:

［1］ Intergovernmental Panel on Climate Change. IPCC fifth assessment report: climate change 2014 （AR5） ［R］. Geneva: IPCC, 2014.

［2］ The Environment Protection Agency. The heat island effect: heat island impacts ［R］. US EPA, 2014.

［3］ 朱颖心, 周翔, 曹彬, 等. 偏热环境下操作温度、服装热阻、季节对人体热感觉影响的实验研究［C］//全国暖通空调制冷 2008 年学术文集. 暖通空调, 2008, 38 （增刊）: 112-118.

［4］ NG E, REN C, KATZSCHNER L, et al. Urban climate studies for hot and humid tropical coastal city of Hong Kong ［C］. 7th International Conference on Urban Climate, Yokohama, Japan, 2009, 6 （1）: 13-19.

[5] BECHTEL B, FOLEY M, MILLS G, et al. CENSUS of Cities: LCZ classification of cities (level 0) - workflow and initial results from various cities [C]. 9th International Conference on Urban Climate jointly with 12th Symposium on the Urban Environment, 20th-24th July, Toulouse, France, 2015.

[6] 蔡志磊. 基于风环境优化的街区空间形态管控指标研究[C]//中国城市规划学会. 新常态: 传承与变革——2015 中国城市规划年会论文集. 北京: 中国建筑工业出版社, 2015.

[7] ZHOU X F, OOKA R, CHEN H, et al. Numerical study on the effects of inland water area and anthropogenic heat on UHI in Wuhan, China, based on WRF simulation [C]. 8th International Conference on Urban Climates, 6th-10th August, UCD, Dublin Ireland, 2012.

后　记

　　光阴似箭，时光荏苒。回首过去，思绪万千。本书的写作是一段特殊的心路历程，既有过成功的喜悦，亦有过失败的沮丧，既有过信心满怀的果敢，亦有过彷徨踌躇的艰辛。

　　在这里我要衷心感谢我的导师——李保峰教授，拜于先生门下，多年来聆听教诲，耳濡目染，在学识和做人方面都获益颇丰。李保峰教授在学习和生活上给予了我很多的关心和帮助，是我学术探究上的指引者，是改变我人生命运的山长。感谢陈宏教授在本书研究过程中给予的指导与帮助；感谢我的学长王振老师、王通老师、王力老师在本书研究过程中给予的良好建议和帮助；感谢我的同学许华华、郭晓华在本书研究过程中给予的帮助！

　　感谢我的家人们，他们一直是我坚强的后盾！感谢我的父母，他们一直给予我支持和理解；感谢我的爱人，他主动承担家务，照顾孩子；感谢我的两个女儿，她们用稚嫩的小手给予我无限的温暖和动力。

　　特别感谢所有支持过我、帮助过我、批驳过我和激励过我的人！

　　感谢经历磨炼了意志，岁月留下了期许，让我更加充满信心和淡定！面对未来，我不再感到迷惘和彷徨，我会带上所有的感恩与祝福，背上理想的行囊砥砺前行！